W0256209

ALLE ZEIT WACH
1842

Sinnesphysiologie programmiert

Herausgegeben von R. F. Schmidt

Mit Texten von
H. Altner, J. Dudel, O.-J. Grüsser,
R. Klinke, R. F. Schmidt

Mit 110 Abbildungen im Beiheft

Springer-Verlag
Berlin Heidelberg GmbH 1973

Professor Dr. H. Altner
Fachbereich Biologie der Universität
8400 Regensburg, Universitätsstraße 31

Professor Dr. J. Dudel
Physiologisches Institut der Technischen Universität
8000 München 80, Ismaninger Straße 19

Professor Dr. O.-J. Grüsser
Physiologisches Institut der Freien Universität
1000 Berlin 33 (Dahlem), Arnimallee 22

Professor Dr. R. Klinke
Physiologisches Institut der Freien Universität
1000 Berlin 33 (Dahlem), Arnimallee 22

Professor Dr. Dr. R. F. Schmidt
Physiologisches Institut der Universität
2300 Kiel, Olshausenstraße 40/60

ISBN 978-3-540-06330-8 ISBN 978-3-642-65636-1 (eBook)
DOI 10.1007/978-3-642-65636-1

Die Wiedergabe von Gebrauchsnamen, Handelsnamen, Warenbezeichnungen usw. in diesem Werk berechtigt auch ohne besondere Kennzeichnung nicht zu der Annahme, daß solche Namen im Sinne der Warenzeichen- und Markenschutz-Gesetzgebung als frei zu betrachten wären und daher von jedermann benutzt werden dürften.
Das Werk ist urheberrechtlich geschützt. Die dadurch begründeten Rechte, insbesondere die der Übersetzung, des Nachdruckes, der Entnahme von Abbildungen, der Funksendung, der Wiedergabe auf photomechanischem oder ähnlichem Wege und der Speicherung in Datenverarbeitungsanlagen bleiben, auch bei nur auszugsweiser Verwertung, vorbehalten. Bei Vervielfältigungen für gewerbliche Zwecke ist gemäß § 54 UrhG eine Vergütung an den Verlag zu zahlen, deren Höhe mit dem Verlag zu vereinbaren ist.
© by Springer-Verlag Berlin Heidelberg 1973
Ursprünglich erschienen bei Springer-Verlag Berlin Heidelberg New York 1973.
Library of Congress Catalog Card Number 73-80872

Vorwort

Das vorliegende Buch ergänzt sich mit der 1971 im gleichen Verlag erschienenen „Neurophysiologie programmiert" zu einer aufeinander eingestellten und in sich geschlossenen Einführung in die animalische Physiologie. Da sie keinerlei anatomische oder biochemische Kenntnisse voraussetzt, sollte jeder, der das Abitur oder diesem vergleichbare Kenntnisse besitzt, in der Lage sein, sich im Selbststudium den Inhalt dieser Einführung ohne Verständnisschwierigkeiten anzueignen.

Jeder der 25 Lektionen dieses Buches sind die zugehörigen Lernziele in operanter Form vorangestellt, d. h. es ist nicht nur beschrieben (a) welche Kenntnisse vom Studenten erworben werden sollen, sondern es ist (b) auch definiert, in welcher Weise der Student den Erwerb dieser Kenntnisse zeigen soll (z. B.: „In Auswahl-Fragen erkennen können . . . "). Die Lernziele sind auf Studenten der Physiologie im Haupt- und Nebenfach abgestimmt, also auf Mediziner, Psychologen, Biologen, Zoologen, (Bio)Chemiker, (Bio)Physiker, Pharmazeuten und Sportstudenten. Für die Medizinstudenten sind die Lernziele sicher hier und da nicht vollständig. Die Autoren und der Herausgeber sind aber der Auffassung, daß die Lernziele der Neuro- und Sinnesphysiologie insgesamt diejenigen Kenntnisse umfassen, die in diesem Teil der Physiologie für ein gutes Abschneiden in den ab 1974 schriftlichen Ärztlichen Vorprüfungen notwendig sind.

Das Studium der Sinnesphysiologie setzt neurophysiologische Kenntnisse voraus. Auf diese Voraussetzung kann nicht verzichtet werden, da Reizaufnahme und -verarbeitung des Organismus überwiegend durch neuronale Strukturen erfolgt. In diesem Buch ist davon ausgegangen, daß dem Leser die Grundbegriffe und -tatsachen der Neurophysiologie etwa entsprechend den Lernzielen der „Neurophysiologie programmiert" bekannt sind.

Die Bevorzugung der linearen Programmierung und die Wahl der Buchform für die Darbietung des Programms habe ich im Vorwort zur „Neurophysiologie programmiert" begründet. Ebenso sind dort auf Seite X die Tests beschrieben, denen auch das vorliegende Buch unterzogen wurde. Insgesamt nahmen mehr als 80 Kieler Medizin- und Psychologiestudenten an diesen Tests teil, denen wir für ihre Mitarbeit zu großem Dank verpflichtet sind. Eine weitere Erprobung dieser Programme z. B. in Form von Langzeitstudien und Effizienztests, insbesondere im Vergleich zu konventionelleren Methoden des Wissenerwerbs, ist äußerst erwünscht. Sie kann aber nicht von den Autoren durchgeführt werden. Dazu fehlen diesen die notwendigen Kenntnisse und auch die dafür erforderliche Zeit, die durch ihre übrigen physiologischen Lehr- und Forschungsaufgaben voll ausgefüllt wird. Es bleibt zu hoffen, daß sich Berufenere dieser wichtigen Fragen annehmen. Sie werden bei Autoren, Verlag und Herausgeber jede gewünschte Unterstützung finden.

Die „Sinnesphysiologie programmiert" wird, ergänzt durch ein Kapitel über Allgemeingefühle, Hunger und Durst, auch als konventionelles Lehrbuch im Rahmen der Heidelberger Taschenbücher als „Grundriß der Sinnesphysiologie" vorgelegt. Damit ist die Möglichkeit gegeben, sich den Inhalt dieses Lehrbuches auch ohne den Rahmen des Programms anzueignen. Die entsprechende parallele Darstellung des Lehrstoffs der Neurophysiologie ist von vielen Seiten lebhaft begrüßt worden.

Mein besonderer Dank gilt allen Mitarbeitern des Kieler Instituts, die bei der Herstellung der Abbildungsvorlagen, beim Schreiben der Folien der Testfassungen, bei der Vervielfältigung, Verteilung und Auswertung der Testmanuskripte und bei der Herstellung des Sachverzeichnisses mithalfen. Vor allem möchte ich Fräulein Huxhagen, Frau Tallone, Frau Vosgerau, Frau Wendisch und Herrn Steenbock für ihren unermüdlichen Einsatz herzlich danken.

Mit bemerkenswerter Aufgeschlossenheit hat der Verlag, insbesondere Herr Dr. Drs. h. c. H. Götze, weiterhin unsere Bemühungen um neue Formen des Lehrens und Lernens gefördert. Nur mit dieser Unterstützung konnte es gelingen, unser Vorhaben in verhältnismäßig kurzer Zeit abzuschließen. Wir sind Herrn Dr. Götze und seinen Mitarbeitern dafür zu großem Dank verpflichtet.

Kiel, im August 1973 Robert F. Schmidt

Hinweise zur Benutzung dieses Buches

Entsprechend der Anordnung in der „Neurophysiologie programmiert" ist der Lernstoff dieses Buches in 7 Kapiteln dargestellt, die jeweils in zwei oder mehr Lektionen gegliedert sind. Diese sind durchgehend numeriert (1 bis 25). Der Umfang jeder einzelnen Lektion ist so bemessen, daß sie ohne Unterbrechung in etwa einer Stunde oder etwas weniger, bearbeitet werden kann. Jede Lektion beginnt mit einer Einleitung, die Sie mit dem Inhalt des folgenden programmierten Textes vertraut macht. Der Einleitung folgen die Lernziele, die den von Ihnen zu erwerbenden Wissensstoff beschreiben (s. Vorwort). Der Lernstoff der Lernziele ist in den Lernschritten enthalten. Die gelegentlich zwischen den Lernschritten eingeschobenen nicht programmierten Texte dienen der Ergänzung und Überleitung.
Jede Lektion setzt sich aus rund 30 Lernschritten zusammen, die numeriert sind. 8.10 (acht Punkt zehn) bedeutet demnach: Lektion 8, Lernschritt 10. In jedem Lernschritt erfahren Sie etwas Neues, das auf dem vorher gewonnenen Wissen aufbaut. Außerdem finden Sie in den meisten Lernschritten eine bis mehrere Aufgaben, die Sie auf Grund der bis dahin gegebenen Informationen lösen können.
Ihre Aufgabe ist es, die durch ...... gekennzeichneten Lücken mit dem richtigen Wort zu füllen, ... bedeutet, daß hier zwei oder mehr Worte ergänzt werden müssen. Oft werden Ihnen nach einer Lücke zwei der drei Antworten zur Auswahl angeboten, um Ihnen die Aufgabe zu erleichtern.
Ihre Antworten sollten Sie auf einem beiliegenden Blatt notieren (Sie können dann das Buch wiederholt durcharbeiten oder auch weitergeben), oder in die Lücken dieses Buches eintragen (wonach Sie das Buch wie jedes andere Buch durchlesen können). Die Lösungen zu den Lücken stehen in den grau gerasterten Feldern, die jedem Lernschritt folgen. Decken Sie die Buchseite mit einem Blatt Papier so ab, daß die Antworten zu dem Lernschritt, den Sie gerade bearbeiten, nicht sichtbar sind (s. Abb. 0-0 im Beiheft). Es ist gestattet, bei der Bearbeitung eines Lernschrittes in vorausgegangenen Lernschritten nachzusehen. Durch die am Ende jeder Lektion gestellten Fragen können Sie testen, ob Sie die Lernziele erreicht haben. Sie haben damit eine ständige Kontrolle über Ihren Lernerfolg.
Die Abbildungen sind nach denjenigen Lernschritten numeriert, in denen sie zuerst erwähnt werden. Beispielsweise bezeichnet Abb. 8-10 (acht Strich zehn) eine Abbildung, die in Lernschritt 8.10 (acht Punkt zehn) zum erstenmal angesprochen wird. Da die Abbildungen über mehrere Lernschritte oder auch Lektionen benötigt werden, sind sie in einem Beiheft zusammengefaßt. Entsprechend dem einführenden Charakter des Buches haben wir praktisch ausschließlich schematische Darstellungen benutzt.

Inhaltsverzeichnis

A Allgemeine Sinnesphysiologie (Dudel)

Die Darstellung der Sinnesphysiologie in diesem Buch soll eingeleitet werden durch die „Allgemeine Sinnesphysiologie". Es sollen also die allen Sinneswahrnehmungen zu Grunde liegenden Prinzipien aufgezeigt werden. Eine solche allgemeine Darstellung ist möglich und nützlich, weil einerseits die Organisation und Funktionsweise der einzelnen Sinnesorgane und ihre Verknüpfung mit dem Zentralnervensystem einander sehr ähnlich sind. Andererseits stellt sich beim Studium aller Arten der Sinneswahrnehmung sehr schnell das Problem der Subjektivität: Den Sinnesreizen aus der Umwelt und den entsprechenden Reaktionen unserer Sinnesorgane sind Aussagen des Subjektes über Empfindungen und Wahrnehmungen zugeordnet. Eine solche subjektive, „psychische" Seite hat z. B. auch die Muskelphysiologie: das Subjekt identifiziert sich mit bestimmten Bewegungen seiner Gliedmaßen, es „will" sie oder es „drückt sich in ihnen aus". Demgegenüber erscheint die psychische Komponente der Sinnesphysiologie jedoch ungleich reichhaltiger und faszinierender; die Welt der Sinne ist so sehr unserer Subjektivität, unserer Psyche zugeordnet, daß philosophische Schulen behauptet haben, nur das Subjekt existiere und seine „Umwelt" sei ein Produkt seines Geistes. Das psychophysische Problem, auf das wir in der Sinnesphysiologie so eindringlich gestoßen werden, ist für den Naturwissenschaftler zumindest zur Zeit nicht auflösbar, und was wir darüber wissen, gilt sehr ähnlich für alle Arten von Sinnesorganen. Neben der Besprechung der organischen Grundmechanismen der Funktion der Sinnesorgane ist also eine wesentliche Aufgabe der allgemeinen Sinnesphysiologie die Einführung in die Problematik der subjektiven Sinneserfahrungen.

Diese Einführung in die allgemeine Sinnesphysiologie wird eingeleitet durch eine kurze Darstellung der Grundprobleme. Danach werden wir die Reaktionen des Organismus auf Sinnesreize verfolgen: Wir werden ausgehen von den peripheren Zellen und zur Verarbeitung der durch sie aufgenommenen Informationen im Zentralnervensystem fortschreiten, sodann die Beziehungen zwischen Sinnesreizen und Änderungen des Verhaltens besprechen und schließlich auf die subjektive Sinnesphysiologie eingehen.

Lektion 1: Grundbegriffe der allgemeinen Sinnesphysiologie

In dieser Lektion werden einige Grundbegriffe der allgemeinen Sinnesphysiologie eingeführt und kurz auf das psychophysische Grundproblem eingegangen.

Lernziele
Mit eigenen Worten erklären können, warum die Liste der klassischen 5 Sinne unzureichend ist und der sensorische Bereich in eine größere Zahl von Modalitätsbezirken aufgeteilt werden muß. In Auswahlfragen die genaue Bedeutung von Modalität, Qualität und Quantität erkennen können. Mindestens je 5 Beispiele von Modalitäten und Qualitäten auswendig wissen. Mit eigenen Worten den Unterschied von Empfindungen und Wahrnehmungen erklären. In Auswahlfragen das Abbildungsverhältnis zwischen Phänomen der Umwelt, Reiz, Erregung der Nerven und der Gehirnzentren, Empfindungen und Wahrnehmungen erkennen. Mit eigenen Worten den Unterschied von objektiver und subjektiver Sinnesphysiologie erklären.

1.1 Wir erfahren unsere Umwelt nicht unmittelbar ganzheitlich, sondern über spezialisierte „Sinnesorgane", die jeweils angepaßt sind, auf einen gewissen Bereich von Umwelteinflüssen zu reagieren und entsprechende Informationen an das Zentralnervensystem weiterzugeben. Die bekanntesten solcher ...... -organe sind Auge, ..., Geschmackorgan der Zunge, Riechorgan der Nase, Tastorgan der Haut.

Sinnes — Gehör oder Ohr

1.2 Die Bereiche der Umwelteinflüsse auf die jeweils ein .... reagiert, sind entwicklungsgeschichtlich erklärbar. Es werden nur solche Umwelteinflüsse aufgenommen, die für das Überleben in der Umwelt der Primaten, von denen wir abstammen, relevant waren.

Sinnesorgan

1.3 Wenn wir als Beispiel die elektromagnetischen Wellen betrachten, die auf die Körperoberfläche treffen, so haben wir keine Sinneserfahrung von Gammastrahlen, Röntgenstrahlen, ultraviolettem Licht; Licht mit Wellenlängen zwischen 350 und 800 mμ bemerken wir über das ...., infrarotes Licht sehen wir ...... (ebenfalls/nicht), die langwelligen Wärmestrahlen empfinden wir über den Wärmesinn der ...... (Haut/Netzhaut), und wir haben keine Sinneserfahrungen über Radiowellen.

Auge — nicht — Haut

1.4 Eine Gruppe ähnlicher Sinneseindrücke, die über ein bestimmtes Sinnesorgan vermittelt werden, nennen wir einen Sinn, technisch genauer einen Modalbezirk oder eine Modalität. Ein solcher Modalbezirk, der die Empfindung elektromagnetischer Wellen von 350 — 800 mμ umfaßt, ist der ...... (Vibrations/Gesichts)-sinn, weitere sind das Gehör, der Tastsinn, der Kältesinn und der Wärmesinn der Haut, der Geruchssinn, der Geschmack.

Gesichts

1.5 Wir sehen, daß wir bei der Aufzählung von ...... -bezirken die Zahl der klassischen 5 Sinne leicht überschreiten. Ein solcher Modalbezirk umfaßt Gruppen von einander ...... Sinneseindrücken, die über ein bestimmtes .... vermittelt werden. Schon die Haut besitzt Sinnesorgane nicht nur für Druck oder Berührung, sondern auch für Wärme und Kälte, für Vibration und für Schmerz.

Modal — ähnlichen (verwandten, o.e.) — Sinnesorgan

1.6 Neben den bisher aufgezählten ...... -bezirken, die Sinneseindrücke umfassen, die die Körperoberfläche und die äußere Umwelt betreffen, wären noch solche zu nennen, deren zugeordnete ...... -organe im Körper liegen und seinen eigenen Zustand feststellen.

Modal — Sinnes

1.7 Solche Modalitäten sind der ...... (Gleichgewichts/Hör)-sinn, die Gruppe der Sinnesorgane, die uns die Stellung der Gliedmaßen relativ zueinander mitteilt, oder jene, die die Belastung der Muskeln melden. Zu denken ist ferner an ...... -bezirke, die Informationen über den Zustand des Organismus aufnehmen, die uns nicht oder nur indirekt bewußt werden, wie z. B. diejenigen Sinnesorgane, die den osmotischen Druck des Blutes (Durst), oder den Blutdruck, oder die Dehnung der Lunge messen.

Gleichgewichts — Modal

1.8 Auch für diese internen Sinnesorgane trifft die Definition der Modalität zu, daß es sich nämlich um eine Gruppe einander .... handelt, die von einem bestimmten ...... vermittelt werden. Die Zahl solcher Modalitäten läßt sich somit ...... (leicht/kaum) abgrenzen.

ähnlicher Sinneseindrücke — Sinnesorgan — kaum

1.9 Innerhalb der einzelnen Modalitäten lassen sich oft noch weitere Unterscheidungen in bezug auf die Art des Sinneseindruckes, die Q u a l i t ä t e n , treffen. So unterscheidet man z. B. beim Gesichtssinn die Qualitäten der Helligkeit und die Farben Rot, Grün und Blau. Entsprechende Qualitäten beim Gehör sind die ...... (Töne/Lautstärke), und beim Geschmack süß, ..., salzig und bitter.

Töne — sauer

1.10 Während also der Gesichtssinn eine ...... (Modalität/Qualität) ist, sind die Farbempfindungen ...... (Modalitäten/Qualitäten) des Gesichtssinnes. Im allgemeinen entsprechhen den Modalitäten Sinnesorgane, während das organische Korrelat einer Qualität ein spezialisierter Receptortyp ist (Receptor: siehe „Neurophysiologie programmiert", Kap. 1.10 — 13, Taschenbuch „Neurophysiologie", Kap. 1.1).

Modalität — Qualitäten

1.11 Abbildung 1-11 verdeutlicht die Bedeutung von Modalität und Qualität für den Gesichtssinn. Der Modalität Gesichtssinn entspricht das Sinnesorgan ...... mit den lichtempfindlichen Zellen in der Netzhaut. Helligkeit und die verschiedenen Farben sind ...., ihnen entsprechen spezifische ...... für Helligkeit, Rot, Grün und Blau.

Auge — Qualitäten — Receptoren

1.12 Während die Art des Sinneseindruckes durch die Begriffe ...... und .... beschrieben wird, wird seine Intensität als Quantität bezeichnet. Solche Quantitäten sind für das Sehorgan z. B. Intensität der Helligkeitsempfindung (siehe Abb. 1-11), oder für das Gehör die ...... (Tonhöhe/Lautheit) eines Tones.

Modalität — Qualität — Lautheit eines Tones

1.13 Wie in Abb. 1-11 angedeutet, entsprechen der Quantität „Intensität der Lichtempfindung" die Stärke des Lichtreizes und die ...... (Dauer/Amplitude) der Potentialänderungen, die von diesem in dem Receptor ausgelöst werden.

Amplitude — Receptor

Nähere Aussagen über Receptorpotentiale stehen in „Neurophysiologie programmiert“, Lektion 28 (Taschenbuch „Neurophysiologie“, Kap. 7.1), und in der nächsten Lektion dieses Buches.
Neben ihren Charakteristika Modalität und Qualität und neben ihrer Quantität haben Sinneseindrücke noch die Eigenschaft, einem bestimmten Zeitpunkt und einem Ort in der Umwelt oder im Organismus zugeordnet zu sein. Diese Charakteristika der Zeitlichkeit und der Räumlichkeit der Sinneseindrücke werden in Lektion 5 näher besprochen werden. Wir fahren jetzt fort mit der Darstellung der Grundaussagen der subjektiven Sinnesphysiologie.

1.14 Für die subjektive Feststellung eines einfachen Sachverhaltes auf dem Gebiet der Sinne haben wir den Begriff „Sinneseindruck“ verwendet. Die Feststellung: „Ich sehe eine blaue Fläche“, entspricht einem solchen Sinnes-...... . Diese Sinnes- ...... können als Elemente der Sinnesempfindungen aufgefaßt werden.

eindruck — eindrücke

1.15 Die Aussage: „Ich sehe eine blaue Fläche, in die runde weiße Flächen verschiedener Größe eingelagert sind“, umfaßt eine Reihe von .... (Sinneseindrücken/Reizen), sie wird als „Sinnesempfindung“ oder oft kurz „Empfindung“ bezeichnet.

Sinneseindrücken

1.16 Eine Kombination von Sinneseindrücken wird ...... genannt. Diese enthalten also nur Aussagen über unmittelbar über die Sinne Erfahrenes, ohne Wertungen oder Verknüpfungen mit den Erfahrungen des Subjektes. Das Subjekt nimmt allerdings in der Regel eine Deutung der Sinnesempfindungen, eine Einordnung in Erfahrenes und Gelerntes vor, es wird dann aus der Sinnesempfindung eine „Wahrnehmung“.

Sinnesempfindung

1.17 Die Aussage: „Ich sehe eine blaue Fläche, in die runde weiße Flächen verschiedener Größe eingelagert sind“, entspricht also einer .... (Sinnesempfindung/Wahrnehmung), die Aussage: „Am Himmel stehen Haufenwolken“, einer ...... (Sinnesempfindung/Wahrnehmung).

Sinnesempfindung — Wahrnehmung

1.18 Die Kette der Entsprechungen zwischen Phänomenen der Umwelt und ihrer Wahrnehmung ist in Abb. 1-18 dargestellt. Die Pfeile zwischen den in den Kästchen aufgeführten Grundphänomenen der Sinneswahrnehmungen stehen für die Relation „Abbildung“. So ist die Nervenerregung Abbildung eines ...... und die Wahrnehmung Abbildung einer ....

(Sinnes)-Reizes — Empfindung (Sinneseindruck)

Der Begriff „Abbildung“ bedeutet, daß zwischen einem Gegenstand und seiner Abbildung in der Bildebene eine detaillierte und im Prinzip durch eine mathematische Funktion genau angebbare Relation besteht. Der Gegenstand verursacht nicht das Bild, sondern dieses wird in der Bildebene entworfen durch ein geeignetes Hilfsmittel, z. B. eine Kamera, die das Bild eines Gegenstandes auf einem Papier erzeugt. Eine Abbildung wird deshalb nicht nur charakterisiert durch ihren Gegenstand, sondern auch durch die Bildebene, die Abbildungsbedingungen und den bildvermittelnden Apparat.
Zu den Abbildungsverhältnissen in Abb. 1-18 sind deshalb unter den Kästchen Bedingungen dieser Abbildungen angedeutet.

1.19 In Abb. 1-18 stehen „Phänomene der Umwelt“ und „Sinnesreize“ zueinder in der Relation ...... (Ursache-Folge/Abbildung). Phänomene der Umwelt sind nur dann Sinnesreize, wenn sie in Interaktion mit einem .... treten.

Abbildung — Sinnesorgan

1.20 Ebenso werden nach Abb. 1-18 aus den im Zentralnervensystem verarbeiteten und integrierten Erregungen der Sinnesorgane nur dann Sinneseindrücke oder eine Empfindung, wenn dem Zentralnervensystem ein Subjekt mit ...... zugeordnet ist.

Bewußtsein

1.21 Die durch die Pfeile in Abb. 1-18 bezeichneten ...... -verhältnisse von den Phänomenen der Umwelt bis zu den Integrationsvorgängen im sensorischen Zentralnervensystem lassen sich im Prinzip als physikalische und chemische Vorgänge an den Strukturen des Organismus beschreiben. Dieser Bereich der Sinnesphysiologie wird deshalb „objektive Sinnesphysiologie“ genannt.

Abbildungs

1.22 Das Abbildungsverhältnis zwischen einem Sinnesreiz und den darauf folgenden Reaktionen des Nervensystems einerseits und einer subjektiven

Empfindung andererseits ist ...... (ebenfalls/nicht) durch physikalisch-chemische Vorgänge beschreibbar. Der Bereich der Empfindungen und Wahrnehmungen in seiner Relation zu den Sinnesreizen wird deshalb von der „subjektiven Sinnesphysiologie“ behandelt.

nicht

Die eben gemachte Aussage, daß die subjektiven Vorgänge im Bereich der Empfindungen und Wahrnehmungen nicht physikalisch-chemisch beschreibbar sind, ist von naturwissenschaftlicher Seite gesehen nur eine Feststellung über den jetzigen Stand des Wissens. Viele Geisteswissenschaftler sind der Meinung, daß die Reaktionen des Subjektes grundsätzlich naturwissenschaftlich nicht erklärbar sind.

1.23 Die Sinnesphysiologie teilt sich also auf in die Beschreibung der Reaktionen des Nervensystems auf einen Reiz, die ...... (subjektive/objektive) Sinnesphysiologie, und in die Darstellung der Aussagen, die vom Subjekt über seine Empfindungen und Wahrnehmungen gemacht werden, die ...... Sinnesphysiologie.

objektive — subjektive

Die Bezeichnungen „objektiv“ und „subjektiv“ dürfen in diesem Zusammenhang keineswegs als Werturteile über die Korrektheit einer Aussage aufgefaßt werden. Der Satz: „Rot ist eine warme Farbe“, kann ebenso „richtig“ sein wie der Satz: „Mit der Intensität eines Sinnesreizes steigt in der sensorischen Nervenfaser die Frequenz der Erregungen“. Als Biologen und besonders als Wissenschaftler vom Menschen müssen wir an subjektive Aussagen über Empfindungen und Wahrnehmungen genauso vorurteilsfrei herangehen wie an Ableitungen von Zellpotentialen. Wie Lektion 5 zeigen wird, lassen sich auch über Gegenstände der subjektiven Sinnesphysiologie mit den ihnen angemessenen Begriffen sehr präzise Aussagen und auch quantitative mathematische Gesetzmäßigkeiten aufzeigen. Wenn sich der Zusammenhang zwischen Reiz und Empfindung auch nur mit dem Begriff „Abbildung“ fassen läßt und der qualitative Unterschied zwischen physikalischem Reiz und subjektivem Sinneseindruck unüberbrückbar scheint, so kann doch das Studium der Sinnesphysiologie mit verhaltensphysiologischen Methoden, das in Lektion 4 kurz behandelt wird, eine gewisse Mittlerfunktion zwischen Physik und Subjektivität übernehmen.
Mit der Beantwortung der folgenden Fragen können Sie Ihr Wissen über das in dieser Lektion Dargestellte überprüfen:

1.24 Eine Gruppe einander ähnlicher Sinneseindrücke, die über ein bestimmtes Sinnesorgan vermittelt werden, wird als ...... bezeichnet. Wenn innerhalb einer Modalität sich Sinneseindrücke verschiedener Art unterscheiden lassen, so werden diese als ...... bezeichnet.

Modalität (Modalbezirk, Sinn) — Qualitäten

1.25 Bezeichnen Sie bitte in der folgenden Liste die Worte, die Modalitäten bezeichnen mit M, jene, die Qualitäten benennen mit Q, und solche, die Quantitäten darstellen, mit I.

a) Gehör (   )
b) Lautstärke (   )
c) Rot (   )
d) Geschmack (   )
e) sauer (   )
f) Tonhöhe (   )
g) Intensität der roten Farbe (   )
h) Kältesinn der Haut (   )

a) M; b) I; c) Q; d) M; e) Q; f) Q; g) I; h) M.

1.26 Erklären Sie mit eigenen Worten den Unterschied von Empfindung und Wahrnehmung.

Wahrnehmungen sind Sinnesempfindungen, die vom Subjekt gedeutet werden, die von ihm in Erfahrenes und Gelerntes eingeordnet werden.

1.27 Zwischen dem Sinnesreiz und der Sinnesempfindung besteht das Verhältnis: (Kreuzen Sie bitte die richtige Antwort an)
a) der Ursache — Folge
b) der Objektivität
c) der Abbildung
d) der Erhöhung der Spezifität
e) der Qualität

c

Lektion 2: Objektive Sinnesphysiologie, periphere Mechanismen

---

Die Besprechung der allgemeinen Sinnesphysiologie geht aus von den Reaktionen der Receptoren auf Reize und den danach auftretenden Erregungen in den sensorischen Nerven. Dieses Gebiet ist in „Neurophysiologie programmiert" in Lektion 28 „Transformation von Reizen durch Receptoren" (Taschenbuch „Neurophysiologie", Kap. 7.1) schon behandelt worden. In dieser Lektion soll deshalb das dort erworbene Wissen nur aufgefrischt und unter neuen Aspekten dargestellt werden. Wenn Sie mit dieser verkürzten Darstellung Schwierigkeiten haben, d. h. in der Lektion mehr als 6 Fehler machen, so sollten Sie das entsprechende Kapitel der „Neurophysiologie" noch einmal durcharbeiten, denn die weitere Darstellung der allgemeinen Sinnesphysiologie baut auf dem Stoff dieses Kapitels auf.

Lernziele
In Auswahlfragen erkennen, in welchem Umfang Receptoren auf Reize verschiedener Modalität und Qualität reagieren. Ein Beispiel für Reaktion des Receptors auf Reize verschiedener Modalität auswendig wissen. Drei Beispiele für Reaktion eines Receptors auf Reize der gleichen Modalität, jedoch verschiedener Qualität auswendig wissen. In Auswahlfragen Beispiele für Divergenz und Konvergenz und ihre Auswirkung auf die Weiterleitung der Information erkennen. In Auswahlfragen die Abhängigkeit oder Reaktion eines sensorischen Neurons von der Reizstärke und ihre mathematische Formulierung als Potenzfunktion erkennen. In Auswahlfragen Beispiele für die Wirkung räumlicher und zeitlicher Bahnung auf die Übermittlung sensorischer Information erkennen. In Auswahlfragen Beispiele für die Wirkung lateraler und feedback-Hemmung auf die Übermittlung sensorischer Informationen erkennen.

2.1 Spezialisierte Nervenzellen, die auf einen bestimmten Reiz aus der Umwelt oder dem Organismus durch Potentialänderung reagieren, heißen .... Die durch den Reiz hervorgerufene Potentialänderung wird ...... genannt. Dieses Potential wird durch die Erhöhung der ...... der Zellmembran für verschiedene Ionen, hauptsächlich für Na^{+}-Ionen hervorgerufen.

Receptoren — Receptorpotential (Generatorpotential) — Leitfähigkeit (oder Leitwert)

2.2 Die einzelnen Receptoren sind darauf spezialisiert, nur auf bestimmte Reize stark zu reagieren. Diese spezifische Reizform wird ...... (spezialisierter/adäquater) Reiz genannt. Sinnesphysiologisch sind den jeweils ...... (spezialisierten/adäquaten) Reizen des Receptors Modalitäten und ...... korreliert (siehe Abb. 1-11).

adäquater — adäquaten — Qualitäten

2.3 So ist der adäquate Reiz für die Helligkeitsreceptoren der Netzhaut des Auges ...... -stärke. Dieser adäquate Reiz ist jedoch nicht die einzige Reizform, mit der sich Potentialänderungen in dem Helligkeitsreceptor auslösen lassen. Auch starker Druck (Schlag auf das Auge — „Sterne sehen") oder starke Änderungen des chemischen Milieus (pH, O_2-Partialdruck) können Reaktionen des Helligkeitsreceptors auslösen.

Licht

2.4 Der adäquate Reiz ist also ...... (nicht/immer) die einzige Reizform, auf die ein Receptor antwortet. Dies trifft besonders für verschiedene Qualitäten innerhalb eines Modalbezirkes zu. Ein Grün-Receptor der Netzhaut reagiert z. B. auch auf starkes blaues oder rotes Licht; er spricht nur am besten auf ...... Licht an.

nicht — grünes

2.5 Ebenso reagieren Receptoren des Innenohres, denen man eine bestimmte Tonhöhe als ...... Reiz zuordnen kann, mit einem ...... -potential auch bei lauten Tönen sehr verschiedener Höhe.

adäquaten — Receptor

2.6 Auf dem Gebiet der Hautsinne kann es sogar schwierig sein, den adäquaten Reiz für einen bestimmten Receptor festzustellen. So gibt es z. B. Druckreceptoren, die sowohl auf kleine Druckänderungen, wie auch auf Temperaturänderung reagieren. Der Receptor spricht somit auf verschiedene ...... (Modalitäten/Qualitäten) an. In diesem Fall läßt es sich nur durch das Studium der zentralen Verarbeitung der von diesem und benachbarten Receptoren vermittelten Informationen erkennen, was der adäquate Reiz ist.

Modalitäten

2.7 Das eben angeführte Beispiel darf verallgemeinert werden: Die Spezifität der Sinnesempfindungen, die Abgrenzung von Modalitäten und .... kommt nicht allein durch eine Spezifität der entsprechenden Receptoren zustande, die jeweils nur auf den ...... Reiz antworten, sondern ist auch durch die ...... (periphere/zentrale) Verarbeitung der von dem Receptor vermittelten Informationen bestimmt.

Qualitäten — adäquaten — zentrale

Nach der Besprechung der Spezifität des Reizes wenden wir uns jetzt den Beziehungen zwischen Reiz, Receptorpotential und der Frequenz der Aktionspotentiale im sensorischen Nerven zu.

2.8 Anhand der Abb. 2-8, die eine Wiederholung der Abb. 28-30 aus „Neurophysiologie programmiert" ist, wollen wir die wichtigsten Beziehungen zwischen Reiz und Reaktion des Receptors kurz ansprechen. Reize steigender Stärke lösen Receptorpotentiale mit ...... (steigender/fallender) Amplitude aus. Während eines Reizes konstanter Stärke ist das Receptorpotential ...... (gleichfalls/nicht) konstant groß.

steigender — nicht

2.9 Der Abfall der Amplitude des Receptorpotentials während eines gleichbleibenden Reizes wird ...... (Divergenz/Adaptation) genannt. Diese tritt an allen Receptoren mit jeweils typischer Geschwindigkeit ein: Es gibt schnell und langsam ...... Receptoren.

Adaptation — adaptierende

2.10 Überschreitet das Receptorpotential die Schwelle, so werden ...... ausgelöst. Die Frequenz dieser ...... steigt mit der Amplitude des überschwelligen Receptorpotentials. Es ist z. B. in Abb. 2-8 die Frequenz F der ausgelösten ...... eine Sekunde nach dem Reizbeginn der Amplitude des überschwelligen Reizes $S\text{-}S_0$ ...... (proportional/umgekehrt proportional).

Aktionspotentiale — Aktionspotentiale — Aktionspotentiale — proportional

2.11 In Abb. 2-8 B sind als Relationen zwischen Reizstärke und Frequenz der Aktionspotentiale Geraden eingezeichnet, d. h. Reizstärke und Frequenz sind einander proportional. Die Geraden verlaufen um so .... (steiler/flacher), je später nach Reizbeginn die Frequenz bestimmt wird. Dieses Verhalten ist Ausdruck der ....

flacher — Adaptation

2.12 Die Proportionalität der Reizstärke und der ...... der Aktionspotentiale in Abb. 2-8 B wird bei ...... (allen/einigen) Receptortypen gefunden (s. „Neurophysiologie programmiert", Abb. 28-35).

Frequenz — einigen

2.13 Proportionalität von Reizstärke und Frequenz der Aktionspotentiale kommt bei solchen Receptoren vor, bei denen die Reizamplitude einen beschränkten Umfang hat, z. B. bei Receptoren, die die Muskellänge feststellen. Hat der Reiz einen großen Amplitudenumfang, so z. B. bei der Lichtstärke, so nimmt die Frequenz der Aktionspotentiale mit steigendem Reiz ...... (steiler/weniger steil) zu.

weniger steil

2.14 Allgemein läßt sich die Relation von überschwelligem Reiz (S-S_o) und Frequenz der Aktionspotentiale F als Potenzfunktion (nach Stevens) anschreiben.

$$F = k \cdot (S\text{-}S_o)^n$$

wobei k eine Konstante bezeichnet. Der Exponent n hat für die lineare Relation der Abb. 2-8 den Wert ...... (0/1/2), und für das in 2.13 ge schilderte Verhalten eines Fotoreceptors einen Wert ...... (größer/kleiner) als Eins.

Eins — kleiner

2.15 Werden bei einem Receptor, wie besprochen, durch das Receptorpotential ...... (Aktions/Nach)-potentiale ausgelöst und zentralwärts weitergeleitet, so wird dieser auch „primäre Sinneszelle" genannt. Es kommen jedoch auch kompliziertere Systeme vor. Bei z. B. den Lichtreceptoren der Netzhaut oder den Schallreceptoren des Innenohres bildet die eigentliche Receptorzelle nur Receptorpotentiale aus, die Zelle ist jedoch unerregbar und es werden keine ...... -potentiale ausgelöst.

Aktions — Aktions

2.16 Ist die Receptorzelle unerregbar, werden also keine Aktionspotentiale durch das Axon an ein zentrales Neuron weitergeleitet, so müssen die .... (Receptor/Ruhe)-potentiale synaptisch auf das nächste Neuron übertragen werden. Eine solche Receptorzelle darf kein langes Axon haben, denn Receptorpotentiale können sich nur elektrotonisch über ...... (große/kleine) Entfernungen ausbreiten. Bei solchen Receptoren liegen also die Receptorzelle und das synaptisch verbundene Neuron nahe beieinander, und die Receptoren werden als „sekundäre Sinneszellen" bezeichnet.

Receptor — kleine

2.17 Bei diesen Receptortypen, bei denen das Receptorpotential keine Aktionspotentiale in der Zelle auslöst, gibt es also eine ...... (primäre/sekundäre) Sinneszelle und eine afferente .... Die letztere leitet die von der Sinneszelle empfangenen Informationen in Form von Aktionspotentialen zentralwärts.

sekundäre — Nervenfaser

Die von den Receptoren ausgehenden Nervenfasern erreichen die sensorischen Gehirnzentren in der Regel über eine Reihe von synaptischen Schaltstationen. An diesen Synapsen treten die von verschiedenen Receptoren ausgehenden Erregungen in Interaktion miteinander, eine Tatsache, die die von den peripheren Receptoren zu den Gehirnzellen gelangende Information sehr stark mitformt. Im folgenden sollen einige Charakteristika der Weiterleitung der Erregung in den ersten Synapsen nach dem Receptor behandelt werden. Das Gebiet wurde allgemein schon behandelt in „Neurophysiologie programmiert", Lektion 16: „Typische neuronale Verschaltungen" (Heidelberger Taschenbuch, Bd. 96 „Neurophysiologie". Kap. 4.1.).

2.18 Die von den Receptoren ausgehenden Nervenfasern bilden Synapsen nicht nur mit einem sensorischen Neuron, sondern mit jeweils einer großen Zahl von Neuronen, die bis in die Tausende gehen kann. Diese Tatsache wird ...... (Konvergenz/Divergenz) genannt.

Divergenz

2.19 Die Aufsplitterung der Axone und die Bildung von Synapsen an zahlreichen Neuronen, genannt ...., ist in Abb. 2-19 für 2 Receptoren schematisch gezeichnet. Durch diese ...... (Konvergenz/Divergenz) wird erreicht, daß auch die schwache Erregung eines oder weniger Receptoren auf ...... (vielen/wenigen) Kanälen an das Zentrum weitergeleitet wird.

Divergenz — Divergenz — vielen

2.20 Die Divergenz hat also zumindest bei schwachen Reizen eine ...... (Verstärkung/Kanalisierung) der Erregung auf dem Übertragungsweg zur

Folge, und die Störanfälligkeit der Informationsvermittlung wird vermindert.

Verstärkung

2.21 Neben der Divergenz ist in Abb. 2—19 noch ein zweiter grundlegender Schaltungsmechanismus sichtbar: Die sensorischen Neurone erhalten Erregungen meist von beiden eingezeichneten Receptoren, dem entspricht im Nervensystem, daß ein sensorisches Neuron jeweils von einer Vielzahl von Receptoren erregt werden kann. Dies wird als ...... -vergenz bezeichnet.

Kon

2.22 Die Konvergenz der von vielen benachbarten Receptoren ausgehenden Erregungen auf jeweils ein Neuron führt zur ...... (räumlichen/zeitlichen) Summation oder Bahnung der Erregungen. Damit wird erreicht, daß auch schwache Erregungen in einigen benachbarten Receptoren über ihr synaptischen Verbindungen die sensorische Zelle bis zur .... depolarisieren können, so daß dort eine Erregung ausgelöst wird.

räumlichen — Schwelle

2.23 Auch die Konvergenz der Erregungen auf eine sensorische Zelle führt also zu einer ...... (Verstärkung/Schwächung) schwacher Erregungen der Receptoren, da es zu räumlicher ...... oder Bahnung an der sensorischen Zelle kommt. Bei starken Reizen auf viele benachbarte Receptoren kann allerdings die Konvergenz dazu führen, daß die durch sehr hochfrequente Erregungen aus einem oder wenigen Receptoren schon maximal erregte sensorische Zelle durch weitere Erregungen aus anderen Receptoren nicht mehr beeinflußt werden kann. Dieser Sachverhalt wird ...... (zeitliche Bahnung/Occlusion) genannt.

Verstärkung — Summation — Occlusion

2.24 Insgesamt führen Divergenz und Konvergenz, sowie die daraus folgenden Summationen und Occlusionen dazu, daß die Übertragung schwacher Reize, die wenige Receptoren erreichen ...... (gefördert/behindert) wird. Dagegen wird die Übertragung von sehr starken Reizen, die viele benachbarte Receptoren erregen, eher ...... (gefördert/behindert).

gefördert — behindert

2.25 Divergenz und Konvergenz sind Verschaltungen, die eine mäßige Erregung relativ ...... (großer/kleiner) Neuronenverbände begünstigen. Beide zusammen haben den Nachteil, daß sie die Zuordnung eines bestimmten Receptors zu einer bestimmten im Zentrum eintreffenden Erregung unmöglich machen. Es wird damit die Lokalisation eines Sinnesreizes z. B. auf der Körperoberfläche für das Zentrum erschwert. Um diese Lokalisation zu verbessern und eine unkontrollierte Ausbreitung der Erregung im Gehirn zu verhindern, treten zu den erregenden Synapsen .... Synapsen hinzu.

großer — hemmende

2.26 In Abb. 2-26 A ist noch einmal ein Schema der neuralen Verschaltung der ersten beiden Synapsen nach den Receptoren, unter Vernachlässigung der Hemmungsvorgänge, dargestellt. Die ungereizten Receptoren zeigen spontane Aktionspotentiale niedriger Frequenz. Im gereizten Receptor ...... (steigt/fällt) die Frequenz F der Aktionspotentiale. Dies ist in der Graphik rechts als Frequenz- ...... in einem relativ kleinen erregten Gebiet angedeutet.

steigt — erhöhung (oder entsprechend)

2.27 In der ersten sensorischen Synapse in Abb. 2-26 A verzweigen sich die Axone des erregten Receptors an drei Zellen und steigern deren .... der Aktionspotentiale. Dies wird allgemein als ...... (Divergenz/Konvergenz) bezeichnet. Folge ist, daß auf der Stufe der ersten Neurone sich das „erregte Gebiet" ...... (verbreitert/einengt), wie in der Graphik rechts für das Gebiet der ersten Neurone angedeutet.

Frequenz — Divergenz — verbreitert

2.28 Die selben Mechanismen führen an den zweiten sensorischen Neuronen in Abb. 2-26 A oben zu einer weiteren ...... (Verbreiterung/Einengung) des erregten Gebietes. Zu der in der Mitte des erregten Gebietes maximalen Frequenz der Erregungen trägt unter anderem bei, daß auf das mittlere Neuron Axone von drei erregten Neuronen ...... (konvergieren/divergieren).

Verbreiterung — konvergieren

2.29 Das Bild ändert sich in Abb. 2-26 B entscheidend, wenn hemmende Neurone (rot) berücksichtigt werden. Diese hemmenden Neurone werden von Kollateralen der Axone der sensorischen Neurone erregt, und sie wirken hemmend auf die gleichen Neurone wie auch auf benachbarte

Neurone zurück. Es handelt sich also um eine Hemmung durch .... (positive/negative) Rückkopplung (...... feedback inhibition). Da diese Hemmung nicht nur das erregte Neuron, sondern auch die benachbarten betrifft, wird sie auch ...... oder Umfeldhemmung genannt.

negative — negative — laterale
(siehe „Neurophysiologie programmiert", Kap. 16.25)

2.30 Im Beispiel der Abb. 2-26 B führt also die Hemmung dazu, daß die Erregungsfrequenz der den erregten Neuronen benachbarten Neurone durch den Vorgang der ...... Hemmung vermindert wird, selbst wenn sie ...... (eine/keine) erregende synaptische Verbindung mit dem gereizten Receptor haben (siehe äußere Neurone der ersten Ebene). In der Graphik rechts führt das dazu, daß um einen kleinen erregten Bezirk herum die Frequenz der Erregungen unter die ...... -frequenz fällt.

lateralen (Umfeld) — keine — Spontan (Ruhe)

2.31 Die gleichen Mechanismen wiederholen sich auf der Ebene des zweiten Neurons in Abb. 2-26 B. Das Resultat der Hemm-Mechanismen ist, daß im Vergleich zu Abb. 2-26 A die Erregungen sich auf ein ...... (größeres/kleineres) Gebiet erstrecken und daß sich um die zentralen erregten Neurone ein Saum ...... (erregter/gehemmter) Neurone bildet, deren Erregungszustand in der Graphik ...... (schwarz/rot) dargestellt ist.

kleineres — gehemmter — rot

Die Mechanismen der Hemmung durch negative Rückkopplung, wie auch besonders der lateralen Hemmung, spielen im sensorischen System auf allen Ebenen der Informationsverarbeitung eine große Rolle. Es kommt auch in einigen Fällen, z. B. bei den Receptoren der Netzhaut oder bei Dehnungsreceptoren von wirbellosen Tieren, vor, daß die laterale Hemmung schon auf der Stufe der Receptoren einsetzt, dort gibt es auch reziproke Hemmungen.

In den folgenden Fragen können Sie die Beherrschung des Stoffes dieser Lektion kontrollieren:

2.32 Auf welche Reize reagiert ein Grün-Receptor der Netzhaut?
a) blaues Licht
b) starken Druck
c) ultraviolettes Licht
d) grünes Licht
e) Radiowellen

Wie wird die Reizform d in bezug auf diesen Receptor bezeichnet?

a, b, d — adäquat

2.30 Abfall der Amplitude des Receptorpotentials bei gleichbleibender Reizstärke wird bezeichnet als:

a) Divergenz
b) Hemmung
c) Adaptation
d) zeitliche Summation

c

2.34 Wie läßt sich die Abhängigkeit der Frequenz F der Aktionspotentiale in einem sensorischen Neuron von der Amplitude des überschwelligen Reizes $S\text{-}S_0$ unter Verwendung eines Exponenten n allgemein ausdrücken?

$F = k \cdot (S\text{-}S_0)^n$

2.35 Durch welchen der unten angegebenen Mechanismen wird erreicht, daß in der Nachbarschaft von durch einen adäquaten Reiz erregten sensorischen Neuronen die Frequenz der Aktionspotentiale unter die Spontanfrequenz sinkt?

a) Konvergenz
b) laterale Hemmung
c) Divergenz
d) zeitliche Hemmung
e) Occlusion

b

Lektion 3: Objektive Sinnesphysiologie, das receptive Feld, zentrale Mechanismen

In Lektion 2 wurden periphere Mechanismen der Sinnesphysiologie besprochen: Die Reaktionen der Receptoren auf Reize sowie die Weitergabe der Information von den Receptoren an die ersten sensorischen Neurone. Die in diesem Gebiet arbeitenden Forschungsgruppen sind bestrebt, die Kenntnisse über die Reaktionen der einzelnen Elemente — Receptoren und Neurone — zu präzisieren und die Verarbeitung der Information von Zelle zu Zelle weiter zu verfolgen. Das Ziel ist, schließlich das Verhalten des gesamten Neuronennetzes von den Receptoren bis zu den Gehirnzentren im einzelnen zu erforschen. Dieses Ziel wird, wenn überhaupt, erst in vielen Jahrzehnten erreicht werden. Es ist jedoch daneben auch nützlich, die Reaktionen eines oder mehrerer zentraler Neurone auf einen peripheren Reiz festzustellen, ohne daß die Stufen der Informationsverarbeitung vom Reizort bis zu dem zentralen Neuron im einzelnen bekannt sind. Durch eine sinnvolle Variation der peripheren Reizbedingungen lassen sich sehr spezifische Aussagen über die Funktion der zentralen sensorischen Strukturen gewinnen. Diese Methodik läßt sich auch auf Verhaltensstudien und subjektive Sinnesphysiologie anwenden, so daß eine weitgehende Korrelation dieser in den nächsten Lektionen zu behandelnden Betrachtungsweisen möglich ist. Diese Lektion wird sich also mit an Neuronen registrierbaren zentralen Mechanismen beschäftigen.

Lernziele

Auswendigwissen der Definition des receptiven Feldes. Mit eigenen Worten an mindestens zwei Beispielen aus verschiedenen Modalitäten die Definition des receptiven Feldes erläutern. In Auswahlfragen erkennen, in welchem Ausmaß sich receptive Felder überlappen. In Auswahlfragen das Organisationsprinzip receptiver Felder erkennen. Mit eigenen Worten die integrativen Leistungen des sensorischen Systems, die in der Änderung der receptiven Felder innerhalb einer sensorischen Bahn zum Ausdruck kommen, erklären. Auswendig wissen, daß die Änderung der Aktionspotentialfrequenz (= Reaktion) zentraler sensorischer Neurone eine Potenzfunktion der peripheren sensorischen Reizstärke ist. Die Definition der Unterschiedsschwellen auswendig wissen. In Auswahlfragen die Definition der Intensitäts-Unterschiedsschwelle, der räumlichen (Orts)-Unterschiedsschwelle, der Zeit (Frequenz)-Unterschiedsschwelle erkennen. Mit eigenen Worten ein allgemeines Meßverfahren für Unterschiedsschwellen an sensorischen Neuronen erklären. In Auswahlfragen erkennen, in wie weit die Webersche Regel für Unterschiedsschwellen gilt.

3.1 Mißt man mit Hilfe von Mikroelektroden die Potentialänderungen einer Zelle des sensorischen Zentralnervensystems, so läßt sich die ....

(Frequenz/Amplitude) der abgeleiteten Aktionspotentiale meist durch Reize in der Körperperipherie beeinflussen. So wird sich z. B. die .... der Aktionspotentiale in einer Zelle des visuellen Cortex ändern, wenn in einem bestimmten Bereich des Gesichtsfeldes ein geeigneter Lichtreiz gesetzt wird. Die Gesamtheit aller Punkte der Körperperipherie, von denen aus eine Zelle durch spezifische Reize beeinflußt werden kann, wird ihr „receptives Feld“ genannt.

Frequenz — Frequenz

3.2 In Abb. 3-2 sind an der Haut des Unterarmes alle Punkte eingezeichnet, an denen eine leichte Berührung die Frequenz der Aktionspotentiale in einer bestimmten Zelle des sensorischen Cortex verändert. Der Bereich, in dem alle diese Punkte liegen, ist rot schraffiert, er wird .... der Cortexzelle, mit der Qualität „schwacher Druckreiz der Haut“, genannt.

receptives Feld

3.3 Es gibt Zellen in sensorischen Zentren, die nur von einem sehr kleinen Bezirk aus durch spezifische Reize beeinflußt werden können, diese Zellen haben dann ein kleines .... Solche Zellen sind z. B. Neurone des visuellen Cortex, die nur von einem 0,02 mm^2 großen Bezirk der Macula des Auges durch Lichtreiz beeinflußt werden können.

receptives Feld

3.4 Andere Zellen des Zentralnervensystems können z. B. durch Hautreize in sehr großen Körperpartien beeinflußt werden, wobei die Zelle sowohl auf Berührungs-, wie auch auf Kälte- und Vibrationsreize reagiert. In diesem Fall ist das receptive Feld ...... (groß/klein) und umfaßt verschiedene ...... (Qualitäten/Modalitäten).

groß — Modalitäten

Nach dem bisher Besprochenen könnte man zu der Annahme kommen, die receptiven Felder z. B. des Gesichtssinnes würden den Rasterpunkten eines Zeitungsbildes oder einer Farbfernsehröhre entsprechen, und aus diesen kleinsten Elementen würde durch das Nebeneinanderlegen vieler Rasterpunkte das Bild zusammengesetzt. Diese Annahme ist jedoch nicht korrekt: Die receptiven Felder des Gesichtssinnes sind sehr viel größer als die Rasterpunkte selbst der relativ groben Zeitungs- und Fernsehbilder. Die Grenze der Auflösung von Rasterpunkten, das räumliche Unterscheidungsvermögen oder die Punkttrennschärfe, liegt z. B. beim Auge bei etwa einer Winkelminute. Dagegen haben die kleinsten receptiven Felder im visuellen Cortex einen Durchmesser von 30 Winkelminuten. Gemessen an der Punkttrennschärfe des Sehorgans sind also selbst die kleinsten receptiven Felder der optischen Neurone groß. Ähnliches gilt auch für andere Sinnesorgane: Gemessen an dem räumlichen Auflösungsvermögen sind die receptiven Felder relativ groß.

3.5 Die Größenverhältnisse von receptiven Feldern und der Punkttrennschärfe der visuellen Cortex sind im Schema der Abb. 3-5 dargestellt. Die Fläche der receptiven Felder ist ...... relativ zur Punkttrennschärfe. Es sind in Abb. 3-5 jedoch nicht nur das receptive Feld einer Zelle, sondern auch die von benachbarten sensorischen Zellen gezeichnet. Es zeigt sich, daß die receptiven Felder benachbarter Zellen in großem Umfang ....

groß — überlappen (oder entsprechend)

3.6 Die trotz der relativ großen receptiven Felder erreichte gute Punkttrennschärfe des Auges kann nur so erzielt werden, daß die Information von mehreren receptiven Feldern, die ...... (jeweils/nicht) überlappen, in einem „höheren" Neuron zusammengefaßt wird.

jeweils

3.7 Der kleine Kreis in Abb. 3-5 ist z. B. in allen gezeichneten receptiven Feldern enthalten, während das Kreuz in ...... (einem/zwei/drei) receptiven Feld(ern) nicht enthalten ist. Ein höheres Neuron, das mit den Neuronen, deren receptive Felder hier gezeichnet wurden, in geeigneter Weise verknüpft ist, könnte also schon die Lage des Kreuzes relativ zum Kreis mit sehr viel größerer Genauigkeit als es der Größe der einzelnen receptiven Felder entsprechen würde, feststellen.

zwei

3.8 Die relativ großen receptiven Felder zeigen, daß eine relativ ...... (große/kleine) Zahl von benachbarten peripheren Receptoren mit der zentralen Zelle verbunden ist. Dies ist Ausdruck der ...... (Konvergenz/Divergenz) vieler Neurone auf das zentrale sensorische Neuron.

große — Konvergenz

3.9 Die stark ausgeprägte Überlappung der receptiven Felder zeigt, daß ein Receptor mit ...... (nur einem/vielen) zentralen sensorischen Neuron (en) verbunden ist. Dies ist Ausdruck der ...... (Konvergenz/Divergenz) der von einem Receptor ausgehenden Verbindungen.

vielen — Divergenz

Als Kriterium für die Bestimmung des receptiven Feldes haben wir bisher immer nur die „Beeinflussung" eines zentralen Neurons durch die Reizung eines bestimmten Punktes der Peripherie genannt. Eine solche „Beeinflussung" kann erregend oder hemmend sein, d. h. die Frequenz der Aktionspotentiale der zentralen Zelle kann durch den peripheren Reiz erhöht oder gesenkt werden. Beachtet man so die Qualität der Reaktion der zentralen Zelle auf den peripheren Reiz, so kommt man zu allgemeinen Aussagen über die Organisation oder die Struktur des receptiven Feldes:

3.10 In Abb. 3-10 sind receptive Felder gezeichnet, bei denen die einzelnen peripheren Reizpunkte mit + markiert wurden, wenn das zentrale Neuron während des Reizes mit einer „an"-Reaktion antwortete, nämlich mit einer ...... (Steigerung/Verminderung) der Frequenz der Aktionspotentiale. Entsprechend wurde von mit — markierten Reizpunkten aus die Frequenz der Aktionspotentiale des zentralen Neurons ....

Steigerung — vermindert (oder entsprechend)

3.11 Abb. 3-10 zeigt im linken Beispiel, daß die Punkte, von denen aus eine .... -Reaktion erreicht wurde, im Zentrum des receptiven Feldes zusammenliegen. Sie werden in der Peripherie des receptiven Feldes umgeben von Punkten, von denen aus eine ...... -Reaktion erzielt wurde.

an — aus

3.12 Das rechts gezeichnete receptive Feld ist umgekehrt organisiert: Im Zentrum werden ....-Reaktionen gemessen, und in der Peripherie .... -Reaktionen. Receptive Felder mit „aus-Zentrum" werden etwa genauso häufig gefunden wie solche mit „an-Zentrum".

aus — an

3.12 Es ist also typisch für receptive Felder, daß sie räumlich in Zentrum und .... gegliedert sind. Die Reaktion des Zentrums kann „an" oder „aus" sein. Wesentlich ist jedoch, daß die Peripherie ...... (gleich/umgekehrt) reagiert wie das Zentrum.

Peripherie — umgekehrt

3.14 Der Gliederung des receptiven Feldes in ...... und umgekehrt reagierende ...... liegt der neuronale Schaltungsmechanismus der lateralen oder Umfeldhemmung zugrunde. In Abb. 2-26 B wurde bereits gezeigt, wie um ein zentrales erregtes Gebiet ein gehemmtes Umfeld entsteht, nämlich durch negative Rückkopplung über hemmende Neurone, die Synapsen nicht nur mit der direkt durch den Reiz erregten, sondern auch mit weiteren benachbarten Neuronen bilden.

Zentrum — Peripherie

3.15 Grundlage der Organisation des receptiven Feldes ist also der Mechanismus der ...... oder Umfeld- ....

lateralen—hemmung

Die Gliederung der receptiven Felder in Zentrum und umgekehrt reagierende Peripherie ist zuerst an Neuronen der Netzhaut des Auges entdeckt worden und ist dort an den meisten Zellen sehr deutlich. Aber auch an anderen sensorischen Systemen wird diese Gliederung gefunden. Dieses Gliederungsprinzip verschärft natürlich das räumliche Unterscheidungsvermögen der Gehirnzentren, dazu ist es Grundlage der Kontrastphänomene, die in Lektion 5 besprochen werden sollen.
Die Lokalisation und Größe, die Modalität(en) und Qualitäten der spezifischen Reize, sowie die Gliederung ihres receptiven Feldes kann im Prinzip für jede Zelle des sensorischen Systems bestimmt werden. Benachbarte Zellen in den verschiedenen Zentren haben in der Regel sehr charakteristische und ähnliche receptive Felder. Bei synaptisch hintereinandergeschalteten sensorischen Zellen kann man die Änderung der receptiven Felder feststellen und damit die Funktionsweise der verschiedenen Zentren beschreiben. Von Synapse zu Synapse kann sich Größe und Form der receptiven Felder in charakteristischer Weise ändern, und oft ergeben sich auch in den verschiedenen Gebieten des Zentrums Verschiebungen in der Qualität des receptiven Feldes. So umfassen z. B. im visuellen System die receptiven Felder der ersten Neurone noch die Receptoren aller Qualitäten des visuellen Systems: Helligkeit und die verschiedenen Farben. In der Sehrinde gibt es dann Neurone, deren receptives Feld z. B. nur auf eine Farbänderung beschränkt ist. Über diese integrativen Funktionen des sensorischen Systems wird bei den speziellen Sinnesorganen noch Näheres mitgeteilt werden.
An einer zentralen sensorischen Zelle kann neben dem receptiven Feld auch quantitativ die Beziehung von Reizgröße und der Antwort der Zelle studiert werden:

3.16 Ebenso wie dies in Abb. 2-8 für einen Receptor angegeben wurde, läßt sich auch für zentrale sensorische Neurone die Beziehung der Reizamplitude zur Größe der Reaktion des Neurons bestimmen. Allgemein gilt, daß ebenso wie bei einem Receptor (siehe 2.14) die Frequenz der Aktionspotentiale des zentralen Neurons F eine ...... -funktion der überschwelligen Reizstärke ($S-S_o$) ist. Es gilt F = k · ....

Potenz — $(S-S_o)^n$

3.17 Auch bei zentralen Neuronen kommen verschiedene Werte von n vor: Es gibt auch an zentralen Neuronen lineare Beziehungen von Reiz- und Erregungsfrequenz, also den Exponenten n = ... ; bei anderen Zellen wird die Reaktion auf den Reiz mit wachsender Reizstärke relativ immer kleiner, der Exponent ist dann ...... als eins.

eins — kleiner

3.18 Neben der Reizstärke-Reizantwort-Beziehung können für zentrale Neurone auch die Reizschwellen bestimmt werden. Die einfachste solche Schwelle, die absolute Reizschwelle S_o, ist schon in der Formulierung der Potenzfunktion in 3.15 enthalten. Sie wird gemessen, indem man die kleinste Reizstärke sucht, auf die die Zelle mit einer Änderung der .... ihrer Aktionspotentiale reagiert.

Frequenz

3.19 Neben der absoluten Reizschwelle, der ...... (mittleren/kleinsten) Reizstärke bei der eine Zelle die Frequenz der ...... ändert, können auch Unterschiedsschwellen bestimmt werden. Eine solche Unterschiedsschwelle ist allgemein die kleinste Änderung eines Reizparameters, die eine meßbare Änderung der Frequenz der Aktionspotentiale einer Zelle hervorruft.

kleinsten — Aktionspotentiale (oder Erregungen)

3.20 Die Bestimmung einer Intensitäts-Unterschiedsschwelle ist in Abb. 3-20 A angedeutet. Ein überschwelliger Dauerreiz ruft die Entladung einer sensorischen Zelle mit einer bestimmten Frequenz hervor. Wird nun die Reizstärke in rechteckigen Schritten kurzzeitig geändert, so verursacht die erste, kleinste Reizstärkenänderung .... (eine/keine) Änderung der Frequenz der Aktionspotentiale. Bei der nächstgrößeren Reizstärkenänderung erhöht sich etwas die Frequenz der Aktionspotentiale, diese Reizstärkenänderung entspricht also der ......-...... -Schwelle

keine — Intensitäts-Unterschieds

3.21 In Abb. 3-20 B ist die Messung einer Ortsunterschiedsschwelle dargestellt. Links ist die Ausgangslage eingezeichnet: Druck auf die Haut an der durch das Achsenkreuz definierten Stelle ergibt eine bestimmte Erhöhung der Frequenz der Aktionspotentiale einer sensorischen Zelle. Wird nun im nächsten Beispiel der Reizpunkt etwas nach rechts verschoben, so erfolgt die gleiche ...... der Frequenz der Aktionspotentiale, diese Verschiebung des Reizortes war also ...... (größer/kleiner) als die Ortsunterschiedsschwelle.

Erhöhung — kleiner

3.22 Wird nun in Abb. 3-20 B der Reizort weiter nach rechts verschoben, so ist bei der Verschiebung s eine ...... (Zunahme/Abnahme) der Reaktion der sensorischen Zelle deutlich, s ist also die Orts- ...... in diesem Bereich der Haut für die Druckreize.

Erhöhung — kleiner

3.23 Ebenso wie für die Reizintensität oder Verschiebung des Reizortes lassen sich Unterschiedsschwellen für viele Parameter bestimmen, so für Zeitunterschiede, Tonhöhenunterschiede, Frequenzunterschiede der Vibration usw. Es trifft jeweils die allgemeine Definition zu, daß die Unterschiedsschwelle die ...... Änderung eines Reizparameters ist, die eine meßbare ...... der Frequenz der Aktionspotentiale der sensorischen Zelle hervorruft.

Abnahme — unterschiedsschwelle

Bei der Bestimmung von Unterschiedsschwellen müssen jeweils die Ausgangsbedingungen beachtet werden. Im Beispiel der Abb. 3-20 B wurde ein bestimmter Druckreiz angenommen, und der Effekt der Verschiebung des Druckpunktes gemessen. Der Wert der Ortsunterschiedsschwelle ist nun keineswegs unabhängig von der Intensität des Testdruckreizes, in gewissen Grenzen wird der Schwellenwert abnehmen, wenn die Reizstärke erhöht wird. Dies gilt ähnlich auch für andere Modalitäten und Reizformen, nähere Ausführungen dazu werden in Lektion 5 gegeben. Hier soll nur die Abhängigkeit der Intensitätsunterschiedsschwelle von der absoluten Intensität weiter besprochen werden.

3.24 Die Intensitätsunterschiedsschwelle ist die .... ΔS der Reizintensität, die als Änderung der Frequenz der Aktionspotentiale meßbar ist. ΔS ist nun keineswegs unabhängig von der Reizstärke S. Im allgemeinen nimmt die Intensitätsunterschiedsschwelle mit der Reizstärke zu.

In vielen sensorischen Systemen gilt für gewisse Bereiche der möglichen Reizamplituden die Webersche Regel:

$$\frac{\Delta S}{S} = \text{const.}$$

kleinste Änderung

3.25 Die Webersche Regel bedeutet, daß bei verschiedenen Reizstärken S die Unterschiedsschwellen Δ S nicht konstant bleiben, sondern sich .... (proportional/umgekehrt proportional) zur Reizstärke ändern. Es ist also nicht Δ S konstant, sondern das Verhältnis Δ S: ....

proportional — S

3.26 Die Webersche Regel lautet:

$$\frac{\Delta S}{S} = \ldots\ldots .$$

Wenn man ihre Allgemeingültigkeit annimmt, so kann man daraus folgern, daß die Erregungsfrequenz F der sensorischen Neurone dem Logarithmus der Reizstärke proportional ist:

$$F = K \cdot \log S$$

Diese Beziehung wird als „Weber-Fechnersches Gesetz" oder auch als „psychophysisches Grundgesetz" bezeichnet.

const.

3.27 Das Weber-Fechnersche Gesetz gilt ebenso wie die Webersche Regel nur für begrenzte Intensitätsbereiche. In 2.14 wurde schon angedeutet, daß eine allgemein gültigere Beziehung von Reiz S und Erregungsfrequenz F die Form einer ...... -funktion hat:

$$F = k \cdot (S\text{-}S_o)^n$$

Potenz

Das logarithmische Weber-Fechnersche Gesetz und die Potenzfunktion können für kleine Bereiche von S übereinstimmen. Ein Beispiel aus dem visuellen Bereich soll dies erläutern: Die Reaktion von Zellen des visuellen Cortex läßt sich in einem

Intensitätsbereich der Lichthelligkeit von mindestens 1 : 10000 mit der Stevens-Funktion beschreiben (s. auch Abb. 5-15), das Weber-Fechnersche Gesetz dagegen gilt mit guter Annäherung nur in einem mittleren Helligkeitsbereich mit einem Intensitätsumfang von 1 : 100.
Mit den folgenden Fragen können Sie Ihr Wissen über den Stoff dieser Lektion prüfen:

3.28 Welche der folgenden Beispiele sind korrekte Beschreibungen von receptiven Feldern?

a) Die rechte Hirnhemisphäre mit dem Gesichtsfeld des linken Auges.
b) Alle Punkte der Netzhaut, bei deren Belichtung die Frequenz der Erregungen in einem Neuron der visuellen Cortex steigt.
c) Alle Punkte der Netzhaut, bei deren Belichtung die Frequenz der Erregungen in einem Neuron der visuellen Cortex sich ändert.
d) Der Bereich der Nasenschleimhaut, von dem aus durch lokale Applikation einer verdünnten Schwefelwasserstofflösung die Aktivität eines Neurons des Riechhirns beeinflußt werden kann.
e) Alle Punkte der Haut des Fußes, an denen durch einen Schmerzreiz ein Flexorreflex ausgelöst werden kann.

c, d

3.29 Welcher der folgenden Sätze gibt das allgemeine Organisationsprinzip der receptiven Felder wieder:

a) Reize im Zentrum des receptiven Feldes verursachen immer eine „an-Reaktion", Reize in der Peripherie des receptiven Feldes immer eine „aus-Reaktion".
b) Reize im Zentrum des receptiven Feldes verursachen immer eine „aus-Reaktion", solche in der Peripherie immer eine „an-Reaktion".
c) Das sensorische Neuron reagiert nur auf Reize in seinem Zentrum; Reize, die auf seine Peripherie treffen, werden nicht beantwortet.
d) Reize im Zentrum und in der Peripherie des receptiven Feldes ändern die Erregungsfrequenz des sensorischen Neurons in entgegengesetztem Sinne.

d

3.30 Schreiben Sie bitte aus dem Gedächtnis die Definition der Unterschiedsschwellen für Neurone im sensorischen System nieder:

Lernschritt 3.19, 2. Satz oder entsprechend

3.31 Nehmen wir an, daß die Webersche Regel für einen Druckreiz auf die Haut gilt. Bei einer Ausgangslast von 10 g ist die Unterschiedsschwelle bei einem bestimmten Neuron 100 mg. Wie groß ist die Unterschiedsschwelle bei einer Ausgangsbelastung von 100 g?

1 g

Lektion 4: Relation von Reiz und Verhalten, bedingter Reflex

In den Lektionen 2 und 3 haben wir Reaktionen von Zellen des Nervensystems auf Sinnesreize besprochen: Das Ansprechen von Receptoren auf die auf sie einwirkenden Reize und die Erregung und Hemmung der sensorischen Nervenzellen, die die durch die Receptoren aufgenommene Information weiterverarbeiten. Die durch einen Sinnesreiz ausgelösten Reaktionen des Nervensystems führen nun in vielen Fällen zu nach außen oder innen gerichteten Aktivitäten des Gesamtorganismus: Hören wir von der Seite ein Geräusch, so werden wir uns dieser Richtung zuwenden. Taucht beim Autofahren vor uns ein Hindernis auf, so werden wir nicht nur bremsen und steuern, sondern auch die Frequenz unserer Herzschläge steigt und der Tonus unserer Muskulatur erhöht sich. Allgemein ausgedrückt, lösen viele Sinnesreize Änderungen unseres Verhaltens aus. Dies gilt für uns Menschen, aber auch für andere Lebewesen — selbst z. B. für Pflanzen, die in der Richtung der stärksten Belichtung wachsen. Solche Verhaltensänderungen aufgrund eines Sinnesreizes können von einem Beobachter beschrieben werden, sie können jedoch auch durch geeignete Meßgeräte registriert werden. Es können daraus einerseits Rückschlüsse auf die an der Reaktion auf den Sinnesreiz beteiligten neuronalen Strukturen gezogen werden, andererseits wird durch die Korrelation von Sinnesreiz und Verhalten die „Bedeutung" des Reizes für den Organismus sichtbar. Die Untersuchung der Relation von Reiz und Verhalten ist also ein sehr wichtiger Bereich der Sinnesphysiologie. Er ist besonders interessant, weil die objektiven Verhaltensbeobachtungen an Tieren und Menschen einen gewissen Brückenschlag von der objektiven zu der subjektiven Sinnesphysiologie, die in der nächsten Lektion behandelt werden soll, gestatten.

Lernziele

Mit eigenen Worten in mindestens 3 Beispielen Korrelationen von Sinnesreiz und Verhaltensäußerungen bei angeborenen Reaktionsweisen und bei bedingten Reflexen erklären. Die Definition des bedingten Reflexes auswendig wissen. In Auswahlfragen die Methode zum Einüben des bedingten Reflexes erkennen. In einer Lernkurve die Einübung eines bedingten Reflexes quantitativ graphisch darstellen können. In Auswahlfragen erkennen, daß bei der operanten Konditionierung durch Belohnung der korrekten Antwort auf einen Reiz das gewünschte Verhalten verstärkt wird. In Auswahlfragen erkennen, wie durch Variation des sensorischen Reizes beim bedingten Reflex die Relation von Reiz- und Verhaltensäußerung bestimmt werden kann, wie sich mit dieser Methode Schwellen und Unterschiedsschwellen bestimmen lassen. Mit eigenen Worten erklären können, daß bewußte Empfindungen und Wahrnehmungen spezielle Formen von Verhalten sind, daß das für Verhaltensänderungen auf Sinnesreiz Ausgesagte auch für subjektive Emp-

findungen gilt, die freilich wegen der sprachlichen Äußerung sehr differenziert mitgeteilt werden können.

4.1 Hört ein Hund ein Geräusch, so spitzt er die ......, sieht er eine Katze, so sträuben sich ihm die .... Allgemein gesprochen lösen diese Sinnesreize Änderungen seines ...... (Seelenfriedens/Verhaltens) aus.

Ohren — Haare — Verhaltens

4.2 Wir bezeichnen also bei einem Tier alle Änderungen seiner Aktivität, die wir beobachten können, als sein .... Diese Bezeichnung wird vorzugsweise für Aktivitäten des Gesamttieres, die wir ohne Zuhilfenahme von Meßgeräten beobachten können, gebraucht. Man kann jedoch auch Änderungen des Blutdruckes oder des Zuckergehaltes des Blutes als .... bezeichnen.

Verhalten — Verhalten

4.3 Wird einer Katze die Hinterpfote schmerzhaft gereizt, z. B. durch Kneifen, so wird sie diese Pfote durch Beugung der Gelenke des Beines wegziehen. Dies läßt sich allgemein nach 4.2 als ein ...... bezeichnen. Der Vorgang wird in der Neurophysiologie auch spezifischer Flexor- ...... genannt („Neurophysiologie programmiert", Lernschritt 24.1).

Verhalten — reflex

4.4 Ein Teil des Verhaltens eines Tieres besteht aus stereotypen Reaktionen auf einen bestimmten Reiz, die man als ...... bezeichnet („Neurophysiologie programmiert", Seite 149). Unter diesen gibt es angeborene oder unbedingte wie den Flexor- ......, die auf starren neuronalen Verschaltungen zwischen Receptoren und ...... (Erfolgs/Sinnes)-organen beruhen.

Reflexe — reflex — Erfolgs

4.5 Im Zusammenhang der Sinnesphysiologie sind jedoch die erworbenen Reflexe von besonderem Interesse. Bei diesen wird die funktionale Verbindung zwischen Receptoren und ...... erst durch Lernvorgänge ausgebildet. Ein Beispiel ist das „automatische" Bremsen beim Autofahren, wenn ein Hindernis auftaucht.

Erfolgsorganen

4.6 Lernt also ein Tier, auf einen bestimmten Reiz regelmäßig mit einer bestimmten Aktivität zu antworten, so hat es einen erworbenen ...... ausgebildet. Solche ...... werden auch „b e d i n g t e" genannt, weil sie nur unter der Bedingung des vorhergehenden Erlernens gefunden werden.

Reflex — Reflexe

Das Einüben bedingter Reflexe kann bei vielen Tieren im Labor leicht kontrolliert werden. Das erste solche Verfahren wurde von Pavlov entwickelt. Es wird als klassisches Konditionierungs-Verfahren bezeichnet. Bei diesem Verfahren wird zunächst ein unbedingter Reflex ausgelöst; es wird z. B. bei einem Hund durch Anbieten von Nahrung der Speichelfluß ausgelöst. Nun wird mit dem Reiz des unbedingten Reflexes — im Beispiel das Anbieten von Nahrung — jeweils gleichzeitig ein willkürlicher weiterer Reiz gegeben — es ertönt z. B. gleichzeitig mit dem Anbieten von Nahrung eine Glocke. Wird dieses Verfahren häufig wiederholt, so wird der Hund schließlich schon allein auf Läuten der Glocke mit Speichelfluß reagieren, und es hat sich damit ein bedingter Reflex ausgebildet. Beim klassischen Verfahren der Konditionierung wird also durch Assoziation zwischen dem adäquaten Reiz eines unbedingten Reflexes und einem willkürlich gewählten Testreiz der letztere zum Reiz eines bedingten Reflexes gemacht.
Diese Methode der klassischen Konditionierung hat den Nachteil, daß das Versuchstier den bedingten Reflex passiv durch Assoziation anerzogen bekommt. Bedingte Reflexe lassen sich leichter einüben durch das Verfahren der o p e r a n t e n K o n d i t i o n i e r u n g (Synonyme: operative K., operationale K.), das jetzt ausführlicher besprochen werden soll.

4.7 Bei der operanten ...... wird die gewünschte Antwort auf einen Reiz — der einzuübende bedingte Reflex — belohnt, z. B. durch eine Portion Futter. Die Belohnung führt zu einer Verstärkung dieses Verhaltens, und das Tier lernt schnell, auf den Reiz mit dem korrekten ...... Reflex zu antworten.

Konditionierung — bedingten

4.8 Dieses Verfahren der ...... Konditionierung ähnelt damit einer Dressur, bei der ja auch durch geeignete Belohnungen (oder Strafen) bestimmte Verhaltensweisen eingeübt werden. Im Unterschied zur Dressur wird jedoch bei der ...... Konditionierung der Mensch als „Erziehungsperson" möglichst ausgeschaltet. Die Konditionierung erfolgt durch Geräte, die automatisch den Reiz setzen, die Antwort registrieren und entsprechend den eingegebenen Kriterien die ...... anbieten.

operanten — operanten — Belohnung

4.9 Ein solches (von Skinner entworfenes) Gerät zur .... von bestimmten Reflexen ist die „Skinner Box", die zum Training verschiedener Arten von Kleintieren verwendet werden kann. Abb. 4-9 gibt eine schematische Darstellung dieses Gerätes.

operanten Konditionierung

4.10 Es besteht aus einem Käfig für das Versuchstier, der an seiner Stirnseite eine Reizeinrichtung hat, im gezeigten Beispiel ist es ein Reiz- .... An der Stirnwand ist ein Hebel angebracht, und das Versuchstier wird allgemein dazu konditioniert, den Hebel zu drücken.

licht

4.11 An der Stirnwand der in Abb. 4-9 gezeichneten „Skinner Box" befindet sich weiter ein Futterbehälter. Eine automatisch arbeitende Apparatur sorgt dafür, daß, wenn auf den gesetzten Reiz die korrekte Antwort durch Drücken des ...... erfolgt, diese Reaktion durch eine Portion Futter im Futterbehälter ...... wird.

Hebels — belohnt

4.12 Zu der „Skinner Box" in Abb. 4-9 gehört weiter ein Registrierinstrument, das die Erfolgsrate der in einem bestimmten Zeitprogramm wiederkehrenden Reize festhält. An der Registrierung läßt sich ablesen, wie schnell und mit welchem Grad von Korrektheit der ...... Reflex gelernt wird.

bedingte

4.13 Abb. 4-13 zeigt eine mit Hilfe eines solchen Gerätes aufgenommene Lernkurve. An jedem Versuchstag (Abszisse) wurde 100mal der Testreiz gegeben und die Prozentzahl der ...... Antworten registriert (Ordinate). Die Kurve zeigt, daß die Erfolgsrate in der ersten Woche ...... (steil/wenig) ansteigt und daß etwa nach 10 Tagen ein Plateau von fast 100 % .... Antworten erreicht wird.

korrekten — steil — korrekter

Geräte wie die Skinner Box haben den Vorteil, daß man sie in großer Zahl parallel aufstellen kann und daß man für eine große Anlage die Versuchsprogramme — die Testreize und die Kriterien für die korrekte Antwort — automatisch steuern kann. Dazu werden heute meist Computer eingesetzt, die auch die statistische

Auswertung der Versuchsergebnisse übernehmen. Bei diesen Versuchsprogrammen kann nun der Testreiz in weiten Grenzen variiert werden, was für die sinnesphysiologischen Untersuchungen, die wir im folgenden besprechen werden, besonders wichtig ist. Das Verfahren der operanten Konditionierung von bedingten Reflexen wird jedoch auch auf anderen Gebieten mit großem Erfolg eingesetzt: Experimentelle Psychologen untersuchen das Lernverhalten, Pharmakologen bestimmen den Einfluß von Arzneimitteln auf das Erlernen und die Ausführung der bedingten Reflexe, Biochemiker blockieren Enzymsysteme oder Neurophysiologen setzen Schädigungen in bestimmten Hirnteilen und stellen dann fest, ob die eingeübten bedingten Reflexe erhalten bleiben und neue konditioniert werden können.

4.14 Sie haben vielleicht schon bemerkt, daß Sie mit dem Durcharbeiten dieses Buches ebenfalls einer operanten Konditionierung unterworfen werden. Der Reiz (hoffentlich!) ist der angebotene Wissensstoff, der bedingte Reflex die korrekte Wiedergabe dieses Stoffes. Zur operanten Konditionierung gehört weiter die ...... im Falle einer korrekten Antwort. Die Lernpsychologen behaupten, daß beim intelligenten Menschen als Belohnung schon das „Erfolgserlebnis" ausreicht, das eintritt, wenn sich das Ausfüllen der Auslassungen in den Lernschritten als korrekt erweist. Es ist also damit dieses Buch eine Art Skinner Box für ...... (höhere/große) Tiere.

Belohnung — höhere oder große (nach Selbsteinschätzung)

Als ein Beispiel für die Relation von Verhalten und Sinnesreiz wollen wir jetzt im Detail besprechen, wie die Methode der operanten Konditionierung dafür eingesetzt werden kann, die Zunahme der Empfindlichkeit des Gesichtssinnes einer Taube bei Anpassung an Dunkelheit, die Dunkeladaptation, zu bestimmen. Wie Sie aus Ihrer persönlichen Erfahrung wissen, sehen wir „nichts" wenn wir plötzlich aus hellem Sonnenlicht in ein schwach erleuchtetes Zimmer kommen. Wenn wir dann einige Zeit in dem dunklen Raum waren, so können wir langsam immer mehr Gegenstände in dem Raum erkennen, die Empfindlichkeit des Gesichtssinns steigt, wir haben uns an die geringe Helligkeit adaptiert (näheres s. Abschnitt C). Mit dem zu besprechenden Experiment soll erforscht werden, ob ein ähnlicher Vorgang der Dunkeladaptation auch bei einer Taube eintritt.

4.15 Mit der Taube wurden vor Versuchsbeginn zunächst zwei bedingte Reflexe eingeübt: Die Taube pickt auf die Taste A, wenn sie ein Reizlicht sieht, und auf Taste B, wenn sie kein Reizlicht sieht. Das korrekte Verhalten wird jeweils ...... und damit der bedingte Reflex verstärkt.

belohnt

4.16 Abb. 4-16 A zeigt nun die Versuchsanordnung für die Bestimmung der Sehschwelle. Taste A wurde so mit der Reizkontrolle verbunden, daß nach dem Kontaktschluß die Lichtstärke etwas herabgesetzt wird. Kontaktschluß an der Taste B hat den umgekehrten Effekt. Wenn nun bei Versuchsbeginn das Reizlicht hell leuchtet, so wird die Taube die Taste .... (A/B) picken, bis die Lichtstärke so weit vermindert wird, daß sie das Reizlicht ...... (kaum noch/nicht mehr) sieht.

A — nicht mehr

4.17 Sieht die Taube das Reizlicht nicht mehr, so wird sie die Taste ...... (A/B) picken, bis sie das Reizlicht wieder .... Mit Hilfe der Betätigung der beiden Tasten wird also die Taube eine Lichtstärke einstellen, die um den Wert der ...... (Maximal/Schwellen)-reizstärke schwankt.

B — sieht — Schwellen

4.18 Abb. 4-16 A zeigt also, wie mit Hilfe von recht komplexen gelernten Verhaltensweisen exakt die Seh- ...... (kraft/schwelle) gemessen werden kann.

schwelle

4.19 Mit der gleichen Meßanordnung läßt sich nun auch die Dunkeladaptationskurve messen. Vor Beginn des Versuchs (Abb. 4-16 B) ist die Taube bei heller Allgemeinbeleuchtung gehalten worden, bei Versuchsbeginn wurde der Meßraum (bis auf das Reizlicht) verdunkelt. Durch Picken auf die beiden Tasten A und B stellt nun die Taube eine ...... -reizstärke bei etwa 2 Mikrolux (µL) ein (logarithmischer Ordinatenmaßstab!).

Schwellen

4.20 Der Schwellenwert bleibt nun nicht konstant, sondern ...... (steigt/fällt) in den ersten 20 Minuten nach Verdunkelung langsam. Zwischen 20 und 30 Minuten wird der ...... (Abfall/Anstieg) des Schwellenwertes .... (steiler/flacher) und mündet schließlich nach 50 — 60 Minuten bei einem konstanten Wert von ...... (0,002/0,02/0,2) µL.

fällt — Abfall — steiler — 0,02

4.21 In dem durch Abb. 4-16 B wiedergegebenen Versuch wurde also mit Hilfe von ...... Reflexen der Zeitverlauf der Dunkel- ...... der Taube gemessen. Die gewonnene Kurve ist einer entsprechenden am Menschen (siehe Abschnitt C) sehr ähnlich.

bedingten — adaptation

4.22 Mit ähnlichen Verhaltensversuchen lassen sich durch das Einüben geeigneter .... auch andere Schwellenwerte bestimmen. So hat man mit dieser Technik die Sehschwelle bei verschiedenen Wellenlängen des Lichtes bei Säugetieren, Fröschen, Fischen, Vögeln und auch Tintenfischen gemessen.

bedingter Reflexe

4.23 Entsprechend lassen sich auch z. B. nach Konditionierung geeigneter bedingter Reflexe bei verschiedenen Tieren Hör- ...... und Tonunterschieds- ...... bestimmen.

schwellen — schwellen

4.24 Ein Verfahren zur Messung einer Tonunterschiedsschwelle würde analog zur Abb. 4-16 wie folgt angelegt werden:
Es wird eingeübt: Verhalten A, wenn e i n Ton gehört wird, Verhalten B, wenn zwei Töne gehört werden.
Als Reiz wird ein Grundton zusammen mit einem etwas höheren Differenzton gesetzt, die jeweils gleichzeitig kurz angestellt werden. Die Reizkontrolle erfolgt nun so, daß nach Verhalten A die Tondifferenz .... (vergrößert/verkleinert) wird, nach Verhalten B die Tondifferenz .... (vergrößert/verkleinert) wird. Damit stellt sich automatisch die zum Grundton gehörige Ton- ...... -schwelle ein.

vergrößert — verkleinert — unterschieds

Mit Hilfe der Einübung geeigneter bedingter Reflexe können also sehr detaillierte sinnesphysiologische Messungen an Tieren gemacht werden. Viele der sinnesphysiologischen Gesetzmäßigkeiten, die in der nächsten Lektion als Inhalte der „subjektiven Sinnesphysiologie" des Menschen dargestellt werden, lassen sich entsprechend auch bei verschiedenen Tieren als Relation von Reiz und Verhalten aufzeigen, worauf wir im einzelnen hier nicht eingehen können. In der subjektiven Sinnesphysiologie werden meist sprachliche Äußerungen über Empfindungen und Wahrnehmungen in Relation gesetzt zu Sinnesreizen (s. Abb. 1-18). Sprechen ist auch nichts anderes als eine Form des Verhaltens. Das Verfahren der Bestimmung der Tonunterschiedsschwellen in 4.24 könnte somit in gleicher Weise für einen Verhaltensversuch an einem Tier wie für „subjektive Sinnesphysiologie" an einem Menschen eingesetzt werden. Es wäre in 4.24 nur als Verhalten A die Äußerung der Versuchsperson: „Ich höre einen Ton", und als Verhalten B „ich höre zwei Töne" zu setzen. Formal könnte also der Naturwissenschaftler die „subjektive

Sinnesphysiologie" als ein spezielles Kapitel der Sinnesphysiologie des Verhaltens von Tieren ansehen.
Unsere Empfindungen und Wahrnehmungen werden nun von dem Bewußtsein unserer Subjektivität und unserer Identität begleitet, und viele glauben, daß dies das spezifisch menschliche unserer Reaktionen auf die Phänomene unserer Umwelt und die Sinnesreize ausmacht (s. Abb. 1-18). Es erscheint mir als Naturwissenschaftler sehr schwer feststellbar, ob Tiere in einem gewissen Ausmaß auch Bewußtsein von Subjektivität und Identität haben. Sollte dies jedoch zutreffen, so wäre der Unterschied zwischen dem Gegenstand dieser Lektion und dem der nächsten nur quantitativer, nicht qualitativer Art.
Mit den folgenden Lernschritten können Sie Ihren Wissensstand über den Stoff dieser Lektion überprüfen:

4.25 Geben Sie bitte mit eigenen Worten eine Definition des bedingten Reflexes.

Inhalt von Lernschritt 4.6

4.26 Welche der folgenden Aussagen treffen für das Verfahren der operanten Konditionierung zu?
a) Der bedingte Reflex wird durch Belohnung der korrekten Antwort verstärkt.
b) Der Testreiz wird mit dem adäquaten Reiz eines angeborenen (unbedingten) Reflexes gepaart und wird nach Wiederholung des Verfahrens zum Reiz eines bedingten Reflexes.
c) Ein bedingter Reflex wird durch häufige Wiederholung zu einem unbedingten.
d) Der bedingte Reflex wird unter aktiver Mitarbeit des Tieres eingeübt.

a, d

4.27 Die Lernkurve für einen bedingten Reflex
a) beschreibt die Häufigkeit von Fehlern in Abhängigkeit von der Schwierigkeit der Aufgabe,
b) beschreibt die Häufigkeit von korrekten Antworten in Abhängigkeit von der Übungszeit,
c) verläuft anfangs flach und steigt später steil an,
d) läuft anfangs steil und erreicht schließlich ein Plateau,
e) kann nur für höhere Tiere bestimmt werden.

b, d

4.28 Welche(s) der folgenden Verfahren (sind) zur Bestimmung der Punktsehschärfe (kleinster Abstand zweier Punkte, bei dem diese noch als getrennt erkannt werden können) bei einer Katze geeignet?

Die Katze hat gelernt, den Hebel A zu drücken, wenn sie e i n e n Punkt sieht, und den Hebel B zu drücken, wenn sie z w e i Punkte sieht.

a) Dem Reizkontrollgerät wird ein Programm eingegeben, nach dem es als Reize Punktpaare mit wechselndem Abstand von 0 — 5 mm mit zufälliger Folge der Punktabstände anbietet. Der Punktabstand, bei dem die Katze genauso häufig den Hebel A wie den Hebel B drückt, ist die Punktsehschärfe.

b) Das Reizkontrollgerät ist so geschaltet, daß wenn die Katze den Hebel A drückt, für den nächsten Reiz der Punktabstand vergrößert wird und daß, wenn sie den Hebel B drückt, der Punktabstand verkleinert wird. Nach einer größeren Zahl von Versuchen stellt sich die Punktsehschärfe ein.

a, b

Lektion 5:
Allgemeine subjektive Sinnesphysiologie

Die in den letzten drei Lektionen besprochenen Fakten aus der allgemeinen Sinnesphysiologie lassen sich im Prinzip als physikalische und chemische Vorgänge an den Strukturen des Organismus beschreiben. Wenn wir nun auf die subjektive Sinnesphysiologie eingehen, so können wir (vom methodischen Standpunkt) das über die Funktion der Sinnesorgane, die Informationsverarbeitung im Zentralnervensystem und die Relation von Sinnesreiz und Verhalten Gelernte außer acht lassen. In der subjektiven Sinnesphysiologie betrachten wir nur die Aussagen eines Menschen über Phänomene der Außenwelt: Als Versuchsleiter bieten wir ihm spezifische Sinnesreize an und registrieren seine Äußerungen. Wenn auch für diesen methodischen Ansatz die entsprechenden Funktionen des Nervensystems der Versuchsperson im einzelnen nicht interessieren, so befruchten sich doch subjektive und objektive Sinnesphysiologie gegenseitig ganz außerordentlich. Die meisten Fragestellungen der objektiven Sinnesphysiologie sind ursprünglich auf Grund von Erkenntnissen der subjektiven Sinnesphysiologie formuliert worden, in vielen Gebieten kommen die beiden Betrachtungsweisen zu korrelierbaren Ergebnissen, häufig lassen sich auch neue Entdeckungen der objektiven Sinnesphysiologie in Form subjektiver Erlebnisse verifizieren.
Diese Lektion kann nur eine kurze Einleitung in die allgemeine subjektive Sinnesphysiologie bieten. In den Kapiteln über die einzelnen Sinnesorgane werden spezielle Ergebnisse der subjektiven Sinnesphysiologie mitgeteilt werden. Hier kann es sich nur darum handeln, einige Prinzipien vorzustellen und an Hand von Beispielen zu erläutern.

Lernziele
Die Grunddimensionen der Wahrnehmung, nämlich Zeitlichkeit, Räumlichkeit, Qualität und Intensität auswendig wissen. In Auswahlfragen erkennen, daß Zeitlichkeit und Räumlichkeit die Gegenstände unserer Erfahrung in unsere Umwelt einordnen, d. h. Beziehungen zwischen Erfahrungsgegenständen verschiedener Modalität und Intensität herstellen. In Auswahlfragen eigenmetrische Meßverfahren der Empfindungsintensität erkennen. In Auswahlfragen erkennen, daß gemessen in eigenmetrischer Skala, die Empfindungsintensität $E = k \times (S-S_0)^n$ ist, wobei k und n konstant und S die physikalisch definierte Reizstärke sind; daß diese Beziehungen Stevenssche Potenzfunktion genannt wird und daß n für verschiedene Modalitäten charakteristische Werte hat. In Auswahlfragen das eigenmetrische Meßverfahren der Empfindungsintensität durch Schätzung des Verhältnisses zu einer Standardintensität erkennen. In Auswahlfragen das eigenmetrische Meßverfahren der Empfindungsintensität durch Bestimmung der Anzahl der Unterschiedsschwellenschritte zwischen zwei zu vergleichenden Intensitäten erkennen. In Aus-

wahlfragen die quantitativen Beziehungen zwischen den Änderungen zweier Dimensionen einer Empfindung in einem orthogonalen System erkennen. In Auswahlfragen die Konstanz der Produkte von Reizfläche und Reizintensität sowie von Reizdauer und Reizintensität bei absoluten Schwellenreizen erkennen. In Auswahlfragen erkennen, daß in den Wahrnehmungen Kontraste überhöht werden und diesen Tatbestand in Beispielen erkennen. Mit eigenen Worten mindestens drei Beispiele nennen, inwiefern Ergebnisse der subjektiven Sinnesphysiologie in Analogie zu bestimmten Erfahrungen der objektiven Sinnesphysiologie stehen.

Wir wollen ausgehen von den Grunddimensionen der Wahrnehmung, die in Lektion 1 schon gestreift worden sind:

5.1 Wenn ein Subjekt Sinneseindrücke oder Sinnesempfindungen einordnet in Erfahrenes und Gelerntes, wenn er z. B. sagt: „Dort steht ein Stuhl", so hat er eine ...... gemacht. (Siehe 1.16)

Wahrnehmung

5.2 Solche durch das Subjekt gedeutete Sinnesempfindungen, die ...., haben vier Grunddimensionen: Zeitlichkeit, Räumlichkeit, Qualität und Intensität (oder Quantität).

Wahrnehmungen

Über die Qualitäten oder Modalitäten von Sinneseindrücken sowie über ihre Intensität oder Quantität haben wir in Lektion 1 schon ausführlich gesprochen (s. Abb. 1-11). Wir wollen hier näher eingehen auf die Dimensionen der Zeitlichkeit und der Räumlichkeit, die ja Dimensionen jedes Existierenden sind.

5.3 Wahrnehmungen haben die Grund- ...... der Zeitlichkeit, Räumlichkeit, der Qualität und der ...... Die ersten beiden ...... der Zeitlichkeit und Räumlichkeit ordnen die Wahrnehmungen in unsere Umwelt ein. Wenn ich z. B. sage: Hans kam nach Jutta ins Zimmer, so stelle ich eine zeitliche Ordnung, eine Aufeinanderfolge der Wahrnehmungen her.

dimensionen — Intensität (oder Quantität) — Dimensionen (oder Grunddimension)

5.4 Neben Qualität und Intensität haben Wahrnehmungen die Grunddimensionen der ...... und der .... Letztere ordnen unsere Wahrnehmungen in unsere ...... ein. Bemerken wir z. B.: Rechts vom Haus sehe ich einen Baum, so ordne ich die Wahrnehmung „Baum" meinem Standort und anderen Wahrnehmungen in meiner räumlichen Umgebung zu.

Zeitlichkeit — Räumlichkeit (Reihenfolge beliebig) — Umwelt

5.5 Neben Zeitlichkeit, Räumlichkeit und Intensität ist eine Grunddimension der Wahrnehmung die .... Letztere entspricht, wie in Lektion 1 (Abb. 1-11) dargelegt, dem Sinnes- ...... (erlebnis/receptor) über das die Wahrnehmung vermittelt wird. Wir unterscheiden Gehörtes und Gesehenes, weil wir für diese spezifische ...... haben.

Qualität — receptor — Receptoren

5.6 Die vierte Grunddimension der Wahrnehmung ist nach den besprochenen Dimensionen der Zeitlichkeit, Räumlichkeit und Qualität die ...... Bei dieser stellt sich das Problem der Messung der Stärke der Wahrnehmung oder Empfindung. Die Reizstärke läßt sich mit den Maßsystemen der Physik und Chemie bestimmen. Bei einem solchen Meßverfahren wird eine Regel definiert, mit der eine bestimmte Intensität mit einem ..... (Standardmaß/Zahlensystem) verglichen wird.

Intensität — Standardmaß

5.7 Als Standardmaß für die ...... (Intensität/Qualität) einer Empfindung oder Wahrnehmung bietet sich die absolute Schwelle an, d. h. die .... (kleinstmögliche/abgestufte) Wahrnehmung einer bestimmten Qualität. Man kann z. B. Empfindungsintensität messen, indem man die Versuchspersonen auffordert, anzugeben, um wievielmal stärker die zu messende Empfindung als die Schwellenempfindung ist.

Intensität — kleinstmögliche

5.8 Eine Messung der Empfindungsintensität, die von einem durch die Empfindung der Versuchsperson selbst gegebenen Standardmaß ausgeht, wird Eigenmetrik genannt. Bei der eigenmetrischen Messung der Empfindungsstärke wird als Standardmaß die absolute ...... für die betreffende Qualität benutzt.

Schwelle

5.9 Das Ergebnis einer solchen ...... -metrischen Messung der Empfindungsintensität zeigt Abb. 5-9. Den Versuchspersonen wurden Zitronensäure- und Zuckerlösungen in der in der Abszisse angegebenen Konzentration angeboten. Die Versuchspersonen gaben an, um wievielmal stärker die Testlösung schmeckte als eine zum Vergleich angebotene

Standardlösung. Diese subjektive ...... ist in Abb. 5-9 rot als Ordinatenwert (Kreuze) eingetragen.

eigen — Empfindungsintensität

5.10 Die bei verschiedener Konzentration der Zitronensäure- und der Zuckerlösung geschätzten subjektiven ...... lassen sich in Abb. 5-9 recht gut durch gerade Linien approximieren. In Abb. 5-9 haben Ordinate und Abszisse einen ...... (linearen/logarithmischen) Maßstab, die Geraden entsprechen folglich ...... (Exponentialfunktionen/Potenzfunktionen).

Empfindungsintensitäten — logarithmischen — Potenzfunktionen

5.11 Die Steigung (Steilheit) der Geraden in Abb. 5-9 entspricht dem Exponenten n der ...... -funktionen, die die Abhängigkeit der Empfindungsintensität von der ...... -stärke beschreiben. n liegt für Zitronensäure bei 0.85 und für Zucker bei 1.1, und dieser Unterschied wird bei verschiedenen Versuchspersonen regelmäßig gefunden.

Potenz — Reiz

5.12 Man findet also für die Abhängigkeit der Empfindungsintensität von der Reizstärke, ebenso wie für die Abhängigkeit der Reizantworten von der Reizstärke bei Receptoren (s. 2.14) oder bei zentralen sensorischen Neuronen (s. 3.17), eine Stevenssche ...... -funktion. Diese Übereinstimmung erstreckt sich jedoch nicht nur auf die Form der Abhängigkeit, sondern auch quantitativ auf den Exponenten n.

Potenz

In der Abb. 5-9 ist nicht nur die Abhängigkeit der Empfindungsintensität von der Reizstärke, sondern auch die neurale Antwort auf den Reiz dargestellt. Dies war möglich, weil die Versuchspersonen Patienten waren, die sich wegen einer Schwerhörigkeit einer Mittelohroperation (Stapes-Mobilisation) unterziehen mußten. Während dieser Operation wird der Nerv (Chorda tympani) freigelegt, in dem die Geschmacksfasern der Zunge zum Gehirn ziehen. Von diesem Nerv konnten während der Operation Aktionspotentiale registriert werden und so die neurale Antwort auf Geschmacksreize quantitativ gemessen werden.

5.13 In Abb. 5-9 wurden schwarz auch die Frequenzen (Kreise) der Aktionspotentiale in den Geschmacksnervenfasern eingetragen. Diese Meßpunkte lassen sich durch ...... beschreiben, die .... (den gleichen/einen höheren) Exponenten anzeigen wie den für die subjektiven Messungen bestimmten.

Geraden — den gleichen

5.14 Es ergibt sich also in der mathematischen Beschreibung eine sehr weitgehende Übereinstimmung der Reaktion der ...... des Geschmacksorgans auf einen Reiz und der Reizabhängigkeit der subjektiven .... -intensität.

Receptoren — Empfindungs

5.15 In dem Versuch der Abb. 5-9 wurde die Empfindungsintensität als .... (Summe/Vielfaches) der durch einen Standardreiz ausgelösten Empfindung(en) geschätzt. Viele Versuchspersonen haben Schwierigkeiten, über solche Relationen Zahlenangaben zu machen. Dies läßt sich umgehen mit Hilfe des Meßverfahrens des intermodalen Intensitätsvergleiches, für das Abb. 5-15 ein Beispiel zeigt.

Vielfaches

5.16 Im Versuch der Abb. 5-15 hat die Versuchsperson die Aufgabe, mit der Handfläche so stark gegen einen Kraftmesser (Handdynamometer) zu drücken, daß dieser Druck der Stärke der auf einen Testreiz, z. B. einen Ton, folgenden Empfindung entspricht. Dies gibt einen inter- ...... Intensitätsvergleich, es wird also z. B. die Lautstärke der Töne über die Stärke der Druckempfindung auf der Handfläche gemessen.

modalen

5.17 Mit Hilfe dieses intermodalen .... läßt sich die Abhängigkeit der Empfindungsintensität von der ...... für viele verschiedene Modalitäten quantitativ bestimmen. Die Meßpunkte liegen jeweils auf .... die bei dem doppeltlogarithmischen Maßstab von Abb. 5-15 ...... -funktionen entsprechen.

Intensitätsvergleiches — Reizstärke — Geraden — Potenz

5.18 In dem Versuch der Abb. 5-15 ergibt sich die steilste Gerade für die durch elektrischen Strom ausgelöste Schmerzempfindung, für diese Modalität ist also der Exponent in der Potenzfunktion ...... (größer/kleiner) als Eins. Das andere Extrem stellt die ...... -empfindung dar. Hier ist der Exponent wesentlich ...... (größer/kleiner) als Eins.

größer — Licht — kleiner

Auf die Größe der verschiedenen Exponenten bei den einzelnen Modalitäten wird bei den speziellen Kapiteln der Sinnesorgane eingegangen werden. Hier sei nur angedeutet, daß es funktionell sehr nützlich ist, daß z. B. bei einer Steigerung eines Schmerz- oder Wärmereizes die Intensität der Empfindung sehr stark zunimmt (n größer oder gleich Eins), denn diese Empfindungen haben ja den Charakter einer Warnung vor größerer Beschädigung. Andererseits ist es für die Funktion sinnvoll, daß bei Lichtreizen, die ja einen Amplitudenumfang von 5 — 6 Dekaden haben, die Empfindungsintensität nur relativ flach ansteigt, und somit ein den Reizamplituden entsprechender Empfindungsbereich ermöglicht wird.

5.19 Vom Gesichtspunkt der eigenmetrischen Messung der Empfindungsintensität ist bei Abb. 5-15 wichtig, daß die dort durch inter- ...... Intensitäts- ...... bestimmten Exponenten sehr gut mit denen übereinstimmen, die sich mit dem in Abb. 5-9 beschriebenen Verfahren der numerischen Abschätzung von Intensitätsverhältnissen bei ...... (einer/zwei) Modalität(en) ergeben.

modalen — vergleich — einer

5.20 Es ist weiter beachtenswert, daß bei den entsprechenden „objektiv-sinnesphysiologischen" Messungen der Abhängigkeit der Stärke der neuralen Antwort, nämlich der ...... der Aktionspotentiale von der Reizstärke, die Exponenten der so gemessenen ...... -funktionen sehr ähnliche Werte haben wie die in Abb. 5-15 „subjektiv-sinnesphysiologisch" bestimmten.

Frequenz — Potenz

5.21 Wir haben bisher zwei eigenmetrische Meßverfahren für die Bestimmung der Intensität in der subjektiven Sinnesphysiologie kennengelernt: 1. Die Abschätzung einer Intensität als ...... einer Standardintensität, 2. den .... Intensitätsvergleich. Ein drittes Verfahren mißt eine Intensität als Anzahl der Unterschiedsschwellenschritte, die man braucht, um von der absoluten Schwelle (oder einem anderen Standard) die zu messende Intensität zu erreichen.

Vielfaches — intermodalen

5.22 Wir haben die Unterschiedsschwelle für die Reaktion von Nervenzellen definiert (siehe 3.23) als ...... Änderung eines Reizparameters, die eine meßbare ...... der Frequenz der Aktionspotentiale hervorruft. Analog ist in der subjektiven Sinnesphysiologie (aus der dieser Begriff stammt) die Unterschiedsschwelle die ...... Änderung eines Reizparameters, die sich gerade noch wahrnehmen läßt.

kleinste — Änderung — kleinste

5.23 Man kann also die Intensität einer Empfindung über die Zahl der Unterschiedsschwellen messen, indem man zuerst bei einer Versuchsperson die absolute Schwelle für den Reiz bestimmt. Damit hat man die Unterschiedsschwelle 1 festgestellt. Dann erhöht man die Reizstärke bis die Versuchsperson eine Änderung ...., und kann dieser Reizstärke den Wert „2 Unterschiedsschwellen" zuordnen. Dieses Verfahren wiederholt man, bis der Reiz die gewünschte Intensität erreicht hat. Dieser Reizstärke kann dann der Wert n ...... -schwellen zugeordnet werden.

wahrnimmt (oder empfindet) — Unterschieds

5.24 Wird so jeder Reizstärke eine Anzahl n_i von ...... zugeordnet, so läßt sich z. B. auch die Abhängigkeit von n_i von der Reizstärke aufzeichnen. Es ergibt sich als Relation der Empfindungsintensität n_i und des Reizes eine Potenzfunktion mit ähnlichen Exponenten wie die durch die anderen eigen- ...... Verfahren oder durch objektive sinnesphysiologische Messungen bestimmten.

Unterschiedsschwellen—metrischen

Die eigenmetrische Messung mit Hilfe der Anzahl der Unterschiedsschwellen liefert also in bezug auf die Intensitätsbestimmung den anderen eigenmetrischen Verfahren gleichwertige Resultate. Dieses Verfahren läßt sich jedoch auch auf andere Reizparameter als die Intensität bzw. auf andere Dimensionen der Empfindungen anwenden. Denn Unterschiedsschwellen lassen sich nicht nur für die Intensität, sondern auch z. B. für Zeitdauern, Ortsverschiebungen oder Flächengrößen bestimmen. In jeder dieser Dimension ist die Unterschiedsschwelle als eine dem jeweiligen Subjekt eigene E i n h e i t anzusehen, so daß auch quantitative Beziehungen zwischen Größen verschiedener Dimension sinnvoll angegeben werden können.
Es können also über die Bestimmung der Anzahl der Unterschiedsschwellen auch Kombinationen der Änderung verschiedener Reizparameter oder Dimensionen der Wahrnehmung quantitativ untersucht werden. Einen solchen Versuch zeigt Abb. 5-25. Hier wurden bei zwei Veruschspersonen (schwarz und rot eingetragen) sowohl die Flächengröße f wie auch die Intensität i eines Druckreizes auf den Daumenballen variiert und diese in arbiträren Einheiten in Ordinate bzw. Abszisse eingetragen. Ausgehend von einer Druckstärke von 6,7 und einer Fläche 1 wurde die Kontaktfläche vergrößert und die während der Steigerung erreichten Unterschiedsschwellenschritte der Reizfläche als horizontale Pfeile eingetragen. Die Versuchsperson „schwarz" brauchte bis zur Reizfläche 97 n_f = 10 solche Unterschiedsschwellenschritte. Danach wurde nun bei konstanter Reizfläche 97 die Reizintensität i gesteigert und die durchlaufenen Unterschiedsschwellen als senk-

rechte Pfeile eingetragen. Die Versuchsperson schwarz benötigte bis zur Druckreizstärke 10,5 ebenfalls $n_i = 10$ Schwellenschritte.
Jetzt aber kommt der interessante Teil des Versuches: Druckstärke und Fläche des Reizes lassen sich auch gleichzeitig, simultan, erhöhen, und dabei können die s i m u l t a n e n Unterschiedsschwellen für Intensitäts- und Flächenänderung bestimmt werden. Solche simultane Steigerungen sind im Versuch der Abb. 5-25, ausgehend vom Punkt Kontaktfläche 1, Druckreizstärke 6,7, erfolgt. Die durchlaufenen Unterschiedsschwellen sind als schräge Pfeile eingesetzt. Durch diese simultanen Änderungen von Druckstärke und -fläche wird schließlich der im ersten Teil des Versuches angesteuerte Endwert Druckstärke 10,5, Druckfläche 97 erreicht. Dazu werden $n_{fi} = 14$ simultane Unterschiedsschwellenschritte benötigt. Wir haben also in diesem Versuch die Werte $n_f = 10$, $n_i = 10$ und $n_{fi} = 14$ erhalten. Bei diesen Zahlen fällt auf, daß sie etwa der folgenden Beziehung genügen:

$$n_{fi} = \sqrt{n_f^2 + n_i^2} = \sqrt{100 + 100} = 14,1$$

Diese Beziehung gibt aber die Länge der Hypotenuse des rechtwinkligen Dreiecks an (Satz des Pythagoras). Die Anzahlen der Unterschiedsschwellen verhalten sich also maßgerecht wie die Längen der Seiten des durch den Kurvenzug in Abb. 5-25 eingeschlossenen Dreiecks. Man kann somit sagen, daß die Simultanschwellen für Druck- und Flächenänderung sich wie in einem rechtwinkligen System befindlich verhalten, daß sie o r t h o g o n a l sind. Diese Aussage ist auch für andere Modalitäten und Dimensionen gültig.

5.25 Im Versuch der Abb. 5-25 zeigen die Endpunkte der Pfeile jeweils erreichte ...... -schwellen an. Die Größe der Änderung einer Empfindungsdimension wird als Anzahl n solcher ...... -schritte gemessen. Die Größe der Änderung der Empfindung, bei Steigerung der Reizfläche f von 1 bis 97, ist für die Versuchsperson rot in diesem Maßsystem ...... = ...

Unterschieds — Unterschiedsschwellen — $n_f = 4$

5.26 Im Versuch der Abb. 5-25 werden neben den Empfindungen bei Vergrößerung der Reizfläche und bei Erhöhung der Reizstärke auch die Empfindungsänderungen bei ...... (aufeinanderfolgender/simultaner) Steigerung von Druck und Fläche gemessen, indem die Anzahl der ...... (aufeinanderfolgenden/simultanen) Unterschiedsschwellen bestimmt wird. Diese Anzahl ist für die Versuchsperson rot ...... = ...

simultaner — simultanen — $n_{fi} = 6$

5.27 Die Anzahl der Simultanunterschiedsschwellen n_{fi} ist proportional der Länge der ...... (Hypotenuse/Höhe) in dem rechtwinkligen Dreieck, dessen Katheten durch die Empfindungsänderungen bei konstanter Reizfläche und der bei konstanter Reiz- ...... gebildet werden.

Hypotenuse—stärke

5.28 Da n_{fi} der ...... des rechtwinkligen Dreiecks entspricht, dessen Katheten n_f und ...... proportional sind, so gilt für die Relation der Größen zueinander der Satz des Pythagoras:

$n_{fi}{}^2 = n_f{}^2 + ...$.

Hypotenuse — n_i — n_i^2

5.29 Weil somit simultane Änderungen verschiedener Dimensionen einer Empfindung sich durch ein rechtwinkliges Koordinatensystem beschreiben lassen, kann man sagen, daß die Dimensionen einander ...... (unvergleichbar/orthogonal) sind. Man sagt auch, es gelte eine pythagoreische Metrik.

orthogonal

Die Gültigkeit einer solchen orthogonalen Metrik ist für die Dimensionen der Modalitäten Lichtsinn, Druckempfindung und Gehör nachgewiesen. Es berührt eigenartig, daß Grundsätze der Euklidschen Geometrie sich auch bei der subjektiven Messung von Empfindungsstärken als anwendbar erweisen.
Die Tatsache, daß sich simultane Änderungen verschiedener Dimensionen einer Empfindungen mit einer orthogonalen Metrik beschreiben lassen, ermöglicht der subjektiven Sinnesphysiologie eine Untersuchung der Relationen von Empfindungen und komplizierten Reizformen, die den natürlichen Reizformen unserer Umgebung nahekommen. Denn wenn wir z. B. einen Gegenstand abtasten, so werden sich laufend der Druck und die Kontaktfläche simultan ändern. Eine zweite Gruppe von Regeln, die simultane Änderungen von Dimensionen quantitativ erfassen, gilt nur für absolute Schwellen, ist dafür aber einfacher als die eben beschriebene orthogonale oder pythagoreische Metrik. Sie besagt allgemein, daß für die absolute Schwelle der Empfindung das P r o d u k t zweier Dimensionen des Reizes konstant ist. Diese Regel gilt jedoch nicht für alle Dimensionen und Modalitäten.

5.30 Eine wichtige solche Regel besagt, daß bei Lichtreizen das Produkt von Lichtstärke und Lichtfläche für die absolute Schwelle konstant ist. Wird z. B. die absolute Schwelle für die Sehempfindung als Lichtstärke 10, beleuchtete Fläche 10 (willkürliche Einheiten) bestimmt, so liegt bei der Lichtstärke 1 die minimale beleuchtete Fläche bei ....

100

5.31 An der absoluten Schwelle für die Sehempfindung ist also das Produkt aus ...... und beleuchteter Fläche konstant. Die gleiche Regel gilt für das ...... aus Lichtstärke und Dauer des Lichtreizes (sofern 120 ms nicht überschritten werden).

Lichtstärke — Produkt

5.32 Eine entsprechende Regel für ein konstantes ...... aus Reizstärke und Reizdauer an der absoluten ...... der Empfindung gilt auch in gewissen Bereichen für den Temperatursinn, den Schmerzsinn und das Gehör. Die gleiche Gesetzmäßigkeit wird im übrigen auch für die absoluten .... von sensorischen Neuronen bei den entsprechenden Sinnesorganen gefunden.

Produkt — Schwelle — Schwellen

5.33 Aus der eben angegebenen Regel ergibt sich z. B., daß, wenn durch einen Lichtblitz mit der Intensität 0,3 Lux und 10 msec Dauer gerade die absolute Schwelle für eine Lichtempfindung erreicht wird, bei einer Intensität von 0,03 Lux der Schwellenlichtreiz ...... msec dauern muß.

100

5.34 Die gleiche Regel, daß nämlich das Produkt aus Stärke und ...... des Lichtreizes an der absoluten Schwelle ...... ist, gilt ...... (auch/nicht) für Ganglienzellen der Netzhaut oder der optischen Hirnrinde.

Dauer — konstant — auch

In dieser Lektion konnte die allgemeine subjektive Sinnesphysiologie nur in sehr beschränktem Umfang besprochen werden, eine umfassendere Darstellung würde den Rahmen dieses Buches sprengen. Wir haben hier relativ ausführlich die allgemeinen Meßverfahren der subjektiven Sinnesphysiologie behandelt, einerseits um zu zeigen, daß auch in der subjektiven Sinnesphysiologie quantitative Messungen möglich sind, andererseits um die allgemeinen Grundlagen für spezielle Aussagen in den Kapiteln der einzelnen Sinnesorgane zu geben. In diesen Spezialkapiteln werden auch noch andere Inhalte der allgemeinen subjektiven Sinnesphysiologie angesprochen werden.

Auf zwei Bereiche der subjektiven Sinnesphysiologie soll noch kurz eingegangen werden: Auf Adaptationsvorgänge und den Kontrast. Die A d a p t a t i o n wurde schon im Zusammenhang mit dem Receptorpotential und den dadurch ausgelösten Aktionspotentialen (2.9—11) und auch als Bestimmung der Dunkeladaptation im Verhaltensversuch (4.15—21) besprochen. Die Adaptation wurde dabei als Abnahme der Größe des Reizerfolges im Verlaufe eines Dauerreizes definiert. Es soll hier nur darauf hingewiesen werden, daß auch die Intensität der Empfindung im

Verlaufe eines Dauerreizes abnimmt, und daß für Empfindungen vergleichbare Ausmaße und Geschwindigkeiten der Adaptation gefunden werden wie für die Reaktionen der entsprechenden sensorischen Strukturen. Dies wissen Sie auch aus eigener Erfahrung: Denken Sie z. B. an das warme Wasser in der Badewanne, das beim ersten Eintauchen sehr heiß erscheint und sehr bald nur noch als angenehm warm empfunden wird.

Ein zweiter Bereich, in dem die subjektive und die objektive Sinnesphysiologie interessante Übereinstimmungen aufweist, sind die Kontrastphänomene. Für unsere Sinne gilt allgemein, daß sie Kontraste überhöhen. Dies soll heißen, daß abrupte räumliche oder zeitliche Änderungen einer Reizintensität gegenüber graduellen Änderungen gleichen Ausmaßes verstärkt wahrgenommen werden. Ein typisches Beispiel ist die Grenzlinie zwischen einer hellen und einer dunklen Fläche. Unmittelbar neben der Grenzlinie erscheint die dunkle Fläche dunkler als weiter von der Grenze entfernt, und der grenznahe Streifen der hellen Fläche erscheint aufgehellt (s. S. 133). Diese Kontrastüberhöhung hat ihr Korrelat in den lateralen Hemmungsvorgängen an den Nervenzellen. In Abb. 2-26 B wurde gezeigt, daß in der Nachbarschaft eines gereizten Receptors und der ihm nachgeschalteten Neurone die Frequenz der Erregungen durch laterale Hemmungen unter die Spontanfrequenz abfällt; dieser Abfall entspricht der Verdunkelung neben einer hellen Fläche. Die Kontrastüberhöhung spiegelt sich auch in der Organisation des receptiven Feldes von sensorischen Neuronen in Zentrum und entgegengesetzt reagierende Peripherie wider.

Zum Abschluß dieses Kapitels allgemeiner Sinnesphysiologie soll noch einmal betont werden, daß zwischen den Ergebnissen der objektiven und der subjektiven Sinnesphysiologie sehr weitgehende Analogien bestehen. Obgleich zwischen den Reaktionen der Nervenzellen auf Reize und den Empfindungen und Wahrnehmungen ein kausaler Zusammenhang nicht nachgewiesen werden kann — sie stehen nur in der Relation der Abbildung zueinander — gibt es zwischen diesen Bereichen eine Fülle von detaillierten Analogien. Ich möchte nur auf die quantitativen Übereinstimmungen in den Relationen von Reiz und Reaktion eines sensorischen Zentrums einerseits und Reiz und Intensität der Empfindung andererseits bei den einzelnen Modalitäten und Qualitäten hinweisen, dann auch auf die eben besprochenen Adaptations- und Kontrastphänomene. Weitere Beispiele werden in den speziellen Kapiteln dieses Buches folgen. Diese Übereinstimmung legt nahe, daß objektive und subjektive Sinnesphysiologie die gleiche Sache von verschiedener Warte aus beschreiben.

Mit den folgenden Fragen können Sie den Lernerfolg in bezug auf den Stoff dieser Lektion prüfen:

5.35 Zählen Sie die Grunddimensionen der Wahrnehmung auf.

Zeitlichkeit, Räumlichkeit, Qualität, Intensität (Quantität). (Reihenfolge beliebig)

5.36 Mit welchen der folgenden Verfahren kann die Intensität einer Empfindung gemessen werden:

a) Eigenmetrische Bestimmung der Empfindungsintensität.
b) Messung der Dauer des Abklingens einer Empfindung.
c) Feststellen der Anzahl von Unterschiedsschwellenschritte, die zwischen der absoluten Schwelle und der zu messenden Empfindungsintensität bei Steigerung des Reizes durchlaufen werden.
d) Abschätzen des Intensitätsverhältnisses zwischen einer Standardempfindung und der zu bestimmenden Empfindung.

a, c, d

5.37 Eine bestimmte, durch eine helle beleuchtete Fläche hervorgehobene Lichtempfindung konnte so erreicht werden, daß zuerst die Intensität einer punktförmigen Lichtquelle von der absoluten Schwelle in n = 3 Unterschiedsschwellenschritte gesteigert wurde, dann wurde die Fläche der Lichtquelle in n = 4 Unterschiedsschwellenschritten gesteigert. In wievielen Unterschiedsschwellenschritten läßt sich die gleiche Empfindungsintensität bei simultaner Erhöhung der Helligkeit und der Flächen von der absoluten Schwelle ausgehend erreichen?

5

B Somato-viscerale Sensibilität (Schmidt)

Bis beinahe zum Beginn dieses Jahrhunderts galt das „Getast“ als einer der fünf Sinne, die uns zur Erkennung unserer Umwelt zur Verfügung stehen. Empfindungen der Kälte, Wärme, des Druckes usw. wurden als Qualitäten dieses Sinnes „Getast“ angesehen. Aber etwa ab 1890 wurde klar, daß die Haut nicht überall gleichmäßig empfindlich für alle Reizqualitäten ist. Von Frey, Goldscheider und andere entdeckten bei Reizung der Haut mit feinen Objekten, daß sich von gewissen Punkten der Haut nur Wärmeempfindungen auslösen ließen, aber keine Kälteempfindungen; andere waren nur auf Kältereize empfindlich oder auf Berührung, wieder andere ergaben nur Schmerz. Von der übrigen Hautoberfläche ließen sich keine Empfindungen auslösen: Die Hautsensibilität ist also punktförmig über die Haut verteilt. Es war dies eine der wichtigsten Erkenntnisse am Beginn der modernen Sinnesphysiologie. Auf der Basis dieser Befunde konnte das Getast leicht in eine Reihe eigenständiger Modalitäten, nämlich Druck/Berührung (Mechanoreception), Wärme und Kälte (Thermoreception) und Schmerz (Nociception) gegliedert werden.
Die folgenden fünf Lektionen befassen sich einerseits mit diesen Hautmodalitäten, aber auch mit der Tiefensensibilität, d. h. mit der Wahrnehmung der Stellung unserer Gelenke zueinander und der bei Bewegung auftretenden Änderungen dieser Stellung samt der dabei wahrgenommenen Muskelkräfte (Lage- und Bewegungsempfindung); ferner mit den Empfindungen aus den Eingeweiden (Visceroception) und mit den Erscheinungsformen des Schmerzes nicht nur in der Haut, sondern im gesamten Organismus.

Lektion 6: Mechanoreception

Diese Lektion befaßt sich mit der Wahrnehmung mechanischer Reizung der Haut, mit der Mechanoreception. Diese Sinnesmodalität weist eine Reihe von Qualitäten auf, deren Bezeichnungen auch im Alltag gebräuchlich sind, wie die Druck-, Berührungs-, Vibrations- und Kitzelempfindung. Es hat sich nun herausgestellt, daß die Haut eine Reihe von mechanosensiblen Receptoren enthält, die für die eine oder andere Art der Hautreizung besonders empfindlich sind. Im folgenden werden wir, nach einer kurzen Besprechung der wichtigsten subjektiv erfaßbaren Eigenschaften der Mechanoreception, Struktur und Funktion dieser Receptortypen kennenlernen.

Lernziele
In Auswahlfragen erkennen können, daß die Haut nicht gleichmäßig für Berührungsreize empfindlich ist. Einen Versuch schildern können, mit dem die punktuelle Berührungsempfindlichkeit demonstriert werden kann. Zwei Körperregionen mit besonders hoher und zwei mit besonders geringer Berührungsempfindlichkeit nennen können. Definieren können, was unter den Begriffen simultane und sukzessive Raumschwelle verstanden wird. In Auswahlfragen erkennen können, daß die Haut vorwiegend von myelinisierten (Gruppe II) und unmyelinisierten (Gruppe IV) afferenten Fasern versorgt wird; ebenso, daß an der Mechanoreception Receptoren beider Faserklassen beteiligt sind; ferner, daß die an der Mechanoreception beteiligten myelinisierten Fasern überwiegend in korpuskulären Receptorstrukturen enden, während die unmyelinisierten in freien Nervenendigungen enden; außerdem, daß von den korpuskulären Strukturen die Pacini-Körperchen besonders auf Vibrationsreize, die Meissnerschen Körperchen und die Haarfollikelreceptoren (Nervengeflechte der Haarscheiden) besonders auf Berührungsreize und die Merkelzellen und Tastkörperchen besonders auf Druckreize empfindlich sind; ferner, welche dieser Receptoren als schnell und langsam adaptierend bezeichnet werden; ferner, daß die Aufgaben der an der Mechanoreception beteiligten freien Nervenendigungen der Gruppe IV Fasern noch nicht genau bekannt sind, ihrer Aktivität aber die Auslösung der Kitzelempfindung zugeschrieben wird. Auswendig wissen, daß alltägliche mechanische Hautreize in der Regel mehrere Receptortypen gleichzeitig erregen, so daß die resultierenden Empfindungen nicht einem bestimmten Receptortyp zugeordnet werden können; ferner auswendig wissen, daß die Unterschiede zwischen Druck- und Berührungsempfindung fließend und nicht genau definiert sind, während sich subjektiv die Vibrationsempfindung klar gegen die Druck-Berührungsempfindung abgrenzen läßt.

6.1 Beginnen Sie mit einem Versuch: Mit einem Stechzirkel, dessen Spitzen etwa 10 mm voneinander entfernt sind, berühren Sie mit beiden Spitzen gleichzeitig die Haut Ihrer Fingerkuppen und Ihres Handrückens. Sie stellen fest, daß an den Fingerkuppen die beiden Zirkelspitzen .... (immer/selten/nie) getrennt wahrgenommen werden, während auf dem Handrücken diese Trennung ...... (immer/selten oder nie) gelingt. Das Experiment gelingt noch besser, wenn es zu zweit durchgeführt wird und der Versuchsperson nicht gesagt oder gezeigt wird, ob ein oder zwei Spitzen aufgesetzt werden.

immer — selten oder nie

6.2 Dieser einfache Versuch soll Ihnen zunächst nur zeigen, daß die Haut der Körperoberfläche für Berührungsreize ...... (gleichmäßig/nicht gleichmäßig) empfindlich ist. Analysiert man die Berührungsempfindlichkeit weiter, dann findet man nicht nur regionale Unterschiede, sondern es zeigt sich, daß auch innerhalb umschriebener Flächen (z. B. einer Fingerkuppe) sich kleine Areale größerer oder geringerer Empfindlichkeit mosaikartig abwechseln, wobei bei genügend feinen Reizen (z. B. einzelne Tier- oder Nylonborsten), die Areale größerer Empfindlichkeit schließlich zu T a s t p u n k t e n werden.

nicht gleichmäßig

6.3 Die Verteilung der Tastpunkte auf der menschlichen Haut wurde ausgangs des letzten Jahrhunderts ausführlich untersucht. Als Regionen mit zahlreichen Tastpunkten fielen insbesondere die Fingerkuppen und die Lippen auf, während Oberarme, Oberschenkel und der Rücken besonders wenige Tastpunkte aufwiesen. Welche Fingerkuppe hat wahrscheinlich die zahlreichsten Tastpunkte?

Fingerkuppe des Zeigefingers

6.4 Die Bestimmung der Anzahl der Tastpunkte eines Hautareals, ebenso wie die Bestimmung der Schwelle (des minimal notwendigen Reizes) eines Tastpunktes sind experimentell schwierige Methoden, die nicht routinemäßig für die Abschätzung der Berührungsempfindlichkeit der Haut benutzt werden können. Dies kann jedoch relativ einfach durch Messungen nach Art des in 6.1 geschilderten Experimentes geschehen. Prüfen Sie jetzt an sich selbst oder besser an einer Versuchsperson (die den Stechzirkel nicht sieht) wie weit die Spitzen des Stechzirkes am Oberschenkel oder Oberarm auseinander sein müssen, damit bei gleichzeitiger Reizung beider Spitzen diese als getrennt wahrgenommen werden. In welcher Größenordnung (in mm) liegen die von Ihnen gefundenen Werte? (Um Schmerzreize zu vermeiden, sollten die Enden des Stechzirkels möglichst etwas abgestumpft sein.)

50 – 100

6.5 Denjenigen Abstand, bei dem die beiden Berührungspunkte g e r a d e n o c h g e t r e n n t wahrgenommen werden können, nennt man die R a u m s c h w e l l e, und zwar, wenn beide Spitzen gleichzeitig aufgesetzt werden die ...... (simultane/sukzessive) Raumschwelle. Entsprechend der in Lernschrift 5.22 gegebenen Definition ist die Raumschwelle eine Unterschiedsschwelle.

simultane

6.6 Prüfen Sie jetzt die simultanen Raumschwellen im Bereich der Hand einer Versuchsperson (notfalls an sich selbst). In welcher Größenordnung liegen beispielsweise die Meßwerte an den Fingerkuppen und den Innenflächen (Volarseiten) der Finger? Die simultane Raumschwelle ist ein Maß für das ...... (zeitlich/räumliche) Auflösungsvermögen der Haut.

2 - 10 mm — räumliche

6.7 Abb. 6-7 zeigt durchschnittliche simultane Raumschwellen bei Erwachsenen (schwarze Balken) und bei einem 12jährigen Knaben (rote Balken). Die Raumschwellen des Knaben sind ...... (kleiner/größer) als die der Erwachsenen. Dieser Befund ist ein erster Hinweis, daß die simultane Raumschwelle keine unveränderbar feste Größe ist.

kleiner

So ist seit langem bekannt, daß durch Übung, selbst innerhalb einiger Stunden, die Raumschwelle etwa halbiert werden kann. Bei fehlender Übung geht diese Verbesserung des räumlichen Auflösungsvermögens in wenigen Monaten wieder verloren. Blinde sind besonders bekannt für ihre Fähigkeit, kleine Gegenstände, z. B. die Punkte der Blindenschrift rasch und sicher durch Betasten erkennen zu können. Ähnliches trifft für Schriftsetzer zu, die meist durch Betasten schnell und korrekt zwischen den einzelnen Typen (Buchstaben) unterscheiden können. Wird die Raumschwelle eines Hautareals durch Übung verkleinert, so reduziert sie sich nicht nur in und um dieses Areal, sondern auch im entsprechenden Hautareal der anderen Körperhälfte, wenn auch nicht ganz so ausgeprägt. In der Längsachse der Extremitäten ist die Raumschwelle größer als senkrecht dazu. Faktoren, die das räumliche Auflösungsvermögen verschlechtern können, sind beispielsweise (a) verringerte Durchblutung oder venöser Blutstau in der Haut, (b) zu häufiges Testen der Raumschwelle, (c) allgemeine Ermüdung, (d) Abkühlen der Haut.

6.8 Prüfen Sie jetzt das Auflösungsvermögen eines beliebigen Hautareals, indem Sie wechselweise die Zirkelspitzen gleichzeitig (Prüfen der .... Raumschwelle, s. 6.5) oder nacheinander (Prüfen der sukzessiven Raumschwelle) aufsetzen. Welche Raumschwelle ist kleiner?

simultanen — sukzessive < simultane

6.9 Das bis zu viermal bessere Auflösungsvermögen beim Testen der .... Raumschwelle gegenüber der simultanen Raumschwelle spiegelt sich auch darin wider, daß das Erkennen der Oberflächencharakteristika eines Gegenstandes durch Bestreichen wesentlich leichter ist als durch unbewegtes Auflegen der Finger. Die Gründe für diesen Unterschied liegen teils in den mechanischen Eigenschaften der Haut, teils in der Art und Weise ihrer Innervation und teils in der zentralen Verschaltung der afferenten Nervenfasern (s. a. Lektionen 2 und 3).

sukzessiven

Seit über 100 Jahren wird angenommen, daß den Tastpunkten Receptoren entsprechen, die in die Haut unterhalb der Tastpunkte eingebettet sind. In Experimenten an Menschen und Tieren ist daher versucht worden, physiologische Funktion und histologische Struktur von Hautreceptoren miteinander zu korrelieren. In bezug auf die Mechanoreception ist dies weitgehend geglückt. Wir werden jetzt lernen, daß es sowohl in der behaarten als auch in der unbehaarten Haut von Menschen und Affen, aber zum Teil auch von anderen Säugetieren, nur drei Haupttypen von Mechanoreceptoren gibt, nämlich sehr schnell, mittelschnell und langsam adaptierende Receptoren (zur Definition des Begriffes Adaptation siehe Lernschritte 2.8—2.11, ferner „Neurophysiologie programmiert", Lektion 28 und Taschenbuch „Neurophysiologie", Abschnitt 7.1).

6.10 Abb. 6-10 A zeigt schematisch die Versuchsanordnung zur Ableitung von Aktionspotentialen von einer afferenten Nervenfaser eines Hautreceptors (Zehenballen, Katze), dessen Antwortverhalten auf mechanische Hautreize geprüft werden soll. In B, C, D sind von einem Receptor erzeugte Aktionspotentialsalven gezeigt, die nach Auflegen von Gewichten auf die Haut (10 g/cm^2 in B, ... g/cm^2 in C und ...... g/cm^2 in D) registriert wurden. Die Gewichte wurden für ...... sec auf die Haut aufgelegt.

30 — 60 — 1

6.11 Die Gesamtzahl der während eines Reizes erzeugten Aktionspotentiale in 6-10 B, C, D steigt mit der ...... (Reizintensität/Reizdauer) an: Je stärker der Druck auf die Haut (in g/cm^2), desto ...... die Anzahl der während des Reizes erzeugten Aktionspotentiale. Die Zahl der pro Zeiteinheit ausgesandten Impulse dieses Receptors ist also ein Maß für die Reiz- . . . . .

Reizintensität — größer — intensität (stärke)

6.12 Während eines Reizes bestimmter Stärke ist in Abb. 6-10 die Anzahl der Aktionspotentiale pro Zeiteinheit am Beginn des Reizes am . . . . . . (größten/geringsten) und nimmt im Verlauf des Reizes langsam . . . . . . (zu/ab). Ein solches Antwortverhalten bezeichnet man als langsam adaptierend.

größten — ab

6.13 Das Antwortverhalten eines solchen langsam adaptierenden Druckreceptors bei 40 sec langen Druckreizen unterschiedlicher Intensität ist in Abb. 6-13 A graphisch dargestellt: Auf der Abszisse ist die Zeit (linearer Maßstab), auf der Ordinate die Momentanfrequenz der Entladungen (. . . . . . Maßstab) aufgetragen. Es ist deutlich zu erkennen, daß die Momentanfrequenz der Entladungen zu jedem Zeitpunkt des Reizes proportional der Reiz- . . . . . . ist, wobei der Receptor allerdings langsam auf den Reiz adaptiert.

logarithmischer — intensität (stärke)

6.14 Analysiert man die Beziehung zwischen Reizintensität und Impulsfrequenz, so zeigt sich (Abb. 6-13 B), daß in einem doppelt-logarithmischen Koordinatensystem die Beziehung zwischen Reizintensität (Abszisse) und Impulsfrequenz (Ordinate) zu allen Zeiten nach Beginn des Reizes . . . . (nicht linear/linear) ist: Dies weist darauf hin, daß diese Beziehung einer Potenzfunktion der Form

Impulsfrequenz = Reizintensität^n

folgt (siehe dazu auch „Neurophysiologie programmiert", Lektion 28 und Taschenbuch „Neurophysiologie", Abschnitt 7.1 und Lektion 2 dieses Buches). Funktionell gesehen dienen solche Receptoren wahrscheinlich als Intensitätsdetektoren, d. h. sie messen die Stärke oder Eindrucktiefe eines mechanischen Hautreizes. (In 6-13 B sind die Schwellenreize zu jedem Reizzeitpunkt von den applizierten Reizen abgezogen.)

linear

6.15 Wir verallgemeinern und halten fest: In der behaarten und unbehaarten Haut finden sich Receptoren, die ausschließlich oder vorwiegend auf Druckreize empfindlich sind. Ihre Entladungsrate während eines Druckreizes hängt von der Reiz- ...... und der Zeit seit Beginn des Reizes ab. Wir können sie daher als ...... -detektoren bezeichnen. Gleichzeitig, da sie auch nach langer Zeit nicht vollkommen adaptieren, geben sie auch die D a u e r eines Druckreizes an. (Über ihre histologische Struktur und ihre Innervation wird ab Lernschritt 6.24 im Zusammenhang mit den anderen Mechanoreceptoren berichtet.)

intensität — Intensitäts

6.16 Bewegen Sie jetzt mit einem Streichholz o. ä. einige Haare auf Ihrem Handrücken, ohne die Haut selbst zu berühren, und halten Sie am Ende der Bewegung die Haare in ihrer neuen Stellung. Wann haben Sie eine Empfindung: (a) während der Bewegung der Haare, (b) nur so lange die Haare in ihrer neuen Stellung gehalten werden, (c) während a und b?

a

6.17 Dieser Versuch weist darauf hin, daß es anscheinend in der Haut (hier: an den Haarfollikeln) Receptoren gibt, die besonders während der Bewegung eines Reizes Impulse aussenden. In Abb. 6-17 ist das Antwortverhalten eines vergleichbaren Receptors der unbehaarten Haut (Katzenfußsohle) gezeigt. Die Reizapplikation erfolgte durch einen Stößel (ähnlich wie in Abb. 6-10 A skizziert). Die Originalregistrierungen in A zeigen, daß der Receptor während des Eindrückens des Stößels Impulse aussendet, ... (jedoch nicht/ebenso auch) nach Aufhören der Bewegung.

jedoch nicht

6.18 Die Auswertung solcher und ähnlicher Messungen ergab (6-17 B), daß die Impulsrate dieser Receptoren insbesondere von der .... (s. Abszisse) des Reizes abhängt. Bei rechteckigen Reizen nach Art der Abb. 6-10 adaptieren diese Receptoren innerhalb von 50 - 500 msec. Sie sind daher als mittelschnell adaptierend zu bezeichnen. Entsprechende Messungen an Haarfollikelreceptoren ergaben völlig analoge Resultate.

Eindruckgeschwindigkeit

6.19 Die Abhängigkeit der Impulsrate dieser Receptoren von der .... (Reizintensität/Eindruckgeschwindigkeit) zeigt am deutlichsten die doppelt-logarithmische Auswertung in 6-17 C. In diesem Koordinatensystem hängt die Impulsrate ...... (logarithmisch/linear) von der Eindruckgeschwindigkeit (also der ersten Ableitung nach der Zeit) ab, d. h. die Beziehung zwischen Impulsrate des Receptors und Eindruckgeschwindigkeit des Reizes wird wiederum durch eine .... -funktion beschrieben. Diese Receptoren können also als Geschwindigkeitsdetektoren bezeichnet werden (Histologie und Innervation ab Lernschritt 6.24).

Eindruckgeschwindigkeit—linear—Potenz

6.20 Abb. 6-20 A, B zeigt das Antwortverhalten des dritten Receptortyps auf rechteckförmige Reize: Unabhängig von der Reizstärke (Reiz A < Reiz B) sendet der Receptor auf einen überschwelligen, rechteckförmigen Reiz .... (einen/mehrere) Impuls(e) aus. Er adaptiert also sehr schnell. Dieser Receptor kann also ...... (sowohl/weder) über die Eindrucktiefe .... (als auch/noch) die Eindruckgeschwindigkeit Informationen übermitteln.

einen — weder — noch

6.21 Bei sinusförmiger, gerade überschwelliger Reizung in 6-20 C, D, löst jedoch jede Sinusperiode ...... (ein/zwei) Aktionspotential(e) aus. Bei einer Reizfrequenz von 110 Hz (D) ist die dazu notwendige Amplitude der Sinusschwingung ...... (größer/kleiner) als bei 55 Hz (C).

ein — kleiner

6.22 Die Beziehung zwischen Sinusfrequenz (Abszisse) und minimal notwendiger Amplitude der Sinusschwingung (Ordinate) für ein 1:1 Antwortverhalten ist an 3 Beispielen in 6-20 E gezeigt: Ansteigen der Reizfrequenz von 30 Hz auf 200 Hz läßt die Schwellen steil ...... (ansteigen/abfallen), und zwar beträgt in der doppelt-logarithmischen Auftragung in 6-20 E die Steilheit der Kurve etwa ...... (+ 2/ − 2) für die Beziehung zwischen Schwelle und Reizfrequenz.

abfallen — − 2

6.23 Die Beziehung zwischen Schwellenamplitude S_T und Frequenz f kann daher auch geschrieben werden als

$$S_T = \text{const} \cdot f^{-2},$$

was anzeigt, daß der adäquate Reiz dieser Receptoren die 2. Ableitung der Hautbewegung nach der Zeit, also die ...... (Intensität/Geschwindigkeit/Beschleunigung) des Reizes ist. Wir können daher diese Receptoren als ...... -detektoren bezeichnen. (Bei Frequenzen über 200 Hz steigt die Schwelle der Receptoren wieder an. Eine Reihe von Faktoren sind wahrscheinlich für diesen Anstieg verantwortlich, auf die hier jetzt nicht eingegangen wird.)

Beschleunigung — Beschleunigungs

Wir haben jetzt gelernt, daß es sowohl in der behaarten wie der unbehaarten Haut drei Hauttypen von Mechanoreceptoren gibt, die auf Grund ihres Entladungscharakters bei rechteckigen, senkrecht zur Hautoberfläche applizierten Hautindentationen als langsam, mittelschnell und sehr schnell adaptierend bezeichnet werden. Die zusätzliche Anwendung von rampen- und sinusförmigen Reizen zeigt, daß die langsam adaptierenden Receptoren vorwiegend Information über die Intensität des Reizes übertragen, die mittelschnell adaptierenden vorwiegend Information über die Geschwindigkeit der Reizbewegung und die sehr schnell adaptierenden Information über die Beschleunigung der Reizbewegung; wir können sie daher auch als Intensitäts-, Geschwindigkeits- und Beschleunigungsdetektoren bezeichnen. An Hand der schematischen Abb. 6-24 werden wir jetzt kurz besprechen, welche histologischen Strukturen mit diesen drei Receptortypen korreliert sind und von welchen afferenten Nervenfasern diese versorgt werden. (Für Einzelheiten der Struktur und der Innervation müssen Sie anatomisch-histologische Lehrbücher zu Rate ziehen.) Daran anschließend wird erörtert, welche subjektiven Empfindungen aus der Aktivierung dieser Receptoren resultieren.

6.24 Im Fettgewebe der Subcutis (Unterhaut), sowohl der unbehaarten als auch der behaarten Haut, finden sich, wie Abb. 6-24 A, B schematisch zeigt, relativ große neuronale Endstrukturen, die zwiebelschalenartig von Bindegewebe umhüllt sind, die ......-Körperchen. Zahlreiche vergleichende histologische und funktionelle Untersuchungen haben gezeigt, daß diese ......-Körperchen die Beschleunigungsdetektoren sind. Außer in der Subcutis finden sie sich noch in wechselnder Anzahl an den Sehnen und Fascien der Muskeln, an der Knochenhaut und in den Gelenkkapseln.

Pacini — Pacini

6.25 Die mittelschnell adaptierenden Geschwindigkeitsdetektoren der unbehaarten Haut sind die Meissner-Körperchen, auch Meissnersche Tastkörperchen genannt. Sie liegen in den Papillen des Coriums, die sich zwischen die Zapfen der Epidermis schieben (Abb. 6-24 A). Die Lage der mittelschnell adaptierenden Geschwindigkeitsreceptoren der behaarten Haut wurde in 6.17 und 6.18 angesprochen. Sie liegen an den intracutanen Abschnitten der Haare (Haarbälge, Haarwurzeln) und werden als ...... bezeichnet. Es gibt einige Untertypen dieser ...., auf die hier nicht eingegangen wird, zumal es noch nicht sicher ist, ob beim Menschen alle Untertypen vorkommen.

Haarfollikelreceptoren — Haarfollikelreceptoren

6.26 Im Schema der Abb. 6-24 A, B sind noch zwei weitere Receptortypen eingezeichnet, denen die Funktion der langsam adaptierenden Intensitätsdetektoren zugeschrieben wird. In der unbehaarten Haut sind es die ....-........ Sie liegen in den ...... (oberflächlichsten/tiefsten) Schichten der Epidermis.

Merkel-Zellen — tiefsten

6.27 Auch in der behaarten Haut gibt es Merkel-Zellen. Sie liegen aber in besonderen, punktförmig über die Hautoberfläche herausragenden .... (s. Abb. 6-24 B, auch Pinkus-Iggo-Receptor genannt, Höhe etwa 0,1 mm, Durchmesser 0,2—0,4 mm). In ihrem Antwortverhalten sind sich die Intensitätsdetektoren der unbehaarten Haut, die ....-......., und die der behaarten Haut, die ...., weitgehend ähnlich.

Tastscheiben — Merkel-Zellen — Tastscheiben

6.28 Zusammenfassend läßt sich also innerhalb der Mechanoreception (dem Tastsinn) folgende Zuordnung zwischen physiologischer Funktion und histologischer Struktur der Receptoren treffen:

		Struktur in der	
Physiologische Funktion	**Adaptation**	**unbehaarten Haut**	**behaarten Haut**
Intensitätsdetektor	langsam	Merkelzelle	Tastscheibe
Geschwindigkeitsdetektor	mittelschnell	Meissner-Körperchen	Haarfollikelreceptor
Beschleunigungsdetektor	sehr schnell	Pacini-Körperchen	Pacini-Körperchen

Den Merkel-Zellen der unbehaarten Haut entsprechen also die ...... der behaarten Haut, die selbst ...... -zellen enthalten. Den Haarfollikelreceptoren entsprechen die ...... -Körperchen der unbehaarten Haut. Als Beschleunigungsdetektoren dienen in den behaarten wie der unbehaarten Haut die ......-.......

Tastscheiben — Merkel — Meissner — Pacini-Körperchen

6.29 Alle diese Receptoren werden von markhaltigen afferenten Nervenfasern der Gruppe II versorgt (Durchmesser 5—10μ, Leitungsgeschwindigkeit 30—70 m/sec, siehe entsprechende Tabellen in „Neurophysiologie programmiert" und Taschenbuch „Neurophysiologie"). Diese Fasern zählen zu den schnell-leitenden Nervenfasern. Beispielsweise wird ein in einem Mechanoreceptor der Fußsohle ausgelöstes Aktionspotential im etwa 1 m entfernten Rückenmark bei einer Leitungsgeschwindigkeit von 50 m/sec nach etwa ...... msec ankommen.

20

6.30 Wie alle anderen afferenten Nervenfasern des Körpers (mit Ausnahme derer des Kopfes) treten die Hautafferenzen durch die ..... (Vorderwurzeln/Hinterwurzeln) in das Rückenmark ein. Die Verschaltung dieser afferenten Nervenfasern im Rückenmark, die aufsteigenden Bahnen und die thalamo-corticale Projektion der sensorischen Peripherie werden in den Lektionen 29 und 30 der „Neurophysiologie programmiert" bzw. in den Abschnitten 7.2 und 7.3 des Taschenbuches „Neurophysiologie" besprochen und hier nicht wiederholt.

Hinterwurzeln

6.31 Es liegt nahe, anzunehmen, daß für die Druck- bzw. die Berührungs- bzw. Vibrationsempfindung jeweils einer der Haupttypen von Mechanoreceptoren verantwortlich ist, nämlich die ...... -detektoren bzw. die ...... -detektoren bzw. die ...... -detektoren. Dies gilt insbesondere für die Pacini-Körperchen, die bei Reizfrequenzen von über 60 Hz alleinverantwortlich für die Vibrationsempfindung zu sein scheinen.

Intensitäts — Geschwindigkeits — Beschleunigungs

6.32 Alltägliche mechanische Hautreize, mit Ausnahme der eben erwähnten hochfrequenten Vibrationsreize (60—800 Hz), reizen jedoch in aller Regel mehrere Mechanoreceptortypen gleichzeitig, und je nach Reiz in wechselndem Ausmaß, so daß die resultierenden Empfindungen nicht einem bestimmten Receptortyp zugeordnet werden können. Entsprechend sind die Unterschiede zwischen Druck- und Berührungsempfindung .... (scharf/fließend) und ...... (genau/nicht genau) definierbar.

fließend — nicht genau

6.33 Im Experiment oder bei der klinischen Untersuchung am Menschen werden Vibrationsempfindungen durch Stimmgabeln oder besser durch von

Sinusgeneratoren angetriebene Schwingspulen (bzw. Lautsprechersysteme) erzeugt. Getestet wird (a) die absolute Schwelle für eine bewußte Vibrationsempfindung, sie hat ihr Minimum entsprechend dem Verhalten der Pacini-Körperchen (s. Abb. 6-20 E) bei etwa ...... Hz, (b) die Unterschiedsschwelle für Vibrationsfrequenzänderungen; sie ist am besten im Bereich niedriger Reizfrequenzen und steigt bei Frequenzen über 100 Hz sehr steil an.

150 — 300

6.34 Außer myelinisierten (Gruppe II und III) Afferenzen enthält jeder Hautnerv noch eine große Anzahl unmyelinisierter (Gruppe ......) Fasern. Dies sind teils efferente postganglionäre sympathische Fasern, die beispielsweise die glatte Muskulatur der Hautgefäße und die glatte Muskulatur der Haarbälge versorgen. Zum Teil sind es aber auch afferente Nervenfasern, die in freien Nervenendigungen (nicht in korpuskulären Strukturen) enden.

IV (diese Fasern werden auch als C-Fasern bezeichnet)

6.35 Die Receptorfunktionen dieser ...... (korpuskulären/freien) Nervenendigungen der Gruppe IV Fasern sind zum großen Teil noch ungeklärt. Manche sind möglicherweise Temperaturreceptoren, viele wahrscheinlich Schmerzreceptoren (s. Lektionen 8 und 9). Im Tierversuch hat es sich aber auch vielfältig bestätigt, daß eine Reihe von ihnen auf mechanische Berührungsreize geringer Reizstärke empfindlich sind. Solche Mechanoreceptoren mit unmyelinisierten afferenten Fasern fanden sich sowohl in der behaarten als auch in der unbehaarten Haut.

freien

6.36 Die geringe Leitungsgeschwindigkeit der Gruppe IV Fasern (Größenordnung 1 m/sec) bedingt, daß zwischen Reizapplikation und Ankunft der afferenten Impulse im ZNS eine beträchtliche Zeit vergeht. Beispielsweise erreicht ein Impuls in einer Gruppe IV Faser, der von der Zehe eines Erwachsenen ausgeht, das Rückenmark (Entfernung etwa 1 m) erst nach etwa ...... msec, während ein Impuls in einer Gruppe II Faser (Leitungsgeschwindigkeit 50 m/sec) für die gleiche Strecke nur etwa .... msec benötigt. Viele durch mechanische Reize induzierte Reflexe und meist auch unsere subjektiven Empfindungen haben kürzere Latenzen als die Leitungszeiten der afferenten Impulse der Gruppe IV Fasern. Letztere sind also an diesen Vorgängen schon aus diesem Grunde in der Regel nicht, oder jedenfalls zu Beginn nicht beteiligt.

1 000 — 20

6.37 Prüft man mit Berührungs- und Druckreizen die Receptoreigenschaften der mechanosensitiven Gruppe IV Einheiten, so stellt man noch einen weiteren wichtigen Unterschied gegenüber den oben besprochenen korpuskulären Mechanodetektoren fest (Abb. 6-36). Hautreize identischer Reizstärke (hier mit einem Stößel von 1 mm^2 Oberfläche) geben sehr .... (gleichförmige/unterschiedliche) Antworten. Dies bedeutet, daß dieser Receptortyp über Änderungen der Reizintensität ...... (sehr genaue/nur sehr ungefähre) Angaben machen kann.

unterschiedliche — nur sehr ungefähre

6.38 Die Meßgenauigkeit einzelner Mechanoreceptoren, die von marklosen Nervenfasern innerviert werden, ist also .... (gering/hoch). Die Zahl der unterscheidbaren Intensitätsstufen ist $<$ 3, meist um 2. Die durchschnittliche Informationskapazität einer Gruppe IV Faser ist daher in bezug auf die Reizintensität etwa ...... (1/10/100) bit per Reiz. Dieser Wert läßt es wahrscheinlich erscheinen, daß diese Receptoren Schwellendetektoren sind, also Fühler, die lediglich die Anwesenheit eines Reizes an einem bestimmten Ort der Haut signalisieren.

gering — 1

Neue Untersuchungen haben auch gezeigt, daß Mechanoreceptoren mit Gruppe IV Afferenzen möglicherweise besonders bei der Übermittlung schwacher, sich auf der Haut bewegender Mechanoreize (beispielsweise Insekten) beteiligt sind. Auch wird diskutiert, daß sie, allein oder mit anderen, für die Reception der Kitzelempfindung verantwortlich sein sollen. Eindeutige physiologische Anhaltspunkte gibt es jedoch dafür nicht. Die starke affektive Komponente der Kitzelempfindung (man kann sich kaum selbst kitzeln) läßt jedoch vermuten, daß die Kitzelempfindung nicht nur von der Reizung bestimmter Receptortypen, sondern auch von der affektiven Einstellung zum Reiz abhängt.

Bei der klinischen Routineuntersuchung der Mechanosensibilität wird gewöhnlich zur Prüfung der Berührungsempfindung die Haut mit einem Wattebausch o. ä. gereizt und der Patient nach seiner Empfindung befragt; ferner darüber, an welchem Ort er den Reiz lokalisiert. Das Unterscheiden von spitz und stumpf wird durch unregelmäßig abwechselndes Aufsetzen von Spitze und Kopf einer Glaskopfstecknadel geprüft. Regelmäßig werden bei dieser Untersuchung auch das Erkennen auf die Haut geschriebener Zahlen erfragt. Dabei werden zunächst größere, dann kleiner werdende Zahlen mit einem stumpfen Griffel (Nadelkopf, Finger) auf die Haut geschrieben. Die Vibrationsempfindung wird mit einer Stimmgabel, die auf einen Knochenpunkt (z. B. Ellenbogen, Schienbein) aufgesetzt wird, überprüft.

Bei all diesen Messungen soll möglichst ein Seitenvergleich durchgeführt werden, um auch geringe Unterschiede mitzuerfassen. Besonders das letzte Beispiel macht aber deutlich, daß die Routineuntersuchungen der Klinik, gemessen an der Leistungsfähigkeit der Mechanoperception, relativ grob sind und möglicherweise leichte, aber diagnostisch evtl. wichtige Störungen der Mechanosensibilität nicht entdecken. Dazu kommt, daß auch von seiten des Patienten oft die notwendige Kooperation ausbleibt.

Mit den folgenden Lernschritten können Sie Ihre Kenntnisse über die Mechanoperception prüfen.

6.39 Ordnen Sie die folgenden Hautbezirke nach der Größe der simultanen Raumschwelle an. Beginnen Sie mit dem Areal mit der geringsten Raumschwelle: Zungenspitze, Zeigefingerspitze, Handballen, Rücken, Handrücken.

Zungenspitze — Zeigefingerspitze — Handballen — Handrücken — Rücken

6.40 Welche der folgenden Bezeichnungen trifft auf das Pacini-Körperchen zu?
Intensitätsdetektor
Beschleunigungsdetektor
Schwellendetektor
Geschwindigkeitsdetektor

Beschleunigungsdetektor

6.41 Welche der folgenden histologischen Strukturen hat die Eigenschaft eines Intensitätsdetektors:
Pacini-Körperchen
Meissner-Körperchen
Merkel-Zelle
Haarfollikelreceptor

Merkel-Zelle

6.42 Gibt es außer den Merkel-Zellen noch einen anderen Mechanoreceptor der Haut mit den Eigenschaften eines Intensitätsdetektors? Wenn ja, wie heißt der Receptor?

Ja — Tastscheibe (Pinkus-Iggo-Receptor)

6.43 Welcher Typ von afferenten Nervenfasern versorgt die Haarfollikelreceptoren, Gruppe Ia, Ib, II, III oder IV Fasern?

Gruppe II Fasern

6.44 Zwei der im folgenden genannten Receptoren sind Geschwindigkeitsdetektoren. Welche?
Pacini-Körperchen
Tastscheiben
Haarfollikelreceptoren
Meissner-Körperchen
Merkel-Zellen

Haarfollikelreceptoren — Meissner-Körperchen

6.45 Welche der folgenden Aussagen trifft auf die mechanosensitiven Einheiten mit unmyelinisierten afferenten Fasern (Gruppe IV Fasern) zu:
a) Diese Einheiten zeigen ein sehr konstantes Reizantwortverhalten
b) Die Leitungsgeschwindigkeit der afferenten Fasern liegt bei über 2 m/sec
c) Die Informationskapazität in bezug auf die Reizintensität liegt bei mehr als 3 bit pro Reiz
d) Nur Aussagen b und c sind richtig
e) Alle Aussagen (a—d) sind falsch

e

Lektion 7: Tiefensensibilität

Im Wachzustand sind wir jederzeit über die Stellung unserer Glieder zueinander orientiert. Ferner nehmen wir passive Bewegungen unserer Gelenke durch von außen einwirkende Kräfte ebenso wahr wie aktive Bewegungen der Gelenke mit Hilfe unserer Muskeln. Schließlich sind wir in der Lage, den Widerstand, gegen den wir eine Bewegung durchführen, ziemlich genau anzugeben. Wir fassen diese Fähigkeiten als T i e f e n s e n s i b i l i t ä t zusammen, da die dafür verantwortlichen Receptoren weniger in der Haut als in den Muskeln, Sehnen und Gelenken liegen.

Lernziele

Auswendig wissen, daß die Tiefensensibilität die Qualitäten Stellungssinn, Bewegungssinn und Kraftsinn besitzt. Mit eigenen Worten beschreiben können, welche Wahrnehmungen durch diese Qualitäten vermittelt werden. In Auswahlfragen erkennen, welche Receptoren für Stellungs- und Bewegungssinn vorwiegend verantwortlich sind. In Auswahlfragen erkennen, daß die Gelenkreceptoren sowohl die Geschwindigkeit als auch das Ausmaß einer Gelenkbewegung registrieren (PD-Verhalten) und daß sie nicht vollständig adaptieren. In Auswahlfragen erkennen, daß der Kraftsinn nicht durch einen einzigen Receptortyp, sondern durch die Integration der Information von mehreren Receptortypen wahrgenommen wird, ferner erkennen, daß wahrscheinlich die Muskelspindeln, die Sehnenorgane und die Gelenkreceptoren am Zustandekommen des Kraftsinnes beteiligt sind.

7.1 Schließen Sie nach dem Lesen dieses Satzes die Augen und vergegenwärtigen Sie sich die Lage Ihrer einzelnen Glieder zueinander. Unabhängig davon, ob Sie stehen, sitzen oder liegen, ist es Ihnen ...... (genau/nicht) möglich, sich die Stellung der verschiedenen Extremitätenabschnitte zueinander zu vergegenwärtigen.

genau

7.2 Diese Qualität der Tiefensensibilität wollen wir als S t e l l u n g s s i n n bezeichnen. Der Stellungssinn orientiert uns über die Winkelstellung der einzelnen Gelenke und damit insgesamt über die Stellung unserer Glieder zueinander. Wenn wir längere Zeit unsere Glieder nicht bewegt haben, oder wenn wir nach längerem Schlaf aufwachen, ist unser Stellungssinn ...... (erhalten/verloren). Der Stellungssinn adaptiert also .... (stark/nicht).

erhalten — nicht

Die Stellung der Gelenke kann von uns normalerweise weder in Grad angegeben noch anders mit Worten einigermaßen zutreffend beschrieben werden. Wie genau wir aber dennoch über die Stellung der Extremitätenabschnitte zueinander orientiert sind, läßt sich leicht an den beiden folgenden Experimenten zeigen: Einmal kann jede aktiv oder passiv (durch einen Untersucher) an einer Extremität eingestellte Stellung durch die Extremität der anderen Seite ohne visuelle Kontrolle imitiert werden, zum anderen können wir jeden von uns oder einem Untersucher gewünschten Punkt einer Extremität (z. B. Fingerspitzen) ebenfalls ohne jede visuelle Kontrolle mit den Fingern der anderen Hand mit großer Sicherheit aufsuchen.

7.3 Wenn wir ohne visuelle Kontrolle eine Gelenkstellung ändern, beispielsweise den Unterarm im Ellenbogengelenk beugen oder strecken, nehmen wir sowohl die Richtung wie auch die Geschwindigkeit der Bewegung wahr. Diese Qualität der Tiefensensibilität bezeichnen wir als .... (Bewegungssinn/Stellungssinn).

Bewegungssinn

7.4 Aktive Gelenkbewegung mit Hilfe der Muskeln wird von uns ebenso wahrgenommen wie passive Gelenkbewegung durch eine andere Person. Die Wahrnehmungsschwelle des ...... hängt dabei, ganz analog zu anderen Sinnesmodalitäten, einerseits von dem Ausmaß der Winkeländerung und andererseits von der Geschwindigkeit der Winkeländerung ab.

Bewegungssinnes

Bei passiven Bewegungen ist die Wahrnehmungsschwelle der proximalen Gelenke deutlich besser als die der distalen Gelenke. Beispielsweise beträgt die Schwelle für das Schultergelenk 0,2—0,4° bei einer Mindestgeschwindigkeit von 0,3°/sec, während für die Fingermittelgelenke die entsprechenden Werte 1,0 bis 1,3° bei 12,5°/sec betragen (Goldscheider). Um ein Maß für die Empfindlichkeit des passiven Bewegungssinnes zu erhalten, kann man die minimal notwendige Winkeländerung mit der Mindestgeschwindigkeit multiplizieren. Bei dieser Art der Bewertung ist beispielsweise das Schultergelenk mehr als vierzigmal so empfindlich wie die Fingergelenke.

Bei aktiven Gelenkbewegungen, also bei Bewegungen, die im Experiment durch willkürliche Muskelkontraktionen erfolgen, ist die Wahrnehmungsschwelle in bezug auf minimale Änderungen und Änderungsgeschwindigkeiten etwas, aber praktisch vernachlässigbar, besser als die bei passiven Gelenkbewegungen (Goldscheider). Unter bestimmten Bedingungen läßt sich aber auch zeigen, daß die Beurteilung aktiver Gelenkbewegungen mannigfachen Täuschungen unterworfen ist. Insbesondere scheint die Geschwindigkeit der Bewegung nicht sehr genau wahrgenommen zu werden, so daß beispielsweise bei beidhändigem, gleichzeitigem symmetrischem Ausführen einer Bewegung die eine Hand eine größere Strecke als die andere zurücklegt, obwohl subjektiv dies weder beabsichtigt war, noch wahrgenommen wurde.

7.5 Binden Sie an mehrere Fäden Gegenstände, die sich in ihrem Gewicht um 10 % oder mehr voneinander unterscheiden. Heben Sie die Gewichte an diesen Fäden mit Daumen und Zeigefinger hoch und halten Sie sie kurze Zeit freischwebend fest. Können Sie auf diese Weise (ohne Beteiligung des Gesichtssinnes) die Schwere der einzelnen Gegenstände voneinander unterscheiden? Fällt Ihnen die Unterscheidung schwer oder leicht?

Die Gegenstände lassen sich in bezug auf ihr Gewicht leicht voneinander unterscheiden

7.6 Unser Abschätzungsvermögen für das Ausmaß an Muskelkraft, das wir aufwenden müssen, um eine Bewegung durchzuführen oder um gegen einen Widerstand eine Gelenkstellung einzuhalten, ist ebenfalls eine Qualität der Tiefensensibilität. Wir bezeichnen sie als ...... (Bewegungssinn/Stellungssinn/Kraftsinn).

Kraftsinn

7.7 Die Muskelkraft, die wir aufwenden müssen, um eine Bewegung durchzuführen, hängt von dem Widerstand ab, der sich dieser Bewegung entgegensetzt. Die Tiefensensibilität informiert uns über das Ausmaß dieses Widerstandes. Wir könnten daher die Qualität „Widerstandssinn" als Synonym für den ...... benutzen, doch hat sich dieser Ausdruck nicht durchgesetzt.

Kraftsinn

7.8 Zusammenfassend können wir sagen, daß die Tiefensensibilität aus drei Qualitäten besteht, nämlich (1) ...., (2) .... und (3) ....

Stellungssinn — Bewegungssinn — Kraftsinn (in beliebiger Reihenfolge)

7.9 Der Stellungssinn informiert uns über ...... (beschreiben Sie mit Ihren Worten), der Bewegungssinn über ...... und der Kraftsinn über...... .

Antworten entsprechend 7.2 — 7.3 — 7.6

Bei der experimentellen Entwicklung der Fähigkeiten des Kraftsinnes ist es immer schwierig, Beiträge der Mechanoperception der Haut auszuschalten oder abzugrenzen. Es läßt sich allerdings leicht zeigen, daß das Diskriminierungsvermögen des Kraftsinnes deutlich besser ist als das des Drucksinnes der Haut: Das Abschätzen von Gewichten durch Aufsetzen der Gewichte auf die Haut ist wesentlich schwieriger als das durch Bewegungen der Gewichte, eine Tatsache, die jeder im Alltag häufig ausnutzt.

Auch beim Kraftsinn sind eine Reihe von Bedingungen bekannt, die zu Täuschungen führen können. Zwei davon müssen insbesondere bei Experimenten mit dem Kraftsinn beachtet werden: (a) Beim Vergleich von Gewichten mit einem „Standardgewicht" ist es nicht gleichgültig, ob zuerst das Standardgewicht und dann das Testgewicht abgeschätzt werden oder umgekehrt, denn das zweite Gewicht wird eher etwas unterschätzt, besonders wenn die Prüfungen kurz hintereinander erfolgen; (b) das Unterscheidungsvermögen ist in der Regel besser, wenn die Gewichte in aufsteigender Reihenfolge, also vom leichteren zum schwereren Gewicht geprüft werden als umgekehrt.

Wir wenden uns jetzt der Frage zu, welche Receptoren für die Wahrnehmungen der Tiefensensibilität verantwortlich sind, oder, vorsichtiger gesagt, welche dafür wahrscheinlich oder möglicherweise in Frage kommen.

7.10 Im einfachsten Fall könnte man sich vorstellen, daß der Stellungssinn ebenso wie der Bewegungssinn durch Receptoren der Haut, insbesondere der Haut über den Gelenken vermittelt wird, denn bei Bewegungen in den Gelenken wird diese bewegt, z. B. bei Beugebewegungen gestaucht auf der ...... (Beuge/Streck)-seite und gedehnt auf der .... -seite.

Beuge — Streck

7.11 Durch Lokalanästhesie dieser Hautpartien konnte aber gezeigt werden, daß die Hautreceptoren für den Stellungs- und Bewegungssinn nur eine geringe Rolle spielen. Da es ohnehin offensichtlich ist, daß diese Receptoren für den Kraftsinn ...... (keine/eine) Rolle spielen können, folgt daraus, daß die Receptoren der Tiefensensibilität in ...... (cutanen/subcutanen) Strukturen gesucht werden müssen.

keine — subcutanen

7.12 Diese subcutanen Strukturen sind insbesondere die Muskeln und Sehnen, ferner die bindegewebigen Hüllen (Fascien) der Muskeln und schließlich die Gelenkkapseln. In all diesen Strukturen sind mechanosensitive Receptoren nachgewiesen worden, die im folgenden kurz besprochen werden. Wir beginnen mit den Receptoren der Gelenkkapseln. Für welche Qualitäten der Tiefensensibilität werden diese Receptoren möglicherweise verantwortlich sein, Stellungs-, Bewegungs- oder Kraftsinn? Wählen Sie die beiden aus, die Ihnen am wahrscheinlichsten erscheinen.

Stellungs- und Bewegungssinn

7.13 Da die Gelenkkapseln bei Gelenkbewegungen gestaucht bzw. gedehnt werden, können Mechanoreceptoren mit entsprechenden Eigenschaften Angaben über die Stellung des Gelenkes ebenso wie über die Richtung und Geschwindigkeit einer Gelenkbewegung machen. Der Receptor in Abb. 7-13 B liegt beispielsweise so in der Gelenkkapsel, daß Bewegung in Richtung der Pfeile ihn ...... (dehnt/staucht).

dehnt

7.14 Abb. 7-13 A zeigt schematisch das Antwortverhalten dieses Gelenkreceptors bei Flexion des Gelenkes von 180° auf 112.5° mit drei verschiedenen Winkelgeschwindigkeiten (schwarz gezeichnete Kurven, unten in A). Der Receptor reagiert in jedem Fall zunächst mit einer Salve von Impulsen, deren Frequenz von der Geschwindigkeit der Bewegung .... Nach Abschluß der Bewegung entlädt er mit einer Frequenz, die .... (ebenfalls/nicht) von der Geschwindigkeit der vorhergehenden Bewegung bestimmt wird.

abhängt (oder entsprechend) — nicht

7.15 Wird das Gelenk mit konstanter Geschwindigkeit zu drei unterschiedlichen Endstellungen gebeugt (Abb. 7-13 B), dann ist die anfängliche Entladungsfrequenz in allen drei Fällen ...... (gleich/unterschiedlich) steil, während der Endwert jeweils ...... ist.

gleich — unterschiedlich

7.16 Mit anderen Worten, die Entladungsfrequenz ist einmal proportional der Stellung des Gelenkes am Ende der Bewegung und zum anderen der .... der Bewegung, d. h. der ersten Ableitung des Ortes nach der Zeit. Solche Receptoren werden als Proportional-Differentialreceptoren, abgekürzt PD-Receptoren, bezeichnet.

Geschwindigkeit

7.17 Abb. 7-13 B demonstriert also hauptsächlich die Proportional-Eigenschaften des Receptors. Bemerkenswert an Abb. 7-13 A, B ist außerdem, daß die Receptorenentladungen bei konstanter Gelenkstellung ....

(schnell/langsam/nicht) adaptieren. Der Receptor gibt also lange Zeit nach der Einstellung einer Gelenkstellung den Gelenkwinkel .... (immer noch/nicht mehr) richtig wieder.

nicht — immer noch

7.18 Die PD-Eigenschaften dieser Receptoren zeigen sich nicht nur wenn das Gelenk so bewegt wird, daß eine Aktivitätszunahme des Receptors erfolgt (7-13 A, B), sondern auch bei entgegengesetzter Bewegung. Dies ist an einem ähnlichen Receptor in Abb. 7-13 C demonstriert. Dieser Receptor entlädt bei der gezeigten Ausgangsstellung (linker Bildabschnitt) mit einer Frequenz von etwa ...... Imp./sec.

20

7.19 Flexion des Gelenkes resultiert in einer PD-Antwort ähnlich der vorhin besprochenen. Extension über die vorhergehende Gelenkstellung hinaus (mittlerer Bildabschnitt) führt zu einer so starken negativen Differentialreaktion, daß der Receptor vorübergehend ......Rückbewegung in die Ausgangsstellung stellt auch in bezug auf die Receptorenentladungen nach einer weiteren ...... (positiven/negativen) Differentialreaktion die ursprünglichen Verhältnisse wieder her.

verstummt (oder entsprechend) — positiven

7.20 Die in Abb. 7-13 gezeigten Receptoren reagieren bei Flexion mit einer .... (Zunahme/Abnahme) ihrer Entladungen und auf Extension (Abb. 7-13 C) mit einer .... Es gibt aber auch ähnlich viele Receptoren, die ein spiegelbildliches Verhalten zeigen, also ...... der Entladung bei Extension, ... bei Flexion. An den entsprechenden Gelenken gibt es auch Receptoren, die beispielsweise auf Rotation besonders empfindlich sind, wobei ebenfalls für jede Rotationsrichtung Receptoren mit spiegelbildlichem Antwortverhalten vorhanden sind. Analoges gilt für alle anderen Freiheitsgrade (z. B. Abduktion, Adduktion) eines Gelenkes.

Zunahme — Abnahme — Zunahme — Abnahme

7.21 Die in Lernschritt 7.12 geäußerte Vermutung, daß die Gelenkreceptoren wahrscheinlich für den Stellungs- und Bewegungssinn verantwortlich oder mitverantwortlich sein könnten, findet in den in Abb. 7-13 gezeigten Ergebnissen ...... (eine/kleine) starke Stütze.

eine

7.22 Auch Befunde an Menschen bestärken diese Vermutung: Wird durch Krankheit oder durch Lokalanästhesie die Innervation der Gelenkkapsel ganz oder teilweise ausgeschaltet, so kommt es zu schweren Störungen des Stellungs- und des Bewegungssinns. Wir können also festhalten, daß die Receptoren der Gelenkkapseln in erster Linie für die zwei wichtigsten Qualitäten der Tiefensensibilität verantwortlich sind, nämlich für ...... und ....

Stellungssinn — Bewegungssinn (in beliebiger Reihenfolge)

Die Gelenkreceptoren überstreichen meist geringere Gelenkwinkel als in Abb. 7-13 gezeigt. Meist sind es nur einige Grad zwischen fehlender und maximaler Entladung. Dies hat den Vorteil, daß dem einzelnen Receptor für geringe Winkeländerungen ein großer Dynamikbereich zur Verfügung steht, d. h. er zeigt die jeweilige Gelenkstellung, sobald sie in seine Aktivitätszone fällt, mit großer Genauigkeit an. Durch das Überlappen der Aktivitätszonen der gesamten Receptorpopulation ist dafür gesorgt, daß jede Gelenkposition nach zentral gemeldet wird. Die von den zahlreichen Receptoren der verschiedenen Gelenke nach zentral gesandte Information wird dann zu dem Gesamteindruck der Stellung der Gelenke zueinander verarbeitet. Diese integrative Aufarbeitung setzt, ähnlich wie bei anderen Sinnesorganen, bereits in den entsprechenden sensorischen Schaltkernen unterhalb des Cortex ein. So sind beispielsweise im Thalamus Neurone gefunden worden, deren Impulsfrequenz über mehr als 90° die Gelenkstellung treu widerspiegelte. Auf ein solches Neuron muß also eine beträchtliche, präzis organisierte Konvergenz von zahlreichen Gelenkreceptoren des betreffenden Gelenks erfolgt sein. Die Stellung der Gelenke zueinander wird weiterhin mit der von den Labyrinthen (s. Gleichgewichtssinn) kommenden Information über die Stellung des Kopfes im Schwerefeld der Erde zum Gesamteindruck der Stellung des Kopfes, des Rumpfes und der Gliedmaßen im Raum verarbeitet.
Es bleibt nachzutragen, daß die histologische Stuktur der Gelenkreceptoren von der Art der Abb. 7-13 nicht völlig klar ist. Die Gelenkkapsel enthält Receptoren vom Ruffini-Typ (s. Lehrbücher der Histologie), die in erster Linie in Frage kommen. Daneben finden sich in den Bändern (Ligamenten) Receptoren vom ähnlich aussehenden Golgi-Typ und schließlich in geringer Zahl paciniforme Körperchen. Echte Pacini-Körperchen liegen in geringer Zahl eher in dem losen umgebenden Bindegewebe als in den Gelenkkapseln selbst.

7.23 Neben dem Stellungs- und Bewegungssinn hatten wir als weitere wichtige Qualität der Tiefensensibilität den ..... -sinn genannt. Wir wissen leider nicht genau, welche Receptoren als Fühler für diese Qualität dienen.

Kraft (s. Lernschritte 7.6 und 7.7)

7.24 Man sollte annehmen, daß dafür in erster Linie die Dehnungsreceptoren der Muskulatur, also die ...... -spindeln und Golgi-Sehnenorgane in Frage kommen.

Muskel

7.25 Die Erregungen dieser beiden Receptortypen sind aber nicht nur von der im Muskel entwickelten Kraft (Spannung) abhängig (s. „Neurophysiologie programmiert", Lektionen 17 und 23, Taschenbuch „Neurophysiologie", Abschnitte 4.2 und 6.1). Beispielsweise hängt die Entladungsfrequenz der Muskelspindeln in weitem Umfang von der Aktivität der motorischen ...... ($A\alpha/A\gamma$)-Nervenfasern zu den intrafusalen Muskelfasern ab.

$A\gamma$ (bei Fehlbeantwortung in den Neurophysiologie-Texten nachlesen)

7.26 Dazu kommt, daß das Studium evozierter Potentiale der Hirnrinde bei Tier und Mensch nach Aktivierung der Gruppe I afferenten Nervenfasern der Muskelspindeln und Sehnenorgane gezeigt hat, daß es keine oder nur schwache direkte Projektionen dieser Afferenzen zum sensorischen Cortex gibt. Auch bewirkt selektive Aktivierung dieser Afferenzen keine bewußten Empfindungen beim Menschen und keine supraspinalen Verhaltensänderungen beim Tier. Es erscheint also .... (wahrscheinlich/unwahrscheinlich), daß diese Receptoren für sich a l l e i n e den Kraftsinn vermitteln.

unwahrscheinlich

7.27 Wir müssen daher annehmen, daß verschiedene Receptorsysteme für die Wahrnehmung des Kraftsinnes verantwortlich sind. Im Vordergrund stehen wahrscheinlich (s. Abb. 7-27) die ......, die ...... und die .... Daneben aber möglicherweise auch andere Receptoren der Haut, der Muskeln und des Bindegewebes, deren Beteiligung uns im einzelnen aber noch unklar oder unbekannt ist.

Muskelspindeln — Sehnenorgane — Gelenkreceptoren (Reihenfolge beliebig)

7.28 Ebenfalls weitgehend unbekannt sind uns noch die integrativen Vorgänge die im sensorischen Zentralnervensystem (s. Abb. 7-27) schließlich zur Wahrnehmung des Kraftsinnes führen. Sicher ist, daß sich der Kraftsinn durch große Genauigkeit und präzise Reproduzierbarkeit auszeichnet. Er wird deswegen gerne, wie in Abb. 5-15 gezeigt, beim intermodalen Intensitätsvergleich als Standard eingesetzt.

Tiefensensibilität und Mechanoperception, im gewissen Umfang auch die Thermoperception, wirken zusammen beim Aufbau der räumlichen Tastwelt, die uns vor allem durch die tastende, d. h. die sich aktiv bewegende Hand vermittelt wird.

Zwar sind unsere Raumvorstellungen weitgehend geprägt durch visuelle Wahrnehmungen, aber viele Eigenschaften unserer Umwelt sind uns vorwiegend oder ausschließlich über die Tastfunktion zugänglich. Man denke beispielsweise an Eigenschaften wie flüssig, klebrig, fest, elastisch, weich, hart, glatt, rauh, samtartig und viele andere. Wichtig ist, daß diese Eigenschaften durch passives Betasten (Auflegen des Gegenstandes auf die unbewegte Hand oder der Hand auf den Gegenstand) schlecht oder überhaupt nicht erfaßt werden können, während bei bewegter Hand es wenig Mühe macht, Struktur und Form zu erkennen. Die Überlegenheit der tastenden gegenüber der ruhenden Hand beruht einmal darauf, daß durch die Bewegung wesentlich mehr Hautreceptoren erregt werden und ihre Adaptation verhindert wird (es werden also vorwiegend die Differentialeigenschaften der Receptoren ausgenutzt), wodurch insgesamt detailliertere Informationen über das Kontaktgeschehen an der Haut vermittelt werden, zum anderen darauf, daß bei bewegter Hand die Tiefensensibilität ihren Teil zur Form- und Oberflächenerkennung beiträgt.

Das Bewußtsein der räumlichen Ausdehnung unseres Körpers in der Umwelt ist ebenfalls ein wesentlicher Teilaspekt unserer nicht-visuellen Raumvorstellung. Wie stark diese Vorstellung ist, zeigt sich beispielsweise daran, daß viele Amputierte noch längere Zeit nach der Amputation das fehlende Glied wahrzunehmen glauben (Phantomempfindung). Die Täuschung ist so eindringlich, daß nicht nur Bewegungen, sondern auch Berührungsreize erlebt werden. (Leider sind die Phantome oft auch Sitz quälender, therapeutisch schwer zu beeinflussender Schmerzen.) Mit den folgenden Fragen können Sie Ihren Wissenszuwachs überprüfen:

7.29 Nennen Sie die drei Qualitäten der Tiefensensibilität, die Sie in dieser Lektion kennengelernt haben.

Stellungssinn — Bewegungssinn — Kraftsinn (Reihenfolge beliebig)

7.30 Beschreiben Sie, welche Wahrnehmungen über den Stellungssinn vermittelt werden.

Entsprechend Lernschritt 7.2

7.31 Beschreiben Sie, welche Wahrnehmungen über den Bewegungssinn vermittelt werden.

Entsprechend Lernschritt 7.3

7.32 Beschreiben Sie, welche Wahrnehmung über den Kraftsinn vermittelt wird.

Entsprechend Lernschritt 7.6

7.33 Welche(r) der folgenden Receptortypen ist wahrscheinlich in erster Linie für die Vermittlung des Bewegungssinnes verantwortlich:
a) Haarfollikelreceptoren
b) Pacini-Körperchen
c) Gelenkreceptoren (Ruffini-Typ)
d) Muskelspindelreceptoren
e) Golgi-Sehnenorgane
f) a, d, e gemeinsam
g) c, d, e gemeinsam

Gelenkreceptoren

7.34 Welche der folgenden Receptortypen sind am Zustandekommen des Kraftsinnes beteiligt? (Wählen Sie die drei Ihnen am wichtigsten erscheinenden aus.)
a) Merkel-Zellen
b) Haarfollikelreceptoren
c) Gelenkreceptoren
d) Pacini-Körperchen
e) Muskelspindelreceptoren
f) Golgi-Sehnenorgane
g) Tastscheiben

c—e—f (s. Abb. 7-27)

Lektion 8: Thermoreception

In dieser Lektion befassen wir uns mit dem Temperatursinn der Haut. Dieser Sinnesmodalität können nach objektiven wie subjektiven Befunden zwei Qualitäten zugeordnet werden, nämlich Kältesinn und Wärmesinn. Beide vermitteln uns nicht nur bewußte Wahrnehmungen, sondern sie dienen auch als Fühler für die Thermoregulation des Organismus. In letzterer Aufgabe werden sie ergänzt und unterstützt durch Temperaturfühler im Zentralnervensystem (z. B. in Hypothalamus und Rückenmark). Die Aktivität dieser zentralen Thermoreceptoren wird uns in der Regel nicht bewußt; sie werden hier nicht besprochen.

Lernziele

Auswendig wissen, daß der Temperatursinn (die Thermoreception) zwei Qualitäten hat, nämlich Kaltsinn und Warmsinn. Auswendig wissen, daß in einem mittleren Temperaturbereich nach dem Ausgleich der Hauttemperatur keine Temperaturempfindung mehr wahrgenommen wird, daß es aber bei Hauttemperaturen unter 20° und über 40° C auch nach dem Ausgleich der Hauttemperatur zu einer dauernden Kalt- bzw. Warmempfindung kommt. In Auswahlfragen folgende Charakteristika der subjektiven Temperaturempfindung erkennen: (a) Bei konstanter Ausgangstemperatur hängt es von der Steilheit der Temperaturänderung ab, wann es zu einer Temperaturempfindung kommt; (b) die Schwelle für eine Temperaturempfindung ist bei konstanter Temperaturänderung von der Ausgangstemperatur abhängig. Auswendig wissen, daß die Kalt- und Warmempfindlichkeit punkt- bis flächenförmig in unterschiedlicher Dichte auf der Haut verteilt ist und daß es spezifische Kalt- und Warmreceptoren gibt. In Auswahlfragen erkennen, daß die Zahl der Kaltpunkte wesentlich höher als die der Warmpunkte ist, ferner, daß das Gesicht von allen Körperregionen die höchste Temperaturempfindlichkeit aufweist. In Auswahlfragen erkennen, daß die Warmreceptoren und Kaltreceptoren bei konstanten Hauttemperaturen in mittleren Temperaturbereichen mit Impulsfrequenzen entladen, die proportional der Hauttemperatur sind; ferner, daß die Receptoren während einer Abkühlung mit überschießenden Reaktionen antworten, also nicht nur die absolute Temperatur, sondern auch den zeitlichen Differentialquotienten der Temperaturänderung signalisieren (PD-Receptoren). Auswendig wissen, daß beim Menschen (bei Säugetieren) die thermosensitiven Receptoren ausschließlich von langsam leitenden afferenten Fasern (Gruppe III und IV) versorgt werden.

8.1 Wenn Sie in ein warmes (ca. 33° C) Bad steigen, haben Sie zunächst eine deutliche Warmempfindung. Diese Warmempfindung läßt nach kurzer Zeit nach, und zwar schneller als das Bad abkühlt. Steigen Sie kurz aus dem Bad aus und tauchen den Körper wieder in das Wasser ein, so haben Sie ...... (keine/eine erneute) Warmempfindung.

eine erneute

8.2 Auch das umgekehrte Phänomen ist Ihnen bekannt: Wenn Sie an einem warmen Sommertag in ein Becken mit Wasser von etwa 27° C springen, so empfinden Sie das Wasser zunächst als ...... (warm/kühl). Nach kurzer Zeit weicht aber die Kaltempfindung einer ...... (Warm/Neutral)-empfindung.

kühl — Neutral

8.3 Zumindest in einem mittleren Temperaturbereich ist es also so, daß Erwärmung oder Abkühlung ...... (dauernd/nur vorübergehend) zu einer Warm- respektive Kaltempfindung führen. In diesem Temperaturbereich findet sich also ...... (eine/keine) praktisch vollständige Adaptation der Temperaturempfindung auf die neue Hauttemperatur.

nur vorübergehend — eine

8.4 Es stellt sich die Frage, ob es unterhalb respektive oberhalb dieses mittleren Temperaturbereiches auch n a c h dem Ausgleich der Hauttemperatur zu einer d a u e r n d e n Temperaturempfindung kommt. Kommen nach Ihrer subjektiven Erfahrung solche dauernden Kalt- bzw. Warmempfindungen der Haut vor?

Falls Sie mit ja geantwortet haben, haben Sie richtig beobachtet und sich korrekt erinnert.

8.5 Das bekannteste Beispiel einer permanenten Kaltempfindung sind stundenlange „kalte Füße", unter denen viele Menschen besonders im Winter leiden. Experimentell läßt sich bei umschriebenen Temperaturreizen zeigen, daß es bei Hauttemperaturen unterhalb 20° C auch n a c h dem Ausgleich der Hauttemperatur zu einer d a u e r n d e n Kaltempfindung kommt. Entsprechendes gilt bei Erwärmung der Haut über 40° C: Auch nach Ausgleich der Hauttemperatur kommt es zu einer .... -empfindung.

dauernden Warm

8.6 Der m i t t l e r e Temperaturbereich, bei dem es nach Abkühlen respektive Erwärmen umschriebener Hautbezirke (z. B. mit einer Thermode,

Abb. 8-6A) nur zu einer vorübergehenden Temperaturempfindung kommt, liegt also zwischen ...... ° C und ...... ° C Hauttemperatur. Wie Abb. 8-6B zeigt, kommt es innerhalb dieses Temperaturbereiches bei kleinen Temperatursprüngen zu einer raschen Adaptation der Temperaturempfindungen, während bei großen Temperatursprüngen die Zeit bis zur vollkommenen Adaptation beträchtlich zunimmt.

20 — 40

8.7 So beträgt in Abb. 8-6B die Adaptationszeit (rote Säulen) bei Abkühlen der Haut von 31,5° C (Ausgangstemperatur) auf 30° C nur etwa .... Minute, bei Abkühlen auf 23° C schon etwa ...... Minuten. Bei Erwärmen von 31,5° auf 34° respektive 40° C betragen die Adaptationszeiten etwa ...... Minuten bzw. etwa ...... Minuten.

1 — 20 — 2 — 22

8.8 In Abb. 8-6B geben die schwarzen Säulen die Zeit an, die nach Änderung der Thermodentemperatur vergeht bis das unter der Thermode liegende Gewebe die neue Temperatur angenommen hat. Wie der Vergleich dieser „Zeiten bis zum Ausgleich der Hauttemperatur" mit den subjektiven Adaptationszeiten zeigt, stimmen beide ...... (etwa/nicht) überein. Bei kleinen Temperatursprüngen ist die Temperaturempfindung ...... (vor/nach) dem Ausgleich der Hauttemperatur adaptiert, bei großen Temperatursprüngen ist es ...... (genauso/umgekehrt).

nicht — vor — umgekehrt

8.9 Zusammenfassend läßt sich sagen, daß die Temperaturempfindungen der Haut in einem mittleren Bereich von etwa 20 - 40° C Hauttemperatur .... (vollkommen/unvollkommen) adaptieren, wobei die Adaptationszeit von der Hauttemperatur abhängt (Abb. 8-6B). Die Adaptationszeit stimmt mit der Zeit bis zum Ausgleich der Hauttemperatur ...... (nicht/gut) überein. Oberhalb 40° und unterhalb 20° C Hauttemperatur kommt es zu ...... (dauernden/vorübergehenden) Warm- bzw. Kaltempfindungen.

vollkommen — nicht — dauernden

Unsere bisherigen Beispiele (rasches Eintauchen in Wasser, sprunghafte Änderung der Thermodentemperatur) bewirken eine plötzliche Änderung der Hauttemperatur. Entsprechend unserer subjektiven Erfahrung gingen wir in der bisherigen Besprechung mit Recht davon aus, daß diese rasche Änderung der Hauttemperatur in jedem Fall, auch bei kleinen Temperaturdifferenzen, zumindest zunächst, zu einer Temperaturempfindung führt. Wir werden jetzt die Bedingungen für das Auftreten einer Kalt- bzw. Warmempfindung in Abhängigkeit von der Geschwindigkeit der Temperaturänderung und in Abhängigkeit von der Ausgangstemperatur besprechen.

8.10 In Abb. 8-10 zeigen die schwarzen Kurven das Ergebnis eines Versuches, bei dem an einem etwa 20 cm^2 großen Hautstück des Unterarmes die Schwellen für eine Warm- bzw. Kaltempfindung, ausgehend von einer Temperatur von 33,5° C, untersucht wurden. Es ist sofort deutlich, daß die Schwellen von der Geschwindigkeit der Temperaturänderung .... (abhängig/unabhängig) sind.

abhängig

8.11 Beispielsweise wird die Schwelle für eine Warmempfindung bei einer Temperaturänderung von + 3,2°/min (0,053°/sec) schon in weniger als 15 Sekunden erreicht, während bei Erwärmung um 0,5°/min (0,0083°/sec) die Schwelle erst nach etwa ...... Minuten erreicht wird. Die Hauttemperatur hat sich bis dahin schon von 33,5° auf etwa ...... ° C geändert.

5 — 36

8.12 Ähnlich sind die Befunde bei Abkühlung: Senken der Hauttemperatur um 5°/min (0,083°/sec) führt innerhalb von knapp 15 Sekunden zu einer Kaltempfindung, während bei Abkühlen mit 0,4°/min (0,0067°/sec) etwa .... Minuten bis zum Auftreten der Kaltempfindung vergehen. Die Haut wird in dieser Zeit um etwa 4,4° C abgekühlt, ohne daß eine Kaltempfindung auftritt.

11

Aus diesen Ergebnissen läßt sich leicht ersehen, daß bei sehr langsamer Abkühlung der Haut für lange Zeit keine Kaltempfindung auftritt, insbesondere, wenn die Aufmerksamkeit durch andere Dinge abgelenkt ist. So können unter Umständen große Hautgebiete unbemerkt beträchtlich abkühlen. Es ist denkbar, daß auch bei der „Erkältung" dieser Faktor eine Rolle spielt.

8.13 Hält man die Änderungsgeschwindigkeit der Hauttemperatur konstant und sucht von verschiedenen Ausgangstemperaturen beispielsweise die Warmschwellen auf (rote Kurvenschar in Abb. 8-10), so zeigt sich, daß die Lage dieser Schwellen ...... (deutlich/wenig) von der Ausgangstemperatur abhängt.

deutlich

8.14 Ausgehend von niedriger Hauttemperatur (25° in Abb. 8-10) dauert es bei Erwärmung um 1°/min (0,0167°/sec) etwa .... Minuten, bis die Schwelle für eine Warmempfindung erreicht ist, während es bei einer Ausgangstemperatur von 35° C unter sonst gleichen Bedingungen nur etwa ...... Minute(n) dauert. Die Hauttemperatur ändert sich im ersten Fall um etwa ...... ° C im zweiten nur um etwa ...... ° C.

5 — 1 — 5 — 1

8.15 Je niedriger also die Ausgangstemperatur der Haut, desto .... (schneller/langsamer) tritt bei konstanter Erwärmungsgeschwindigkeit eine Warmempfindung auf. Entsprechend wird bei konstanter Abkühlungsgeschwindigkeit um so schneller eine Kaltempfindung auftreten, je niedriger die Ausgangstemperatur liegt.

langsamer

8.16 Abb. 8-10 zeigt schließlich, daß bei derselben Hauttemperatur, in Abhängigkeit von den Reizbedingungen, entweder eine Warm- oder eine Kaltempfindung entstehen kann. Ausgehend von einer Temperatur von 30° C tritt bei Erwärmen um 1°/min etwa bei 32° C eine Warmempfindung auf, während, ausgehend von 33,5° C, Abkühlen mit der gleichen Geschwindigkeit bei dieser Hauttemperatur (32° C) zu einer ...... -empfindung führt.

Kalt

8.17 In Abb. 8-10 liegen auch die Schwellenwerte für Warm, ausgehend von 25°C, und für Kalt, bei Abkühlen von 33,5° C mit 0,4°/min, in ihrer Absoluttemperatur (Ordinate in Abb. 8-10) nahe beisammen, nämlich bei etwa 29-30° C. Dies ist ein weiteres Beispiel dafür, daß bei derselben objektiven Hauttemperatur die subjektive Empfindung ...... (stark/kaum) von den Reizbedingungen abhängt.

stark

8.18 Sie können sich von diesem Phänomen leicht überzeugen, indem Sie je eine Schale mit kaltem, lauwarmem und warmem Wasser füllen und je eine Hand in das kalte und warme Wasser tauchen. Wechseln Sie jetzt mit beiden Händen in die Schale mit lauwarmem Wasser, so haben Sie deutlich einmal eine Warm- und einmal eine Kaltempfindung (Weberscher Drei-Schalen-Versuch).

Die bisher beschriebenen Resultate wurden bei lokalen thermischen Reizen gefunden. Versuche in der Klimakammer am ganzen Menschen führten zu ähnlichen Ergebnissen. Ausgehend von einer als kühl empfundenen Temperatur (20° C) und bei Temperaturanstiegen in der Kammer um 0,04 bis 0,6° C/min, wurde die zunehmende Erwärmung zuerst an denjenigen Körperstellen empfunden, die in der vorhergehenden Abkühlungsperiode am wärmsten geblieben waren (Stirn, Brust, Oberarm). Die Temperaturempfindungen wurden in folgender Reihenfolge beschrieben: kühl, indifferent, lauwarm, deutlich warm. Selbst bei sehr langsamer Zunahme (0,04° C/min) wurde bei Temperaturen über 35° C immer warm empfunden. Wegen der größeren Zahl der beteiligten Receptoren (räumliche Summation!) liegt dieser Wert niedriger als bei lokaler Erwärmung, wo erst durch Temperaturen über 40° C eine dauernde lokale Warmempfindung ausgelöst wurde (siehe Lernschritte 8.5 - 8.9). Die Indifferenztemperatur betrug bei den Klimakammerversuchen 32 - 35° C, bei den lokalen Versuchen etwa 32,5° C.

Im folgenden werden wir, ausgehend von einer kurzen Betrachtung der Verteilung der Kalt- und Warmempfindlichkeit auf der Haut, die neurophysiologischen Grundlagen des Temperatursinnes, insbesondere die Eigenschaften der Kalt- und Warmreceptoren, erörtern.

8.19 Die Kalt- und Warmempfindlichkeit der menschlichen Haut ist an unterschiedlichen Punkten der Haut lokalisiert. Es gibt also Kaltpunkte und ...... -punkte. Sie sind in wechselnder Dichte auf der Haut verteilt, im ganzen aber deutlich weniger zahlreich als die Druckpunkte der Mechanoreception.

Warm

8.20 Ein Vergleich der Dichte der Kalt- und Warmpunkte auf der Haut zeigt, daß erstere deutlich zahlreicher als letztere sind. Beispielsweise weisen die Handflächen 1 - 5 Kaltpunkte pro cm^2, aber nur 0,4 Warmpunkte pro cm^2 auf. Am dichtesten sind die Kalt- und Warmpunkte im temperaturempfindlichsten Hautgebiet verteilt. Welches der folgenden drei ist es Ihrer Ansicht nach: Gesicht, Hände oder Füße?

Gesicht

8.21 Wahrscheinlich hat Ihre subjektive Erfahrung Sie das Gesicht als die temperaturempfindlichste Region auswählen lassen. Dort hat der Mensch die beste Temperaturempfindlichkeit; es finden sich hier 16 - 19 Kaltpunkte pro cm^2. Die Warmempfindlichkeit läßt sich hier nicht in einzelne Punkte auflösen, sie bildet eine Sinnesfläche. Generell bleibt festzustellen, daß die Kalt- und Warmempfindlichkeit ...... (getrennt/gemeinsam) in der Hautoberfläche lokalisiert und in den verschiedensten Hautarealen in sehr ...... (gleichmäßigem/unterschiedlichem) Maße vertreten sind.

getrennt — unterschiedlichem

Die im Vergleich zur Mechanoreception geringe Dichte der Kalt- und insbesondere der Warmpunkte macht es verständlich, daß die simultanen Raumschwellen für Temperaturreize relativ groß sind. Für Kältereize sind sie besser als für Wärmereize; auch bestehen erhebliche Unterschiede in Längs- und Querrichtung. Zum Beispiel betrugen bei einer Untersuchungsreihe die simultanen Raumschwellen für Wärmereize am Oberschenkel: in Längsrichtung 26 cm, in Querrichtung 9 cm; bei Kältereizen waren es 16,5 bzw. 2,9 cm.
Wir werden jetzt die Eigenschaften der Kalt- bzw. Warmreceptoren der Haut zunächst bei konstanter und anschließend bei sich ändernder Temperatur kennenlernen.

8.22 Abb. 8-21 zeigt das durchschnittliche Antwortverhalten von Kalt- bzw. Warmreceptoren der Katzennase bei konstanter Hauttemperatur. In bestimmten Temperaturbereichen sind also beide Receptortypen nicht stumm, sondern zeigen eine Entladungsrate, die von der Hauttemperatur .... (abhängig/unabhängig) ist.

abhängig

8.23 Die Warmreceptoren (offene Kreise) beispielsweise sind unterhalb .... (30/45)° C stumm. Ihre Entladungsfrequenz steigt oberhalb dieses Wertes mit zunehmender Hauttemperatur steil an und erreicht bei etwa ....° C ihr Maximum. Bei nur wenig höheren Temperaturen verstummen die Warmreceptoren wieder vollständig.

30 — 46

8.24 Die Kaltreceptoren sind dagegen oberhalb von etwa 45° C stumm. Bei niedrigeren Hauttemperaturen nimmt ihre Entladungsrate zu. Sie steigt aber mit fallender Temperatur bei weitem nicht so deutlich an wie die der Warmreceptoren. Die maximale Entladungsrate liegt etwa im Bereich von ....° C und beträgt im Mittel nur etwa 10 Imp./sec. Wie gesagt, es handelt sich bei den in Abb. 8-21 gezeigten Kurven um das Verhalten der Temperaturreceptoren bei .... (konstanter/sich ändernder) Hauttemperatur.

25 — konstanter

8.25 Da die Temperaturreceptoren in einem bestimmten Temperaturbereich in Abhängigkeit von der Hauttemperatur entladen, kann man sie als .... (schnell/langsam/nicht) adaptierende Receptoren bezeichnen. Da die Entladungsrate p r o p o r t i o n a l der Temperatur ist, sind sie auch als .... -fühler aufzufassen.

nicht (auch „langsam" ist bedingt richtig, siehe Verhalten bei Temperaturänderung) — P oder Proportional

8.26 Wir werden jetzt das Verhalten der Temperaturreceptoren w ä h r e n d einer Änderung der Hauttemperatur untersuchen. Beispielsweise zeigt Abb. 8-25 das Antwortverhalten eines Kaltreceptors aus der menschlichen Haut während kurzer Abkühlung und anschließender Wiedererwärmung. Ein Vergleich des Verlaufs der Hauttemperatur in B mit dem Verhalten der Impulsfrequenz des Receptors in A zeigt Ihnen sofort, daß w ä h r e n d einer Temperaturänderung der Receptor sich wie ein .... (Proportional/Differential)-fühler verhält, wie wir es im übrigen aus den oben geschilderten Ergebnissen der subjektiven Sinnesphysiologie erwarten mußten.

Differential

8.27 Das Verhalten der Warmreceptoren während Temperaturänderung (nicht abgebildet) ist spiegelbildlich dem der Kaltreceptoren: Sie beantworten Erwärmen der Haut mit einer ...... (erhöhten/erniedrigten) Entladungsrate und zeigen während Abkühlung eine überproportionale Abnahme der Entladungsfrequenz. Die Temperaturreceptoren sind also nicht nur Proportional-, sondern auch ...... -fühler, mit einem Wort ...... -Receptoren.

erhöhten — Differential — PD oder Proportional-Differential

Neben den oben geschilderten Temperaturreceptoren, die auf andere als thermische Hautreize nicht antworten, gibt es Receptoren, die durch Druck und durch Abkühlung erregt werden können. Sie entladen aber selbst bei starker Abkühlung nur kurzdauernd und mit niedriger Frequenz, während sie auf Druck sehr empfindlich sind. Es sind wahrscheinlich Intensitätsdetektoren, die eine gewisse Kälteempfindlichkeit besitzen. Vielleicht erklärt ihr Verhalten, daß von zwei identischen Gewichten auf der Handfläche das kältere schwerer als das wärmere erscheint (Webersche Täuschung).

Im Gegensatz zur Mechanoreception ist bei der Thermoreception die Zuordnung bestimmter histologischer Strukturen zu den Kalt- und Warmreceptoren bisher nicht geglückt. Nach Untersuchungen an der Hornhaut des Auges wurden die Krauseschen Endkolben als das histologische Substrat der Kalt- und die Ruffinischen Nervenendigungen als das der Warmreceptoren angesehen. Diese Annahme ist sicher nicht uneingeschränkt richtig, da sich in anderen kalt- bzw. warmempfindlichen Hautregionen lediglich freie Nervenendigungen fanden. In der Haut des

Menschen scheinen die Kaltreceptoren dicht unter der Epidermis, die Warmreceptoren mehr in den oberen und mittleren Schichten des Coriums zu liegen.
Zu den Receptoreigenschaften sollte vielleicht abschließend noch erwähnt werden, daß lediglich die Temperatur bzw. ihre Änderung am Receptor selbst, entscheidend ist für die Entladungsfrequenz eines Thermoreceptors. Die Richtung des Temperaturgradienten in der Haut spielt keine Rolle. Es ist also gleichgültig, ob ein Receptor von der Hautoberfläche her oder z. B. durch intraarterielle Injektionen einer kühlen bzw. warmen Flüssigkeit von unten her erregt wird.

8.28 Wir haben in Lektion 6 gelernt, daß die korpuskulären Mechanoreceptoren der Haut vorwiegend von afferenten Fasern der Gruppe ...... versorgt werden, daß es aber auch mechanosensible Elemente mit Gruppe .... und ...... Fasern gibt. Über die afferente Versorgung der Thermoreceptoren sind wir, zumindest beim Menschen, nicht ganz so genau informiert.

II — III — IV

8.29 Insgesamt gesehen ist es jedoch anscheinend so, daß die Thermoreceptoren der Haut vorwiegend von Gruppe IV-Fasern versorgt werden, also von ...... (markhaltigen/marklosen) Fasern. Daneben scheinen in geringer Anzahl auch Gruppe III-Fasern vorzukommen, also ...... (schnelle markhaltige/langsame markhaltige) Fasern.

marklosen — langsame markhaltige

8.30 Wir halten also fest: Die Thermoreceptoren der Haut werden nur von .... (schnell/langsam) leitenden afferenten Fasern versorgt, sowohl von dünnen markhaltigen (Gruppe ......), als auch vor allem von marklosen (Gruppe ....) Fasern. Die schneller leitenden dicken myelinisierten Fasern der Hautnerven (Gruppe ...... Fasern) sind anscheinend ausschließlich der Mechanoreception vorbehalten. (Wie wir in der nächsten Lektion sehen werden, sind auch die Schmerzreceptoren nur von dünnen Fasern versorgt.)

langsam — III — IV — II (nicht !!)

Über die zentralen Leitungsbahnen ist in dem Kapitel „Sensorisches System“ in den „Neurophysiologie“-Texten berichtet worden. Nachzutragen bleibt, daß beim Menschen in bezug auf den spinalen wie den supraspinalen Verlauf der Temperaturbahnen bei weitem nicht alle Einzelheiten bekannt sind. Zumindest bis zum Thalamus laufen Schmerz- und Temperaturbahnen weitgehend parallel. Im Thalamus, aber auch im Cortex, finden sich „spezifische“ Kalt- und Warmneurone, die nur durch periphere Abkühlung bzw. Erwärmung aktiviert werden, neben „unspezifischen“ Neuronen, die außerdem auch durch andere Sinnesreize erregbar sind.

Das Vorkommen der spezifischen Warm- bzw. Kaltneurone unterstreicht einmal mehr die Spezifität der peripheren Receptoren und ihrer zentralen Leitungsbahnen.

Beim Temperatursinn kommt es häufig zu sog. Nachempfindungen. Preßt man beispielsweise einen kalten Metallstab für etwa 30 Sekunden gegen die Stirnhaut, so wird auch nach Wegnahme ein deutliches Kältegefühl empfunden, obwohl die Haut sich wieder aufwärmt, so daß ein Wärmegefühl auftreten sollte (Weber). Weber glaubte, daß die Kälteempfindung durch Ausbreitung der Abkühlung in die Umgebung auftrete. Direkte Ableitungen von Thermoreceptoren haben aber gezeigt, daß die Kaltreceptoren nach starker Abkühlung auch bei Wiedererwärmung, zunächst sogar mit steigender Frequenz entladen. Die Nachempfindung ist also eine normale Kaltempfindung. Entsprechende Wärmeempfindungen sind ebenfalls beschrieben worden. Bei sehr starken Wärmereizen (Einstieg in ein heißes Bad) kommt es häufig zu einer paradoxen Kaltempfindung. Sie beruht wahrscheinlich darauf, daß die Kaltreceptoren, die normalerweise oberhalb 40° C stumm sind (Abb. 8-21), bei sehr rascher Erwärmung auf Temperaturen um und über 45° C kurzfristig wieder entladen. Die Hitzeempfindung, die regelmäßig bei Hauttemperaturen über 45° C auftritt, ist in ihren neurophysiologischen Grundlagen noch unklar. Jedenfalls scheint es spezielle Hitzereceptoren zu geben. Da die Hitzeempfindung auch schmerzhaften Charakter hat und da Hitzereize für den Körper schädlich sind, ist die Hitzeempfindung eher eine Qualität der Schmerz- denn der Temperaturreception. Eine stark unlustbetonte affektive Komponente zeichnet auch die Empfindungen der Schwüle und des Frierens aus. Beide sind von vegetativen Reflexen, wie Schwitzen und Gefäßerweiterung bzw. Zittern und Gefäßverengung, begleitet. Sie werden entweder durch äußere Reize oder durch psychische Ursachen, seltener durch krankhafte Prozesse im ZNS ausgelöst.

Die klinische Prüfung des Temperatursinnes begnügt sich meistens mit dem Testen der Kalt- und Warmempfindung mit 2 Reagenzgläsern, von denen das eine heißes, das andere Eiswasser enthält. Umschriebene Störungen des Temperatursinnes finden sich bei Schädigung oder Unterbrechung der Temperaturbahnen. Meist ist der Schmerzsinn mitbetroffen, da, wie eben schon erwähnt, die Schmerzfasern über den gleichen Weg zentralwärts ziehen. Berührungsempfindung und Tiefensensibilität bleiben dabei unbeeinflußt.

Mit den folgenden Lernschritten können Sie Ihren Wissenszuwachs überprüfen:

8.31 Welche der folgenden Aussagen ist/sind richtig:

a) Bei einer konstanten Hauttemperatur von 10° C ist nach kurzer Zeit keine Temperaturempfindung mehr wahrzunehmen.
b) Bei einer konstanten Hauttemperatur von 25° C wird eine permanente Warmempfindung wahrgenommen.
c) Bei einer konstanten Hauttemperatur von 33° C wird eine permanente Warmempfindung wahrgenommen.
d) Bei einer konstanten Hauttemperatur von 15° C besteht eine dauernde Kaltempfindung.
e) alle Aussagen sind falsch.

d

8.32 Welche der folgenden Aussagen sind/ist f a l s c h ?

a) Die Schwelle für eine Temperaturempfindung ist bei konstanter Temperaturänderung von der Ausgangstemperatur unabhängig.
b) Bei konstanter Ausgangstemperatur ist das Auftreten einer Temperaturempfindung unabhängig von der Steilheit der Temperaturänderung.
c) Je nach Ausgangslage und Richtung der Temperaturänderung kann bei mittleren Hauttemperaturen entweder eine Warm- oder eine Kaltempfindung auftreten.
d) Bei mittleren Hauttemperaturen (20° - 40° C) ist bei Temperaturänderungen die Adaptationszeit immer genauso lang wie die Zeit bis zum Ausgleich der Hauttemperatur.

a, b, d

8.33 Für den Temperatursinn sind folgende Aussagen richtig:

a) Es gibt keine Kalt- und Warmpunkte, die Temperaturempfindlichkeit ist ausschließlich flächenförmig über die Haut verteilt.
b) Das Auflösungsvermögen (simultane Raumschwelle) für Warmreize ist schlechter als für Kaltreize.
c) Die Relation Kaltempfindlichkeit zu Warmempfindlichkeit ist an allen Stellen der menschlichen Haut gleich.
d) Die beste Temperaturempfindlichkeit im Gesicht hat die Nasenspitze.
e) Das Auflösungsvermögen (simultane Raumschwelle) für thermische Reize ist schlechter als für mechanische Reize.

b, e

8.34 Die Warmreceptoren

a) entladen nicht bei konstanter Hauttemperatur von weniger als 25° C,
b) zeigen ein reines Proportionalverhalten,
c) werden vorwiegend von Gruppe II Fasern versorgt,
d) vermitteln bei hoher Reizintensität die Hitzeempfindung,
e) sind histologisch Merkel-Zellen.

a

8.35 Die Kaltreceptoren

a) werden vorwiegend von Gruppe I und II Fasern versorgt,
b) sind histologisch Meissner-Körperchen,
c) sind normalerweise oberhalb von 45° stumm,
d) entladen ausschließlich proportional der jeweiligen Hauttemperatur,

e) haben spinale Leitungsbahnen, die gemeinsam mit denen der Mechanoreception verlaufen.

c

Lektion 9:
Somatischer und visceraler Schmerz

Der Schmerz ist des Menschen wichtigste Sinnesmodalität, denn sein Fehlen ist lebensgefährlich. Es ist diejenige Modalität, die durch Noxen, d. h. durch gewebeschädigende Reize aktiviert wird. Der Schmerz ist daher auch für den Arzt die wichtigste Modalität, denn die gewebeschädigende oder sogar lebensbedrohende Noxe führt den Patienten zum Arzt: der Schmerz tut weh. Wie jede andere Sinnesmodalität kann der Schmerz nur introspektiv erfahren werden. Es ist aber eine so ubiquitäre und alltägliche Erfahrung, daß seine mündliche Beschreibung dem Arzt oft entscheidende Hinweise über seine Ursache, d. h. über den zugrundeliegenden Krankheitsprozeß gibt.

In dieser Lektion werden wir zunächst die verschiedenen Qualitäten der Nociception kennenlernen. Dabei werden wir nicht nur die von der Haut ausgehenden Schmerzen, sondern auch die Schmerzen tieferer somatischer Strukturen und die der Eingeweide in die Betrachtung einbeziehen. Danach werden wir die Charakteristika der Schmerzempfindung und daran anschließend die neurophysiologischen Grundlagen des Schmerzes besprechen.

Lernziele

Auswendig wissen, daß der somatische Schmerz, je nach Auslösung und Lokalisation als Oberflächenschmerz oder Tiefenschmerz bezeichnet wird, wobei ersterer auch zwei deutlich unterscheidbare Qualitäten aufweist. Auswendig wissen, welche Schmerzen als viscerale Schmerzen bezeichnet werden. Den Schmerzcharakter und die Begleiterscheinungen des Tiefenschmerzes und des visceralen Schmerzes mit eigenen Worten beschreiben können. Auswendig wissen, daß die Schmerzempfindung nicht adaptiert. Auswendig wissen, daß die Hautoberfläche für punktförmige Schmerzreize nicht gleichmäßig empfindlich ist und daß oberflächliche Schmerzreize gut lokalisierbar sind. In Auswahlfragen erkennen können, daß die Schmerzpunkte wesentlich dichter und gleichmäßiger als die Druck- und Temperaturpunkte auf der Haut verteilt sind. Auswendig wissen, daß die Schmerzreceptoren zumindest teilweise spezifisch für thermische (Hitze), mechanische oder chemische Reize empfindlich sind. Auswendig wissen, daß für den ersten Schmerz Receptoren mit dünnen markhaltigen, für den zweiten solche mit marklosen Afferenzen verantwortlich gemacht werden; ferner, daß die Receptoren in Haut, Muskeln und Eingeweiden überwiegend oder ausschließlich freie Nervenendigungen sind. In Auswahlfragen erkennen können, daß von den zentripetalen Leitungssystemen des Rückenmarks insbesondere der contralaterale Tractus spinothalamicus für die Schmerzleitung benützt wird. Bei der Vorlage grob falscher und richtiger schematischer Darstellungen der Schmerzbahn, die richtige Darstellung können.

9.1 Der Schmerz läßt sich im Hinblick auf seinen Entstehungsort, aber auch im Hinblick auf seinen Charakter, in eine Reihe von Qualitäten einteilen. In Abb. 9-1 sind diese Qualitäten in den rot eingerahmten Kästchen wiedergegeben. Die Modalität „Schmerz" umfaßt zunächst die beiden Qualitäten ...... Schmerz und ...... Schmerz.

somatischer — visceraler (Eingeweide-)

9.2 Wir befassen uns zunächst mit dem somatischen Schmerz. Kommt dieser Schmerz von der Haut, so wird er als ...... -schmerz bezeichnet; kommt er aus den Muskeln, Knochen, Gelenken und Bindegeweben, so bezeichnet man ihn als .... -schmerz.

Oberflächen — Tiefen

9.3 Oberflächen- und Tiefenschmerz sind also (Sub)-Qualitäten des .... Schmerzes. Machen Sie jetzt bitte folgendes Experiment: Zur Auslösung von Oberflächenschmerzen geben Sie Ihrer Haut einige Nadelstiche. Würden Sie den Schmerzcharakter eher als „hell" oder als „dumpf" bezeichnen: ...... ? Ist der Reizort eher gut oder eher schlecht lokalisierbar: ...... ? Klingt der Schmerz nach Aufhören des Reizes eher schnell oder eher langsam ab: ...... ?

somatischen — hell — gut lokalisierbar — schnell

9.4 Dem hellen und gut lokalisierbaren Schmerz des Nadelstiches folgt oft, besonders bei hohen Reizintensitäten, mit einer Latenz von 0,5 — 1,0 Sekunden ein Schmerz von dumpfem (brennendem) Charakter, der schwerer zu lokalisieren ist und nur langsam abklingt. Sie können diesen Schmerz besser auslösen, wenn Sie eine Hautfalte, z. B. zwischen den Fingern, kräftig quetschen. Da beim Nadelstich der helle Schmerz zuerst auftritt, wird er auch (s. Abb. 9-1) .... genannt; der dumpfe, der danach auftritt, wird als .... bezeichnet.

erster Schmerz — zweiter Schmerz

9.5 Schmerzen aus Muskeln, Knochen, Gelenken, Bindegewebe werden als Tiefenschmerz bezeichnet. Wie der Oberflächenschmerz ist er Teil des ...... Schmerzes. Sie kennen solche Schmerzen beispielsweise als Kopfschmerzen (wahrscheinlich der häufigste Schmerz überhaupt). Der Tiefenschmerz ist von dumpfem Charakter, er ist oft schlecht zu lokalisieren und neigt dazu, in die Umgebung auszustrahlen.

somatischen

9.6 Neben den bisher besprochenen Unterschieden zwischen dem ersten Schmerz des Oberflächenschmerzes einerseits und den beiden anderen bisher besprochenen Schmerzqualitäten des somatischen Schmerzes (zweiter Schmerz und ......) andererseits, ist noch ein weiterer Unterschied wichtig: Die affektive und vegetative Reaktion auf das bzw. die Beteiligung am Schmerzgeschehen. Zweiter Schmerz und Tiefenschmerz sind von starker Unlust, bis zu Krankheitsgefühlen, begleitet und lösen oft vegetative Reflexe wie Übelkeit, Schweißausbruch und Blutdruckabfall aus. Der erstere Schmerz gibt dagegen zu Fluchtreflexen Anlaß (z. B. Wegziehen des Fußes bei Tritt auf einen spitzen Gegenstand).

Tiefenschmerz

9.7 Neben dem somatischen Schmerz und seinen (Sub-)Qualitäten zeigt Abb. 9-1 als weitere wichtige Schmerzqualität den ...... oder ....-schmerz. Auch der Charakter dieses Schmerzes ist eher ...... (hell/dumpf), und auch in den ihn begleitenden vegetativen Reaktionen (denken Sie beispielsweise an eine Gallenkolik, eine Blinddarmentzündung o. ä.) ähnelt der dem ....-schmerz.

visceralen — Eingeweide — dumpf — Tiefen

9.8 Fassen wir die Besprechung der Schmerzqualitäten zusammen: Schmerzen aus den Eingeweiden, insbesondere deren Hohlorgane werden als .... Schmerzen bezeichnet. Sie sind im Charakter ...... (dumpf/hell) und von .... (starken/keinen) vegetativen Reaktionen begleitet. Schmerzen aus dem übrigen Organismus werden als ...... Schmerzen zusammengefaßt. Schmerzen von der Haut bezeichnet man als ...., Schmerzen aus den tieferliegenden Geweben als ....

visceral — dumpf — starken — somatische — Oberflächenschmerz — Tiefenschmerz

In bezug auf den E i n g e w e i d e s c h m e r z bleibt nachzutragen, daß in Lokalanästhesie freigelegte Baucheingeweide schmerzlos gequetscht, geschnitten oder kautheterisiert werden können, solange das parietale Peritoneum und die Mesenterialwurzeln nicht gereizt werden. Starke Schmerzen treten aber bei rascher oder starker Dehnung der Hohlorgane auf. Ferner sind Spasmen oder starke Kontraktionen schmerzhaft, besonders wenn sie mit Ischämie (fehlender Durchblutung) verbunden sind. Weitere Besonderheiten des Eingeweideschmerzes werden in Lektion 10 behandelt.
Die M e s s u n g d e s S c h m e r z e s bei Tier und Mensch sieht sich einer großen Reihe von Problemen gegenüber, die hier nicht im einzelnen angesprochen werden. Messung der Intensität des Oberflächenschmerzes ist auf verschiedene Weise versucht worden. Ein Beispiel zeigte bereits Abb. 5-15, wo im intermodalen

Intensitätsvergleich die Intensitätszunahme des durch elektrische Hautreizung erzeugten Schmerzes aufgezeichnet wurde. Die Schwelle und die Unterschiedsschwellen für dumpfen Oberflächenschmerz durch Druckreize (mechanischer Schmerz) wurden ebenfalls schon gemessen. Auf der Stirn liegt diese Schwelle bei etwa 600 g/cm² und es können bis zum maximalen Schmerz etwa 15 Unterschiedsstufen empfunden werden. Hitzereize, insbesondere durch Wärmestrahlung, die gleichzeitige mechanische Reize vermeidet, sind ebenfalls ausgiebig zur Schmerzschwellenmessung herangezogen worden. Die erste Schmerzempfindung tritt bei Hauttemperaturen zwischen 43° und 47° C, meist bei 45° C auf. Bei weiterer Erhöhung der Hauttemperatur konnten bis zu 21 unterscheidbare Intensitätsstufen bis zum Maximalwert der Schmerzempfindung angegeben werden. Chemische Reize werden in der Regel beim direkten Aufbringen auf die Haut nicht wirksam. Es wird daher im Experiment durch ein Reizpflaster eine Blase erzeugt und diese anschließend abgetragen. Der Blasenboden, gebildet vom Stratum basale, liegt dann frei und kann mit beliebigen Lösungen bespült werden. Dieser Testmethode ist besonders wegen der Möglichkeit eines allen Schmerzen gemeinsamen „Schmerzstoffes", der durch die Noxen aus den Geweben freigelegt wird, großes Interesse entgegengebracht worden. Die Versuche haben bisher ergeben, daß es eine ganze Reihe von körpereigenen Stoffen gibt, die in entsprechender Konzentration Schmerzen auslösen. Insgesamt sprechen die Befunde aber gegen einen solchen einheitlichen Schmerzstoff.
Neben dem Schmerzcharakter und neben der Schmerzintensität ist klinisch vor allen Dingen noch wichtig, ob und in welchem Umfang der Schmerz adaptiert.

9.9 Bevor wir die Frage der Schmerzadaptation an Hand eines experimentellen Beispiels besprechen, sollten Sie zunächst nachdenken, ob nach Ihrer bisherigen Erfahrung der Schmerz eher dazu neigt, zu adaptieren oder nicht zu adaptieren.

Die subjektive Erfahrung weist eher auf fehlende Adaptation hin, denken Sie beispielsweise an stundenlange Kopfschmerzen oder Zahnschmerzen.

9.10 In Abb. 9-10 A ist eine Versuchsanordnung zur Messung thermischer Schmerzen der Haut gezeichnet. Eine Strahlungsquelle (Infrarotlampe), deren Intensität über einen weiten Bereich variiert werden kann, bestrahlt die geschwärzte Stirnhaut einer Versuchsperson. Mit einem Infrarotfühler (Photozelle) wird die Hauttemperatur gemessen und der Meßwert ebenso wie die Strahlungsintensität auf einem Schreiber festgehalten. Auf diese Weise ist es möglich, Schmerzreize ...... (mit/ohne) gleichzeitige mechanische Reize zu applizieren. Den durch die Reizung entstehenden Schmerz bezeichnet man als ...... (Hitze-/chemischen) Schmerz.

ohne — Hitze

9.11 Die Frage der Schmerzadaptation kann mit dieser Versuchsanordnung wie folgt geprüft werden: Der Versuchsperson wird die Möglichkeit gegeben, die Strahlungsintensität selbst zu regeln, ohne daß sie die Stellung des Intensitätsreglers erkennen kann. Es wird ihr dann aufgetragen, die Strahlungsintensität so zu bemessen, daß die Schmerzschwelle immer gerade erreicht wird. Der Verlauf der Hauttemperatur ist dann ein Maß für den Verlauf der Schmerzschwelle, d. h. Zunahme der Hauttemperatur bedeutet eine Erhöhung der Schmerzschwelle, also .... (eine/keine) Adaptation.

eine

9.12 Das durchschnittliche Ergebnis solcher Messungen zeigt Abb. 9-10 B. Insgesamt ändert sich nach Einstellen der Schmerzschwelle während der ersten beiden Versuchsminuten die Hauttemperatur nur noch wenig, d. h. die Schmerzschwelle verändert sich ...... (stark/kaum).

kaum

9.13 Eine geringe ...... (Zu/Ab)-nahme der Hauttemperatur im Verlauf des Experimentes ist jedoch zu erkennen, d. h. die Versuchspersonen haben eine ...... (geringere/stärkere) Strahlungsintensität benötigt, um gerade Schmerz zu empfinden. Dieser Befund spricht eher ...... (für/gegen) eine Adaptation.

Ab — geringere — gegen

9.14 Wir können also festhalten, daß es weder in der alltäglichen Erfahrung, noch im Experiment Anhaltspunkte für das ...... (Vorhandensein/Fehlen) einer Schmerzadaptation gibt.

Vorhandensein

In dem folgenden Teil dieser Lektion wollen wir die neurophysiologischen Grundlagen des Schmerzes besprechen. Diese Besprechung wird von den Befunden an der Haut ausgehen. Einer Betrachtung der Schmerzreceptoren und ihrer Eigenschaften folgt eine Erörterung ihrer afferenten Versorgung und schließlich ihrer spinalen und supraspinalen Bahnen.

9.15 Bei der Besprechung der neurophysiologischen Grundlagen des Schmerzes gehen wir aus von dem Befund, daß die Haut für den Schmerz nicht gleichmäßig empfindlich ist, sondern Schmerzpunkte besitzt. Dieser Befund steht .... (in Analogie/im Gegensatz) zu den Befunden bei der Mechano- und Thermoreception.

in Analogie

9.16 In Abb. 9-16 sind die Schmerzpunkte eines 1 cm^2 großen Hautstückes der Beugeseite des Unterarmes rot eingezeichnet. Gleichzeitig sind die Druckpunkte als schwarze Dreiecke angegeben. Es ist auch ohne Abzählen der Schmerz- und Druckpunkte offensichtlich, daß erstere deutlich in der ...... (Überzahl/Minderzahl) sind.

Überzahl

9.17 In Abb. 9-16 beträgt das Verhältnis der Anzahl der Schmerzpunkte zu der Anzahl der Druckpunkte 9:1 (203:23). Da die Kalt- und Warmpunkte der Haut ...... (zahlreicher/weniger zahlreich) als die Druckpunkte sind, ist das Verhältnis der Anzahl der Schmerzpunkte zu der Kalt- bzw. Warmpunkte eher ...... (größer/kleiner) als 9:1.

weniger zahlreich — größer

9.18 Dieser Befund, daß es nämlich sehr viel mehr Schmerzpunkte als andere Sinnespunkte der Haut gibt, macht es schon sehr wahrscheinlich, daß die Schmerzreceptoren ...... (identisch/nicht identisch) mit den anderen Hautreceptoren sind.

nicht identisch

9.19 Es gibt mittlerweile eine ganze Reihe von Befunden (einige werden in dieser Lektion noch erwähnt), die für die Existenz spezieller Nociceptoren (Schmerzreceptoren) sprechen. Damit scheint die oft gehörte Ansicht endgültig widerlegt, daß es keine speziellen Schmerzreceptoren gebe, sondern daß Schmerz immer dann auftrete, wenn die Mechano- und Thermoreceptoren über eine bestimmte Reizintensität hinaus gereizt würden. Aus dem durch diese hohe Reizintensität veränderten Impulsmuster decodiere das ZNS die Empfindung Schmerz. Diese Ansicht, für die es praktisch keine experimentellen Anhaltspunkte gibt, ging von der Überlegung aus, daß es keinen adäquaten Reiz für den Schmerz und daher auch wahrscheinlich keine spezifischen Receptoren gebe. Wie gesagt, schon die Relation Schmerzpunkte zu anderen Sinnespunkten macht jedoch das Vorhandensein spezieller Schmerzreceptoren ....

wahrscheinlich (oder entsprechend)

9.20 Das Auffinden der Schmerzpunkte führte auch zur histologischen Suche nach speziellen Endorganen für die Schmerzreception. Von den beiden

Grundtypen von Nervenendigungen in der Haut, den korpuskulären (Beispiele: Pacini-Körperchen, Meissner-Körperchen) und den freien Nervenendigungen, kommen letztere viel häufiger vor. Schon die große Zahl der Schmerzpunkte (Abb. 9-16) legt daher nahe, daß die Schmerzreception über ...... (freie/korpuskuläre) Nervenendigungen erfolgt.

freie

Zahlreiche weitere Befunde unterstützen die Annahme, daß freie Nervenendigungen der Haut das histologische Substrat der Schmerzreceptoren sind. So wurden in ulcerösem Hautgewebe, von dem nur Schmerz und keine andere Empfindung ausgelöst werden konnte, ausschließlich freie Nervenendigungen gefunden. Auch die Hornhaut des Auges, Trommelfell und Zahnpulpa, von denen Schmerzen leichter als jede andere Empfindung auszulösen ist, enthalten nur freie Nervenendigungen. Bei peripheren Innervationsstörungen, bei denen von den Patienten nur noch Schmerzempfindungen angegeben wurden, konnten ebenfalls nur freie Nervenendigungen gefunden werden. Auch in den Eingeweiden und anderswo im Körper werden freie Nervenendigungen dort gefunden, wo mit entsprechenden Reizen Schmerz ausgelöst werden kann.
Es darf aber auf keinen Fall der Eindruck entstehen, als ob alle freien Nervenendigungen als Nociceptoren dienen. Wir haben in den Lektionen Mechanoreception und Thermoreception bereits gehört, daß es zahlreiche receptive Einheiten mit Gruppe III (dünnen markhaltigen) und Gruppe IV (marklosen) afferenten Fasern gibt, die spezifisch auf mechanische bzw. thermische Reize empfindlich sind und die wahrscheinlich alle keine korpuskulären, sondern freie Endstrukturen haben. Freie Nervenendigungen können also verschiedene adäquate Reize haben. Das Fehlen einer histologischen Differenzierung bedeutet also keineswegs das Fehlen einer funktionellen Spezifität. Sie ist wahrscheinlich an Differenzierungen molekularer Strukturen gebunden, die den licht- und elektronenmikroskopischen Beobachtungen nicht zugänglich sind. Auch bei den Schmerzreceptoren müssen wir heute annehmen, daß es Receptoren gibt, die nur für einen oder anderen nociceptiven Reiz empfindlich sind.

9.21 Ein Beispiel für die immer häufiger gefundene Spezifität von Schmerzreceptoren zeigt Abb. 9-21. Es handelt sich um einen Receptor, der auf mechanische Reize stumm blieb und auch auf Erwärmung und Abkühlung in Temperaturbereichen unterhalb 45° C nicht reagierte. Wurde die Haut jedoch auf 48° C oder darüber erwärmt (Abb. 9-21), so entlud der Receptor, wobei die Entladungsfrequenz mit steigender Temperatur ..... (deutlich/unwesentlich) zunahm.

deutlich

9.22 Wie wir schon gehört haben, sind Hauttemperaturen über 45° schmerzhaft (Hitzeschmerz). Der in Abb. 9-21 gezeigte Receptor würde also am besten als ...... (Hitze/Wärme)-receptor bezeichnet werden.

Hitze

9.23 Neben Hitzereceptoren als einer speziellen Art von Schmerzreceptoren, sind im Tierexperiment auch mechanosensible Receptoren gefunden worden, die nur auf nociceptive mechanische Reize (Quetschung, Nadelstich o. ä.), nicht aber auf Temperaturreize, Säureapplikation oder intracutane Injektion schmerzauslösender Stoffe (z. B. Bradykinin) reagieren. Man kann diese Receptoren nach ihrem adäquaten Reiz als hochschwellige ...... (Mechano/Thermo)-receptoren, aber auch als Nociceptoren oder Schmerzreceptoren bezeichnen. Nach ihrer Funktion ist die Bezeichnung ...... (Mechano/Schmerz)-receptor eher angebracht.

Mechano — Schmerz

Diese Befunde weisen darauf hin, daß die Schmerzreceptoren möglicherweise in bezug auf den ihnen adäquaten Reiz wesentlich spezifischer sind als bisher angenommen wurde, daß es also hitzeempfindliche, mechanoempfindliche und chemoempfindliche Schmerzreceptoren gibt. Zum Beispiel sind unterdessen auch in den Muskeln Receptoren bekannt, die weder durch starke Dehnung noch durch starke Kontraktion des Muskels erregt werden, wohl aber durch direkten Druck auf den Muskel oder Quetschungen des receptiven Feldes. Neben den nur für die eine oder andere Noxe besonders empfindlichen Receptoren gibt es aber möglicherweise auch multimodale Nociceptoren, die durch unterschiedlichste nociceptive Reize erregt werden. Über diese Probleme wird derzeit viel experimentell gearbeitet, so daß unser Wissen darüber sicher noch die eine oder andere Akzentverschiebung erfahren wird. Wenden wir uns jetzt den afferenten Nervenfasern der Nociceptoren zu.

9.24 Der Oberflächenschmerz der Haut hat zwei klar unterscheidbare Qualitäten (Abb. 9-1): Zum einen den hellen ersten Schmerz und zum anderen den ...... Schmerz, der einen mehr dumpf-brennenden Charakter hat. Es gibt eine Reihe von Hinweisen, daß die jeweiligen Receptoren von zwei verschiedenen Gruppen von afferenten Fasern versorgt werden, nämlich die des ersten Schmerzes von Gruppe III-Fasern (dünne markhaltige Fasern) und die des zweiten Schmerzes von Gruppe IV-Fasern (marklose Fasern).

zweiten

9.25 Da die Gruppe IV Fasern wesentlich ...... (schneller/langsamer) leiten als die Gruppe III Fasern, ist es nicht verwunderlich, daß bei einem kurzen mechanischen nociceptiven Reiz zuerst das Gefühl des ersten Schmerzes und dann das des zweiten auftritt. Diese unterschiedliche Latenz ist also anscheinend ...... (nicht/vor allem) durch die unterschiedliche Leitungsgeschwindigkeit der beteiligten Fasergruppen verursacht.

langsamer — vor allem

In bezug auf den Menschen sprechen insbesondere die folgenden Befunde für die Leitung des ersten und zweiten Schmerzes durch Gruppe III respektive Gruppe IV Fasern: (a) Wird durch mechanischen Druck auf einen Nerv eine Nervenblockade gesetzt, so fallen zunächst die dicken und erst später die dünnen Fasern aus. Solange nur die Gruppe II Fasern geblockt sind, bleiben beide Qualitäten des Oberflächenschmerzes erhalten. Sobald aber die Gruppe III Fasern geblockt werden, verschwindet der erste Schmerz und nur der zweite läßt sich noch nachweisen. (b) Bei Nervenblockade mit einem Lokalanaestheticum (z. B. Novocain), für das die Gruppe IV Fasern empfindlicher als die Gruppe III Fasern sind, ist das umgekehrte Phänomen zu beobachten: der zweite Schmerz verschwindet vor dem ersten. (c) Am Menschen führt elektrische Reizung freigelegter Hautnerven bei Gruppe III Reizstärke zu hellen Schmerzempfindungen. Werden jedoch die myelisierten Fasern geblockt und wird mit Gruppe IV Stärke gereizt, dann kommt es zu subjektiv sehr unangenehmen, dumpf-brennenden Schmerzen, die von der Versuchsperson als schwer erträglich empfunden werden.

Auch in den Muskeln scheinen die Nociceptoren vorwiegend oder ausschließlich von Gruppe III und IV Fasern versorgt zu werden. Die afferenten Fasern der Eingeweide sind überwiegend marklos. Welche von ihnen der visceralen Reflexregulation dienen und welche am Eingeweideschmerz beteiligt sind, ist bisher nicht bekannt.

Anschließend werfen wir noch einen Blick auf den Verlauf der zentralen Schmerzbahnen.

9.26 Die Schmerzfasern der Körperperipherie treten, wie alle anderen afferenten Fasern auch, über die ...... (Vorder/Hinter)-wurzeln in das Rückenmark ein. Wie Abb. 9-26 zeigt, bilden sie im ...... (Vorder/Hinter)-horn synaptische Kontakte an den Ursprungszellen des Vorderseitenstranges. Die Axone dieser Zellen kreuzen in der vorderen Kommissur zur contralateralen Seite und ziehen zum Thalamus.

Hinter — Hinter

9.27 Der Vorderseitenstrang (genauer: der in ihm verlaufende Tractus spinothalamicus lat.) übermittelt also Meldungen über nociceptive Reize der contralateralen Körperseite. Ziel des Vorderseitenstranges ist der .... (Abb. 9-26). Die Axone des Vorderseitenstranges werden auf diesem Weg ...... (kein/ein/zwei)-mal umgeschaltet.

Thalamus — kein

9.28 Die Axone des Vorderseitenstranges werden zwar auf ihrem Weg zwischen Rückenmark und ...... nicht umgeschaltet, sie geben aber zahlreiche Kollateralen an Strukturen in der Medulla oblongata und im Mittelhirn ab. Als Beispiel ist in Abb. 9-26 die .... eingezeichnet. Diese zahlreichen Kollateralen sind wahrscheinlich für die Änderungen von Atmung und Kreislauf bei Schmerzen verantwortlich, aber auch für die affektive Verarbeitung des Schmerzes, denn Reizversuche im Mittelhirn haben gezeigt, daß von dort Wut- und Fluchtreaktionen ausgelöst und gesteuert werden.

Thalamus — Formatio reticularis

9.29 Nach Umschaltung im Thalamus projiziert die Schmerzbahn zum .... der Hirnrinde. Diese direkte und schnellste Projektion der corticalen Schmerzleitung ist wahrscheinlich für die Entstehung der Schmerzempfindung von ausschlaggebender Bedeutung. Andere, in Abb. 9-26 nicht gezeigte Verbindungen schließen vom Thalamus aus die Schmerzbahnen auch an das extrapyramidalmotorische System (Reflexe!) an.

Gyrus postcentralis

9.30 In der vorigen Lektion wurde bereits erwähnt, daß die zentripetalen Bahnen der Schmerzreception in engster Nachbarschaft mit denen der ...... (Thermo/Mechano)-reception verlaufen. Dies ist natürlich klinisch von Bedeutung, denn eine Unterbrechung des Vorderseitenstranges wird deswegen nicht zu einer Störung der Nociception, sondern auch zu einer Störung der .... führen.

Thermo — Thermoreception

Insgesamt ist in bezug auf die zentrale Schmerzverarbeitung anzumerken, daß unsere Kenntnisse von den Schmerzbahnen und den am Schmerz beteiligten Hirnabschnitten noch sehr lückenhaft sind. Die Anatomie der Schmerzbahnen bei Mensch und Tier scheint oft unterschiedlich zu sein. Dies erschwert die Übertragung von tierexperimentellen Befunden auf die Verhältnisse am Menschen, ganz abgesehen davon, daß an Mensch und Tier im Experiment mit schmerzhaften Reizen relativ enge Grenzen gezogen sind.

Mit den folgenden Lernschritten können Sie Ihren Wissenszuwachs überprüfen:

9.31 Beschreiben Sie mit Ihren Worten die wichtigsten Schmerzqualitäten.

Antwort entsprechend Abb. 9-1 und Lernschritt 9.8

9.32 Welche der folgenden Behauptungen ist/sind richtig? Auf der Haut sind in der Regel
a) Schmerzpunkte häufiger als Warmpunkte
b) Warmpunkte häufiger als Druckpunkte
c) Kaltpunkte seltener als Warmpunkte
d) Druckpunkte häufiger als Schmerzpunkte
e) Es gibt keine Sinnespunkte, die Sensibilität ist gleichmäßig über die Haut verteilt.

a

9.33 Das histologische Substrat der Nociceptoren sind in der Regel
a) Pacini-Körperchen
b) Merkel-Zellen
c) Meissner-Körperchen
d) freie Nervenendigungen
e) Haarfollikelreceptoren

d

9.34 Die afferenten Nervenfasern der Nociception der Haut gehören in der Regel zu der/den Fasergruppe(n)
a) Ia
b) Ib
c) II
d) III
e) IV

d, e

9.35 Die wichtigste spinale Schmerzbahn verläuft
a) ungekreuzt im Hinterstrang
b) ungekreuzt im Vorderhorn
c) gekreuzt im Seitenhorn
d) gekreuzt im Vorderseitenstrang
e) gekreuzt in der Pyramidenbahn
f) ungekreuzt im Vorderseitenstrang

d

9.36 Welche drei der folgenden Beschreibungen treffen am ehestens für den Tiefenschmerz zu:
a) gut lokalisierbar
b) nicht adaptierend

c) von vegetativen Reflexen begleitet
d) heller Schmerzcharakter
e) strahlt häufig in Umgebung aus
f) kommt vorwiegend aus den Hohlorganen der Eingeweide

b, c, e

Lektion 10:
Spezielle und abnorme Schmerzformen, Schmerztherapie

Die Grundlagen der Nociception, die in der vorigen Lektion dargestellt wurden, werden in dieser Lektion ergänzt durch einige sinnesphysiologisch und klinisch wichtige Aspekte. Dazu zählen einerseits spezielle Schmerzformen, wie der projizierte und der übertragene Schmerz, andererseits auch periphere Störungen der Schmerzreception und, nur beispielhaft hier gestreift, Störungen der zentralen Schmerzverarbeitung. Den Schluß der Lektion bilden einige Lernschritte mit physiologischen Aspekten der Schmerzbekämpfung und Schmerzausschaltung.

Der Leser der Lektionen 9 und 10 sollte im Auge behalten, daß hier vor allem die sinnesphysiologischen Aspekte des Schmerzes betrachtet werden, während die affektiven Reaktionen auf den Schmerz, die für den Patienten und/oder den Arzt nicht selten wichtiger sind als die Schmerzempfindung selbst, nur soweit erwähnt werden, wie es zum Verständnis der Schmerzphysiologie unbedingt notwendig erscheint. Als Beispiel sei erwähnt, daß uns schon die alltägliche Erfahrung lehrt, daß für die subjektiv empfundene Intensität eines Schmerzreizes zusätzlich zu seiner Stärke auch der Grad der Zuwendung auf den Reiz eine große Rolle spielt. Ablenkung der Aufmerksamkeit kann den Schmerz abschwächen, in extremen Situationen (Unfallstreß, Kriegsverwundung, Hypnose) sogar aufheben.

Lernziele

Mit eigenen Worten an Beispielen die Begriffe projizierter Schmerz und übertragener Schmerz erläutern. Auswendig wissen, daß Hautschädigung (wie Hitze, Erfrierung, UV- oder Röntgenstrahlung, Abschürfung) zur lokalen Vasodilatation und zur Hyperalgesie (erniedrigte Schmerzschwelle) führt. Die Begriffe Hypalgesie und Analgesie mit eigenen Worten erläutern können und dabei je eine Verletzung der afferenten Bahnen anführen können, die zu diesen Erscheinungen führen kann. Auswendig wissen, daß krankhafte Prozesse in den für die Schmerzempfindung verantwortlichen zentralnervösen Strukturen weniger zu Ausfällen als zu Änderungen der Schmerzempfindung führen; dies an Hand der Beispiele des Thalamusschmerzes und der bei Stirnhirnverletzung auftretenden Änderungen in der affektiven Haltung zum Schmerz erläutern können. Auswendig wissen, daß vorübergehende Schmerzausschaltung teils durch physikalische Maßnahmen (3 Beispiele nennen können), teils durch pharmakologische Maßnahmen möglich ist. Folgende mögliche Angriffspunkte schmerzlindernder Pharmaka auswendig wissen: Receptoren und afferente Nervenfasern; spinale Leitungsbahnen; Neurone, die an der zentralen Schmerzverarbeitung beteiligt sind; Zentren, die für die affektive Einstellung gegenüber dem Schmerz verantwortlich sind. Auswendig wissen, daß bei

schweren, chronischen Schmerzzuständen, deren Ursache nicht beseitigt werden kann, neurochirurgische Maßnahmen der Schmerzausschaltung angezeigt sind.

10.1 Sie kennen wahrscheinlich die Empfindungen, die bei heftiger mechanischer Reizung (z. B. Anstoßen an eine scharfe Kante) des am Ellenbogen oberflächlich verlaufenden N. ulnaris auftreten: Neben den durch Reizung der lokalen Receptoren verursachten Empfindungen, kommt es zu schwer beschreibbaren Mißempfindungen (Kribbeln o. ä.) im .... (Oberarm/Handgebiet).

Handgebiet

10.2 Soweit Sie bereits genügende anatomische Kenntnisse besitzen, ist Ihnen sicher schon aufgefallen, daß diese Mißempfindungen praktisch nur im Versorgungsgebiet des Nervus ...... , also auf der ...... (Daumen/Kleinfinger)-seite des distalen Unterarms und der Hand auftreten.

ulnaris — Kleinfinger

10.3 Offensichtlich wird die am Ellenbogen in den afferenten Fasern ausgelöste sensorische Aktivität vom ZNS, also auch von unserem Bewußtsein, in das Versorgungsgebiet, dieser afferenten Fasern p r o j i z i e r t , da wir gelernt haben, daß normalerweise solche sensorischen Impulse aus den Receptoren dieses Versorgungsgebietes stammen. Die Interpretation der dabei auftretenden Empfindung (Kribbeln u. ä.) fällt uns schwer, da das durch mechanische Reizung des Nerven auftretende Impulsmuster normalerweise ...... (häufig/nicht) vorkommt.

nicht

10.4 Projizierte Empfindungen können im Prinzip innerhalb aller Sinnesmodalitäten auftreten. Außer dem eben besprochenen, relativ harmlosen Beispiel, ist der p r o j i z i e r t e S c h m e r z klinisch wichtig. Seine Entstehung ist schematisch in Abb. 10-4 gezeigt. Reizung der afferenten F a s e r wird, wie üblich, über den .... nach zentral übertragen und löst dort eine Empfindung .... (an der Reizstelle/im Versorgungsgebiet der afferenten Faser) aus.

Vorderseitenstrang (Tractus spinothal. lat.) — im Versorgungsgebiet der afferenten Faser

10.5 Klinisch häufig sind beispielsweise bei Schädigungen der Zwischenwirbelscheiben Kompressionen von Spinalnerven an der Eintrittsstelle in den Wirbelkanal (Bandscheibensyndrom). Die dabei durch die zentripetalen Impulse in nociceptiven Fasern auftretenden Empfindungen werden in das Versorgungsgebiet des gereizten Spinalnerven .... (Daneben können natürlich auch lokale Schmerzen auftreten.)

projiziert

10.6 Beim projizierten Schmerz ist also der Ort der Einwirkung der Noxe .... (völlig/nicht) identisch mit dem der Schmerzempfindung. Die Noxe liegt also .... (beschreiben Sie mit Ihren Worten.)

nicht — entsprechend 10.4 und 10.5

Im Zusammenhang mit dem eben erwähnten Beispiel eines projizierten Schmerzes durch Kompression eines Spinalnerven, werden Sie sich vielleicht erinnert haben („Neurophysiologie programmiert“, Lektion 29, Taschenbuch „Neurophysiologie“, Abschnitt 7.2), daß der von einem Spinalnerven versorgte Hautbereich als D e r m a t o m bezeichnet wird und daß die Dermatome auf der Körperoberfläche in der gleichen Reihenfolge angeordnet sind wie die entsprechenden Rückenmarksegmente. Dieser Zusammenhang ist bei den streifenförmigen Dermatomen des Rumpfes noch besonders deutlich. Jeder Spinalnerv versorgt aber nicht nur ein bestimmtes Hautareal (sein Dermatom), sondern auch bestimmte innere Organe (Eingeweide, Muskeln, Gelenke). Diese entwicklungsgeschichtlich bedingte Tatsache (s. Taschenbuch „Neurophysiologie“, S. 222) spielt wahrscheinlich, wie die nächsten Lernschritte zeigen werden, eine entscheidende Rolle für das Entstehen des übertragenen Schmerzes.

10.7 Nociceptive Reizung der Eingeweide wird oft nicht oder nicht nur am inneren Organ empfunden, sondern an oberflächlichen, entfernten Strukturen des Körpers. Einen solchen Schmerz bezeichnet man als ü b e r t r a g e n e n S c h m e r z. Die Übertragung erfolgt immer in diejenigen Abschnitte der Peripherie, die vom gleichen Rückenmarksegment wie das betroffene innere Organ versorgt werden, also, in bezug auf die Hautoberfläche, in das zugehörige ....

Dermatom

10.8 Ein bekanntes Beispiel sind Herzschmerzen, die von der Brust und einem schmalen Streifen der Innenseite des Armes zu kommen scheinen. Wie gesagt, man bezeichnet solche Schmerzen als .... Sie sind auf Grund des Zusammenhangs zwischen Dermatom und innerem Organ (Versorgung aus dem gleichen Rückenmarksegment) ein wichtiges diagnostisches Hilfsmittel.

übertragene Schmerzen

10.9 Das Zustandekommen des übertragenen Schmerzes beruht wahrscheinlich, wie Abb. 10-9 zeigt, auf der Tatsache, daß Schmerzafferenzen aus der Haut und den inneren Organen im Rückenmarksegment zum Teil mit .... (denselben/verschiedenen) Ursprungsneuronen des Tractus spinothalamicus synaptisch verbunden sind. Erregung dieser Neurone wird als Schmerz der/des ...... (Peripherie/inneren Organs) interpretiert, da diese Interpretation dem Organismus aus Erfahrung geläufig ist.

denselben — Peripherie

10.10 Nociceptive Afferenzen aus den inneren Organen konvergieren also zum Teil mit nociceptiven Afferenzen aus dem zugehörigen Dermatom auf die gleichen Neurone der spinalen Schmerzbahn. Dies scheint die wesentlichste Ursache für das Phänomen des ...... Schmerzes zu sein

übertragenen

10.11 Bei Erkrankungen eines inneren Organs kommt es als weitere Folge dieser Konvergenz oft zu einer Überempfindlichkeit der Haut (Hyperpathie) im zugehörigen Dermatom. Dies beruht darauf, daß die Erregbarkeit der Interneurone durch die visceralen Impulse erhöht ist, so daß ein nociceptiver Hautreiz im Vergleich zum Normalzustand zu einer ...... (stärkeren/geringeren) zentralen Aktivität führt. Diese Form der Erregbarkeitssteigerung wird in der Neurophysiologie als ...... (Potenzierung/räumliche Bahnung) bezeichnet.

stärkeren — räumliche Bahnung

Es gibt anscheinend außer dem übertragenen Schmerz noch andere Wechselwirkungen zwischen dem somatischen und dem autonomen Nervensystem, die uns noch nicht voll durchsichtig sind. Als Beispiel sei die therapeutische Wärmeapplikation auf die Haut bei bestimmten Erkrankungen innerer Organe genannt. Die Wärme wirkt nicht direkt auf die inneren Organe ein (die Kühlflüssigkeit Blut verhindert ein lokales Erwärmen des Gewebes in der Tiefe), sondern wahrscheinlich reflexogen über die Warmreceptoren der Haut.

Reizung visceraler Schmerzreceptoren führt oft auch zur Erhöhung des Muskeltonus, in Extremfällen zu reflektorischen Muskelkontrakturen. Die Schmerzafferenzen können also auch (über polysynaptische Reflexwege) Motoneurone erregen. Es werden nicht nur die Motoneurone im gleichen Segment erregt, sondern auch die Neurone anderer funktionell im Zusammenhang stehender Muskeln. So sind bei Schmerzzuständen in der Bauchhöhle (z. B. Blinddarmentzündung) die Bauchmuskeln gespannt. Gleichzeitig liegen die Patienten oft mit angezogenen Knien, da die Flexormuskeln der Beine durch die gleichen Afferenzen erregt werden.

Eine starke und langanhaltende Spannungserhöhung des Muskels führt zu Muskelschmerzen und Überempfindlichkeit des Muskels. Solche Schmerzen finden sich nicht nur bei organischen Erkrankungen, wo sie wichtige Hinweise geben können, sondern auch bei psychischen Belastungen. Typisch sind z. B. Kopfschmerzen mit schmerzhaften Verspannungen der dorsalen Hals- und Nackenmuskulatur, die nach Beseitigung der psychischen Streßsituation oder entsprechender psychotherapeutischer Behandlung wieder verschwinden.

Ungenügend sind unsere Kenntnisse auch über eine weitere hier zu besprechende Hautsinnesqualität, nämlich das J u c k e n . Möglicherweise ist es eine besondere Form der Schmerzempfindung, die bei bestimmten Reizzuständen auftritt. Dafür spricht, daß eine Reihe von Juckreizen bei stärkerer Reizintensität zu Schmerzempfindungen führen und daß eine Unterbrechung der Schmerzleitung in der Vorderseitenstrangbahn von einem Ausfall der Juckempfindung begleitet ist, während eine Störung des Druck- und Berührungssinnes (Hinterstrang) die Juckempfindung unbeeinflußt läßt. Auch ließ sich nachweisen, daß die Haut nur an bestimmten Punkten juckempfindlich ist und daß diese Juckpunkte mit den Schmerzpunkten korrespondieren. Neuere Befunde lassen es aber auch möglich erscheinen, daß das Jucken eine vom Schmerz unabhängige Empfindungsqualität ist, die eventuell eigene Receptoren besitzt. So ist die Juckempfindung nur von den äußersten Schichten der Epidermis auslösbar, während Schmerz auch in den tieferen Hautschichten ausgelöst werden kann. Auch ist es mit entsprechender Technik möglich, alle Grade von Juckreiz ohne Schmerz und umgekehrt zu erzeugen. Schließlich sei erwähnt, daß für das Auftreten der Juckempfindung das Freisetzen einer chemischen Substanz, vielleicht des Histamins, notwendig zu sein scheint. Eine intradermale Histamininjektion löst starkes Jucken aus, und bei Hautschäden, die zum Jucken führen, wird in der Haut Histamin freigesetzt.

10.12 Sie kennen wahrscheinlich die zwei Hauptsymptome eines leichten Sonnenbrandes: (a) die Haut ist ...... (blaß/gerötet) und (b) die Empfindlichkeit für mechanische Reize ist ...... (erhöht/vermindert). Diese Phänomene treten einige Stunden nach der Hautschädigung durch die ultravioletten Strahlen auf. Sie werden auch nach anderen Hautschäden (Hitze, Erfrierung, Röntgenstrahlen, Abschürfung) gefunden.

gerötet — erhöht

10.13 Die beim Sonnenbrand und anderen lokalen Hautschädigungen gefundene ...... (Über/Unter)-empfindlichkeit der Haut wird als H y p e r a l g e s i e bezeichnet. Die Schmerzschwelle ist gesenkt, selbst normalerweise schmerzlose Reize (Reiben von Kleidungsstücken) werden als unangenehm bis schmerzhaft empfunden.

Über

10.14 Die Symptome der lokalen Hautschädigung, nämlich Rötung (Vasodilatation) und ...... können für Tage andauern. Es liegt nahe anzunehmen, daß sie durch die Freisetzung einer chemischen Substanz, wie z. B. Histamin, verursacht sind, doch sind die Befunde zu dieser Frage noch sehr uneinheitlich.

Hyperalgesie (Schmerzüberempfindlichkeit)

10.15 Eine Erniedrigung der Schmerzschwelle wird also als ...... bezeichnet. Entsprechend versteht man unter Hypalgesie eine ...... der Schmerzschwelle. Völliges Fehlen der Schmerzempfindlichkeit wird Analgesie genannt.

Hyperalgesie — Erhöhung (oder entsprechend)

10.16 Erhöhung der Schmerzschwelle, also ...... , sowie völliger Ausfall der Schmerzempfindlichkeit, also ...... , kommen meist nur in Verbindung mit Störungen oder Ausfällen anderer Hautsinnesmodalitäten vor. Beispielsweise wird im einfachsten Fall die Durchtrennung eines Hautnerven zu einer ...... (Hyp/An)-algesie seines Versorgungsgebietes, aber auch zum Ausfall der anderen Hautmodalitäten führen.

Hypalgesie — Analgesie — An

10.17 Störungen der Schmerzverarbeitung im Zentralnervensystem führen weniger zu Ausfällen als zu Änderungen der Schmerzempfindung. Zum Beispiel bei Erkrankungen des Umschaltkerns der Vorderseitenstrangbahn des ...... (Abb. 9-26), kommt es bei Schmerzreizen zu besonders unangenehmen Schmerzsensationen, die subjektiv den Eindruck einer Schmerzüberempfindlichkeit entstehen lassen. Außerdem empfinden die Patienten häufig spontane, schwer zu ertragende Schmerzen in der zugeordneten, also der contralateralen Körperhälfte, die schwer zu behandeln sind.

Thalamus

10.18 Der eben beschriebene Thalamusschmerz ist ein Beispiel aus der großen Skala der Störungen der ...... (zentralen/peripheren) Schmerzverarbeitung. Erwähnt sei noch, daß auch die affektive Anteilnahme am Schmerz durch zentrale Schädigungen verändert sein kann. Zum Beispiel beachten schwer Stirnhirnverletzte vielfach ihre Schmerzen kaum, solange sie abgelenkt und beschäftigt sind. Hierbei sind die Schmerzschwellen völlig unverändert.

zentralen

Es ist verständlich, daß man sich den zuletzt genannten Befund auch therapeutisch, bei anders nicht zu beherrschenden Schmerzen, zunutze zu machen versuchte und operativ die zum Stirnhirn führenden Bahnen durchtrennte (Leukotomie). Diese Methode der chirurgischen Schmerzbekämpfung ist aber wegen zahlreicher Nachteile, insbesondere wegen den dadurch verursachten schweren Persönlichkeitsveränderungen der Patienten weitgehend wieder verlassen worden. Schließlich soll noch darauf hingewiesen werden, daß zweckmäßiges Verhalten und gefühlsmäßig normale Reaktionen auf schmerzhafte Reize anscheinend zum großen Teil nicht angeboren sind, sondern vom jugendlichen Organismus in einer frühen Phase seiner Entwicklung erlernt werden müssen. Bleiben diese frühkindlichen Erfahrungen aus, so lassen sie sich später nur sehr schwer erlernen. Dies ließ sich auch in Tierversuchen zeigen. Junge Hunde, die in den ersten 8 Lebensmonaten vor allen schädigenden Reizen bewahrt wurden, waren unfähig, auf Schmerzreize angemessen zu reagieren und lernten dies nur langsam und unvollkommen. Sie schnupperten immer wieder an offenen Flammen und ließen sich Nadeln tief in die Haut stechen, ohne mehr als lokale reflektorische Zuckungen zu zeigen. Ähnliche Beobachtungen wurden auch an einem Schimpansenbaby gemacht.

10.19 Schmerzbekämpfung ist von der somatischen Seite her durch physikalische, durch pharmakologische und durch neurochirurgische Maßnahmen möglich. Sie ist immer dann angebracht, wenn der Schmerz seine Aufgabe als Schadensanzeiger erfüllt hat, denn oft trägt eine richtig durchgeführte Schmerztherapie wesentlich zu schnellerer Heilung bei. Aber und gerade auch bei unheilbaren Zuständen ist die Schmerzlinderung oder -ausschaltung besonders wichtig. Versuchen Sie jetzt bitte, zwei bis drei einfache physikalische Maßnahmen der Schmerzlinderung aufzuschreiben.

Z. B.: Ruhigstellung; je nach Erkrankung kalte oder warme Umschläge; Diathermie (Kurzwellenbestrahlungen zur Wärmeapplikation in tiefere Gewebe); Massagen; Lockerungsgymnastik.

10.20 Für die Einwirkung von außen zugeführter chemischer Substanzen auf die Schmerzreception, also für .... Maßnahmen, gibt es natürlich eine große Zahl von Angriffspunkten. Schon peripher kann die Entstehung und Weiterleitung der Schmerzimpulse verhindert werden (Lokalanästhesie), oder es kann die Fortleitung in den aufsteigenden Bahnen blockiert werden (Lumbalanästhesie). Weiter kann die Erregbarkeit der zentralen, an der Schmerzleitung und Verarbeitung beteiligten Neurone gedämpft werden. Schließlich kann auch auf diejenigen Strukturen, die für die affektive Einstellung gegenüber dem Schmerz verantwortlich sind, so eingewirkt werden, daß es zu einer affektiv neutraleren Haltung zum Schmerz kommt und dieser sich dadurch leichter ertragen läßt.

pharmakologische

10.21 Bei schweren, insbesondere bei unheilbaren Schmerzzuständen reicht oft eine physikalische oder pharmakologische Therapie nicht mehr aus und es werden neurochirurgische Maßnahmen notwendig. Auch dabei kann an zahlreichen Stellen eingegriffen werden. In bezug auf die Nebenwirkungen ist es meist vorteilhaft, so peripher wie möglich zu operieren, also z. B. ein Nervenstück zu entfernen, oder den contralateralen Vorderseitenstrang zu unterbrechen.

Bitte prüfen Sie in den folgenden Lernschritten Ihr Wissen:

10.22 Bei einem Sonnenbrand kommt es neben der Vasodilatation (Rötung) zu einer

a) Analgesie
b) Lumbalanästhesie
c) Hypalgesie
d) Lokalanästhesie
e) Hyperalgesie

e

10.23 Erläutern Sie mit Hilfe je eines Beispiels die Begriffe projizierter Schmerz und übertragener Schmerz.

Entsprechend 10.4 und 10.5 bzw. 10.7 - 10.10

10.24 Durchtrennung des linken Vorderseitenstranges etwa in Höhe des untersten Brustwirbels führt

a) vor allem zu einem Ausfall der Schmerz- und Temperaturempfindung im zugehörigen Dermatom,
b) zu keiner Sinnesstörung, aber zu Ausfällen von Willkürbewegungen,
c) vor allem zu einem Ausfall der contralateralen Schmerz- und Temperaturempfindungen unterhalb der Durchtrennungsstelle,
d) zur kompletten ipsilateralen Analgesie je zwei Segmente oberhalb und unterhalb der Durchtrennungsstelle,
e) zu keinem der in a) bis d) geschilderten Ausfälle

c

10.25 Nennen Sie drei Maßnahmen, die bei der physikalischen Schmerztherapie angewendet werden.

entsprechend Lösung zu 10.19

10.26 Nennen Sie drei typische Angriffsstellen für die pharmakologische Schmerzbekämpfung.

entsprechend 10.20

C Physiologie des Sehens (Grüsser)

Dinge in unserer Umwelt sehend wahrzunehmen ist nicht ein passiver sensorischer Prozeß, der durch das Schema: Reiz → Receptorerregung → zentralnervöse Verarbeitung (Empfindung) vollständig beschrieben wird. Für die visuelle Wahrnehmung spielen unter normalen Bedingungen des freien Umherblickens aktive, motorische Komponenten eine wichtige Rolle. Durch willkürliche Augenbewegungen „tasten" wir unsere visuelle Umwelt ab, wobei die Amplitude und die Richtung der Augenbewegungen nicht nur vom internen Zustand des Zentralnervensystems (Aufmerksamkeit, Interesse), sondern auch von den visuellen Reizmustern abhängig sind. Aus didaktischen Gründen wird jedoch in den folgenden Lektionen der sensorische und der motorische „Apparat" des Sehens zunächst getrennt beschrieben. In Lektion 11 wird das Auge als optisches System betrachtet und die zentrale Sehbahn besprochen. In den Kapiteln 12 bis 14 lernen Sie einzelne signalverarbeitende Prozesse im visuellen System getrennt von den motorischen Funktionen kennen, wobei besonders auf die Darstellung der neuronalen Grundlagen des Sehens Wert gelegt wird. Im Kapitel 15 werden einige Grundlagen der Oculomotorik beschrieben und an einigen Beispielen die Wichtigkeit des Zusammenspiels sensorischer und motorischer Komponenten beim Sehen dargestellt.
Sie werden Ergebnisse aus drei methodisch verschiedenen Forschungsbereichen kennenlernen: Durch anatomische Untersuchungen vom makroskopischen bis in den elektronenmikroskopischen Bereich wurden die materiellen Grundlagen des visuellen Systems bekannt, deren funktionelle Bedeutung mit neurophysiologischen Methoden ermittelt wurde. Sinnespsychologische Meßresultate ermöglichen oft eine Integration neurophysiologischer und neuroanatomischer Einzelbefunde. Um Ihnen den Stoff anschaulich zu machen, habe ich einige einfache sinnespsychologische Experimente und Beobachtungen beschrieben, die Sie mit einfachen Hilfsmitteln (Taschenlampe, Spiegel) selbst ausführen können.

Lektion 11:
Funktionelle Anatomie des Auges; einige elementare physiologische Beobachtungen

Um die physiologischen Grundlagen des Sehens zu verstehen, sind einige Kenntnisse der Anatomie des Auges notwendig. Die im folgenden vereinfachend dargestellten anatomischen Grundlagen werden ergänzt durch physiologische Beobachtungen, die Sie in der Regel selbst mit einfachen Hilfsmitteln vornehmen können. Ihre Kenntnisse der Anatomie des menschlichen Auges können Sie durch Präparation eines Rinderauges ergänzen, das Sie kostenlos aus einer Metzgerei erhalten können.

Lernziele

Einen Horizontalschnitt durch das Auge zeichnen und die in Abb. 11-11 bezeichneten Teile benennen können. Auswendig wissen, durch welche Komponenten die Brechkraft des Auges bestimmt wird und welche Mechanismen die Brechkraft des Auges ändern. Auswendig wissen, was man unter Akkommodation, Fernpunkt und Nahpunkt versteht und welche Altersabhängigkeit diese Größen haben. Die Definition von Dioptrie auswendig wissen und für die Berechnung von Brillen anwenden können. Auswendig wissen, was man unter Myopie und Hyperopie versteht und welche Brillen zur Korrektur dieser Brechungsfehler benützt werden. Die Pupillenreflexe, die Funktion der Pupille, der Augenlider und der Tränenflüssigkeit auswendig wissen.

11.1 Betrachten Sie Ihre Augen im Spiegel und vergleichen Sie dazu Abb. 11-1. Sie sehen im Spiegel die weiß gefärbte, von kleinen Blutgefäßen durchzogene und mit Bindehaut (Conjunctiva) bedeckte Sklera. Die Sklera geht am vorderen Pol des Auges in die durchsichtige ...... (Linse/Aderhaut/Cornea) über.

Cornea

11.2 Die Cornea (= Hornhaut, Abb. 11-1, 11-11) ist ...... (trübe/durchsichtig) und enthält normalerweise keine Blutgefäße. Die Cornea des menschlichen Auges ist gekrümmt; im Mittel beträgt der Krümmungsradius 7,7 mm.

durchsichtig

11.3 Hinter der Cornea können Sie die Iris erkennen, die je nach Stärke der Pigmentierung blau, grau oder braun erscheint. In ihrer Mitte befindet sich eine runde Öffnung, die .... Im Spiegel können Sie noch den

Raum zwischen Iris und Cornea sehen. Er wird vordere Augenkammer genannt (Abb. 11-11). Die vordere Augenkammer ist mit Kammerwasser gefüllt.

Pupille

11.4 Schließen Sie jetzt beide Augen für etwa zehn Sekunden. Wenn Sie beim Öffnen der Augen in den Spiegel schauen, sehen Sie, daß beide Pupillen unmittelbar nach Augenöffnung ...... (enger/weiter) werden.

enger

11.5 Diese Lichtreaktion können Sie mit Hilfe einer Taschenlampe differenzieren. Schließen Sie das linke Augenlid und betrachten Sie mit dem rechten Auge Ihre rechte Pupille im Spiegel bei schwacher Raumbeleuchtung. Beleuchten Sie dann das rechte Auge mit der Taschenlampe von schräg unten. Ihre rechte Pupille wird jetzt ...... (Abb. 11-5A).

enger

11.6 Öffnen Sie wieder beide Augen. Betrachten Sie Ihre rechte Pupille. Beleuchten Sie mit der Taschenlampe Ihr linkes Auge derart, daß das rechte Auge nicht zusätzlich belichtet wird. Sie stellen fest, daß bei Belichtung des linken Auges nicht nur die linke Pupille, sondern auch die rechte Pupille enger wird (Abb. 11-5B). Die Verengerung der Pupille bei Belichtung des anderen Auges wird konsensuelle Lichtreaktion genannt, während die Verengerung der Pupille des belichteten Auges .... Lichtreaktion genannt wird (Abb. 11-5A).

direkte (oder entsprechend)

Betrachten Sie als nächstes im Spiegel eine Ihrer Pupillen aus 50 cm Abstand und bewegen Sie dann den Spiegel sehr rasch bis etwa 10 cm vor die Augen. Auf diese Änderung der Fixationsdistanz werden Ihre Pupillen ebenfalls enger. Weil beim Blick in die Nähe die Sehachsen beider Augen konvergieren, wird diese Verengerung der Pupillen beim Blick in die Nähe Konvergenzreaktion genannt (Abb. 11-5C). Wiederholen Sie dieses Experiment bei passender Gelegenheit an einer Versuchsperson. Sie können die Konvergenzreaktion der Pupillen am besten beobachten, wenn die Versuchsperson abwechselnd einen Gegenstand in mehreren Metern Entfernung und Ihren Finger in etwa 20 cm Entfernung vor den Augen fixiert.

11.7 Aus den vorausgehenden Lernschritten können Sie schließen, daß es prinzipiell zwei verschiedene Ursachen für eine rasche Änderung des

Pupillendurchmessers gibt. Der Pupillendurchmesser verändert sich, wenn eine Änderung ...... (der Temperatur/des Lichteinfalles in das Auge/der Objektgröße) und der ...... (Aufmerksamkeit/Distanz des Fixationspunktes) eintritt.

des Lichteinfalles in das Auge — Distanz des Fixationspunktes

Wie beim Photoapparat die Blendenweite, so bestimmt beim Auge die Pupillenweite den Lichteinfall. Die pro Zeiteinheit in das Auge einfallende Lichtmenge ist bei konstanter Umweltbeleuchtung proportional zur Pupillenfläche, also proportional zum Quadrat des Pupillendurchmessers.

Wird bei einem Photoapparat die Blende enger gestellt, so nimmt die Tiefenschärfe zu. Für das Auge gilt das gleiche, wenn die Pupille enger wird. Die Tiefenschärfe bestimmt jenen Bereich im Raum vor und hinter der Objektebene, der auf der Photoplatte (oder der Retina) scharf abgebildet wird.

Die von Ihnen in den vorausgehenden Lernschritten beobachtete Pupillenreaktion wird von zwei glatten Muskelsystemen innerhalb der Iris bewirkt. Eine Pupillenverengerung wird durch die Kontraktion des ringförmigen M u s c u l u s s p h i n c t e r p u p i l l a e bewirkt, der durch parasympathische Nervenfasern des Nervus oculomotorius innerviert wird. Eine Kontraktion des radial zur Pupille angeordneten M u s c u l u s d i l a t a t o r p u p i l l a e erweitert dagegen die Pupille. Dieser Muskel wird durch sympathische Nervenfasern innerviert. Normalerweise sind beide Pupillen gleich groß und rund. Die Pupillenweite, die Pupillenreaktionen und ein eventueller Unterschied zwischen rechter und linker Pupille sind wichtige Kriterien in der neurologischen Diagnostik. Die vegetative Innervation der Irismuskeln erklärt die Beobachtung, daß die Pupillenweite auch von psychischen Faktoren abhängt.

11.8 Cornea und Conjunctiva sind mit einem dünnen Film von Tränenflüssigkeit überzogen. Die Tränen schmecken ...... ; ihre Zusammensetzung entspricht etwa einem Ultrafiltrat des Blutplasmas. Die Tränensekretion des Menschen dient vorwiegend sechs physiologischen Aufgaben:

(1) Sie schützt die Cornea und Conjunctiva vor dem Austrocknen.
(2) Sie ist Schmiermittel für die Lidbewegungen.
(3) Der Tränenfilm verbessert die optischen Eigenschaften der Oberflächenstruktur der Cornea.
(4) Wenn Fremdkörper auf der Cornea oder Conjunctiva sind, wirken Tränen als ....
(5) Tränen enthalten Substanzen (Enzyme), die gegen Krankheitserreger wirksam sind.
(6) Schließlich sind Tränen ein emotionales Ausdrucksmittel beim ....

salzig — Spülflüssigkeit (oder entsprechend) — Weinen

11.9 An Hand von zwei einfachen Experimenten können Sie die Funktion der Augenlider ermitteln: Starke Belichtung der Augen, z. B. durch einen Photoblitz, führt reflektorisch zu ...... (Lidschluß/Lidöffnung), also zu einem Schutzreflex.

Lidschluß

11.10 Berühren Sie bei einer Versuchsperson mit der Spitze eines dünnen Wattetupfers vorsichtig die Cornea eines Auges. Sie lösen dadurch einen reflektorischen, willkürlich nicht unterdrückbaren Lidschluß aus. Auch dies ist offenbar ein .... Da der reflektorische Lidschluß durch Erregung der Mechanoreceptoren der Cornea ausgelöst wird, wird er ...... -reflex genannt.

Schutzreflex (oder entsprechend) — Corneal

11.11 Die Abb. 11-11 zeigt in einem Horizontalschnitt weitere wichtige Strukturen des Auges, insbesondere die Teile des optischen Apparates. Darunter versteht man alle jene Strukturen, welche die optischen Abbildungseigenschaften des Auges bedingen. Aus Abb. 11-11 sehen Sie, daß unmittelbar hinter der Pupille sich die ...... befindet, die über die Fasern der Zonula ciliaris mit dem Musculus ciliaris verbunden ist.

Linse

Die Linse des menschlichen Auges ist bikonvex, jedoch sind die Vorderfläche und die Hinterfläche der Linse verschieden stark gekrümmt. Die Linse ist elastisch und von der Linsenkapsel umgeben, in die Fasern der Zonula ciliaris einstrahlen.

11.12 Da die Linse elastisch ist, wird sie bei einer Erhöhung der Spannung in den Zonulafasern ...... (flacher/dicker). Bei geringster Spannung in den Zonulafasern beträgt der Krümmungsradius r der Vorderfläche 6 mm, jener der Hinterfläche 5 mm. Bei stärkster Spannung flacht die Vorderfläche mehr ab ($r = 10$ mm) als die Hinterfläche ($r = 6$ mm).

flacher

11.13 Aus Abb. 11-13 ist zu erkennen, daß der Ciliarmuskel derart verläuft, daß seine Kontraktion die Spannung in den Zonulafasern verringert. Die Linse wird bei Kontraktion des Ciliarmuskels daher ...... (flacher/dicker). Der Ciliarmuskel kompensiert den Zug von elastischem Gewebe, das die Spannung in den Zonulafasern erhöht.

dicker

11.14 Der kleine Raum zwischen Iris und Linse wird hintere Augenkammer genannt. Wie die vordere Augenkammer ist auch die hintere Augenkammer mit ...... gefüllt.

Kammerwasser

11.15 Den Innenraum des Augens (Abb. 11-11) hinter der Linse füllt der Glaskörper aus. Dieser ist ein ...... (trübes/wasserklares) Gel aus extracellulärer Flüssigkeit, in der Hyaluronsäure kolloidal gelöst ist. Die hintere innere Oberfläche des Auges ist mit der Netzhaut (= Retina), in der die Schicht der Receptoren liegt, und der Aderhaut (= Choroidea, syn: Chorioidea) ausgekleidet.

wasserklares

Jetzt haben Sie alle wichtigen Teile des optischen Apparates des Auges kennengelernt. Der optische Apparat des Auges (Cornea — Kammerwasser — Iris — Linse — Glaskörper) ist ein zusammengesetztes, zentriertes Linsensystem, das ein umgekehrtes und verkleinertes Bild der Umwelt auf der Netzhaut entwirft. Wenn Sie einen Gegenstand betrachten, so wird der jeweils fixierte Teil des Gegenstandes auf der Fovea centralis abgebildet (Abb. II-II). Die Fovea centralis ist eine kleine Eindellung der Retina am hinteren Pol des Auges. Aus dem Unterricht der physikalischen Optik wissen Sie vielleicht noch, daß der Brechkraft eines zusammengesetzten Linsensystems von den Krümmungsradien der brechenden Flächen, dem Verhältnis der unterschiedlichen optischen Dichten (Brechungsindices) und dem Abstand der verschiedenen Teile des Systems bestimmt wird. In Tabelle 11-1 sind die Krümmungsradien und die Brechungsindices für das Auge des erwachsenen Menschen angegeben.

Tab. 11-1

		Berechnungsindices:
Luft	=	1,000 (n_1)
Cornea	=	1,376 (n_2)
Glaskörper, Kammerwasser	=	1,336 (n_3)
Linse	=	1,406 (n_4)
		Krümmungsradius:
Cornea	=	7,7 mm (r_1)
Vorderfläche Linse	=	10,0 → 6,0 mm (r_2)
Hinterfläche Linse	=	6,0 → 5,0 mm (r_3)

Betrachtet sei zunächst die Übergangsfläche Luft→Cornea, die näherungsweise eine einseitig konvexe Linse darstellt. Die Brennweite (f_C) dieser Linse kann aus den Brechungsindices n_1 und n_2 und dem Krümmungsradius der Cornea (Tab. 11-1) errechnet werden:

$$f_C = \frac{r_1}{n_2 - n_1} = \frac{7{,}7}{0{,}376} = \simeq 20{,}4 \text{ mm}$$

Die Brechkraft (B) einer Linse ist definiert als der Kehrwert ihrer Brennweite. Wird die Brennweite in Meter angegeben, so erhält man die Brechkraft in Dioptrien (dpt).

11.16 Eine Linse mit einer Brennweite von 1 m hat also die Brechkraft von $\frac{1}{1} = 1$ dpt. Eine Linse mit einer Brennweite von 25 cm hat eine Brechkraft von ...... dpt.

$$\frac{1}{0{,}25} = 4 \text{ dpt}$$

Für die Brechkraft der Übergangsfläche Luft/Cornea ergibt sich:

$$B_C = \frac{1}{f_C} = \frac{1}{0{,}0204} \simeq 49 \text{ dpt}$$

Die Brechkraft für das System {Luft — Cornea — Kammerwasser} ist geringer als 49 dpt, da der Brechungsindex der Cornea (n_2) größer ist als der des Kammerwassers (n_3), und die Übergangsfläche Cornea — Kammerwasser eine konkave Linsenfläche darstellt. Die Brechkraft für den Teil {Luft — Cornea — Kammerwasser} beträgt beim erwachsenen Menschen etwa 43 dpt.
Die Gesamtbrechkraft des normalen Auges beträgt etwa 58,6 dpt beim Blick in die Ferne. Außer an der Übergangsfläche Luft — Cornea erfolgt eine weitere Brechung des Lichtes an den Übergangsflächen Kammerwasser → Linse und Linse → Glaskörper (insgesamt 16 dpt). Für ein normales Auge beträgt die vordere Brennweite also:

$$f_A = \frac{1}{58{,}6 \text{ dpt}} = 0{,}01706 \text{ m} = 17 \text{ mm}$$

Dieser Wert ergibt mit dem Berechnungsindex n_3 multipliziert die hintere Brennweite (= 22,79 mm) des Auges. Objekte in einer Entfernung von ∞ (praktisch mehr als 6 m) werden bei einer Brechkraft von 58,6 dpt scharf auf der Retina des normalen Auges abgebildet.

11.17 Die fernste Stelle im Raum, die auf der Retina noch scharf abgebildet wird, heißt Fernpunkt des Auges. Der Fernpunkt des normalen Auges ist also bei ...... m.

∞

11.18 Aus Lernschritt 11.13 wissen Sie, daß bei Kontraktion des Ciliarmuskels die Spannung in der Linsenkapsel abnimmt und infolge der Elastizität der Linse die Krümmungsradien der Linsenflächen .... (größer/kleiner) werden. Daher nimmt bei Kontraktion des Ciliarmuskels die Brechkraft der Linse ...... (ab/zu).

kleiner — zu

Eine Veränderung der Brechkraft der Linse durch Änderung des Tonus des Ciliarmuskels heißt A k k o m m o d a t i o n. Bei der N a h a k k o m m o d a t i o n wird der Krümmungsradius der Linse kleiner und daher ihre Brechkraft größer. Insgesamt steigt also durch Nahakkommodation die Gesamtbrechkraft des Auges an. Da sich durch Akkommodation die übrigen optischen Eigenschaften des Auges nicht ändern, bedeutet eine Zunahme der Brechkraft, daß jetzt nicht mehr eine Objektebene in unendlicher Entfernung scharf auf die Netzhaut abgebildet wird, sondern eine Objektebene in endlicher Distanz. Bei einer Zunahme der Brechkraft um 2 dpt rückt diese Objektebene in eine Distanz von $\frac{1}{2}$ dpt $=$ 0,5 m.

11.19 In welcher Distanz sieht ein Mensch mit normalen Augen Gegenstände scharf, wenn die Brechkraft des Auges durch Nahakkommodation von 58 auf 64 dpt zugenommen hat? ...... cm. Aus Lernschritt 11.7 wissen Sie, daß beim Blick in die Nähe die Pupillen ...... (enger/weiter) werden und daher die Tiefenschärfe zunimmt.

$$\frac{1}{(64-58)\ \text{dpt}} = \frac{1}{6\ \text{dpt}} = 0{,}167\ \text{m} = 16{,}7\ \text{cm}$$ — enger

11.20 Die Nahakkommodation des menschlichen Auges ist nur möglich, weil die Linse ...... (im Auge verschiebbar/elastisch) ist. Der jugendliche Mensch kann durch Nahakkommodation die Brechkraft der Linse um 10 bis 12 dpt erhöhen. Mit steigendem Alter sinkt dieser Wert. Dies ist dadurch bedingt, daß die Elastizität der Linse mit dem Alter abnimmt.

elastisch

11.21 Die naheste Stelle scharfen Sehens, die bei maximaler Nahakkommodation erreicht wird, heißt N a h p u n k t. Wenn die Brechkraft der Linse beim Normalsichtigen bei maximaler Nahakkommodation sich um 8 dpt erhöht, dann liegt der Nahpunkt in ...... cm Entfernung.

$$\frac{1}{8\ \text{dpt}} = 0{,}125\ \text{m} = 12{,}5\ \text{cm}$$

11.22 Die Differenz zwischen der Brechkraft des optischen Apparates des Auges bei maximaler Fernakkommodation und bei maximaler Nahakkommodation heißt Akkommodationsbreite. Sie wird wie die Brechkraft in ...... gemessen.

dpt (Dioptrien)

11.23 Aus Ihrer alltäglichen Erfahrung wissen Sie, daß viele Menschen in unserer Gesellschaft Brillen tragen. Alte Menschen benötigen häufig Brillen zum ...... (Lesen/Sehen in die Ferne). Zahlreiche Menschen benötigen jedoch unabhängig vom Alter auch Brillen zum Sehen in der Ferne. Diese Menschen werden als kurzsichtig bezeichnet.

Lesen

11.24 Bei der Kurzsichtigkeit (Myopie) ist die Brechkraft des optischen Systems des Auges im Verhältnis zur Bulbuslänge insgesamt zu groß (Abb. 11-24A). Der Kurzsichtige sieht also Dinge in der Ferne unscharf, während er, falls er noch akkommodieren kann (Altersabhängigkeit!), in der Nähe ...... (scharf/unscharf) sieht (Abb. 11-24B).

scharf

11.25 Da bei der Myopie die Brechkraft des optischen Apparates des Auges relativ zur Bulbuslänge zu groß ist, benötigt der Kurzsichtige eine Brille zum Sehen in die ...... (Nähe/Ferne). Die Brille, die ein Kurzsichtiger zum scharfen Sehen in die Ferne benötigt (Abb. 11-24C), hat .... (sammelnde/zerstreuende) Linsen. Aus der physikalischen Optik wissen Sie, daß die Brechkraft konkav geschliffener, also zerstreuender Linsen in negativen Dioptrien angegeben wird.

Ferne — zerstreuende

11.26 Bei der Weitsichtigkeit (Hyperopie, Abb. 11-26) ist der Bulbus im Verhältnis zur Brechkraft des optischen Systems dagegen zu kurz und somit die Brechkraft des optischen Apparates relativ zu ...... (klein/groß). Daher werden Sammellinsen (+ dpt) benötigt, um diese Fehlsichtigkeit zu kompensieren.

klein

11.27 In Lernschritt 11.20 wurde erwähnt, daß die Elastizität der Linse mit dem Alter ...... (zunimmt/abnimmt). Dadurch ist im Alter die Nahakkommodation stark reduziert und scharfes Sehen in die ...... (Ferne/Nähe) ohne Brille nicht möglich (Alterssichtigkeit = Presbyopie). Deshalb benötigen alte Menschen beim Lesen eine Brille mit Linsen von ...... (+/− dpt).

abnimmt — Nähe — +

Überprüfen Sie Ihr neuerworbenes Wissen durch die Beantwortung folgender Fragen:

11.28 Welche Aussagen sind richtig? Die Pupillen des normalsichtigen Menschen

a) sind beim Tageslicht gleich groß wie im Dunkeln,
b) sind beim Tageslicht enger als im Dunkeln,
c) sind normalerweise gleich groß für das linke und das rechte Auge,
d) verengern sich bei Divergenzbewegungen,
e) verengern sich bei Konvergenzbewegungen,
f) erweitern sich bei Belichtung eines Auges,
g) verengern sich bei monokularer Belichtung jedes Auges.

b, c, e, g

11.29 Unter Alterssichtigkeit versteht man

a) eine besonders starke Form der Kurzsichtigkeit
b) eine Weitsichtigkeit infolge einer Verkürzung der Bulbuslänge
c) eine Abnahme der Akkommodationsbreite infolge einer Schwäche des Musculus ciliaris
d) eine Veränderung der Corneakrümmung
e) eine Abnahme der Akkommodationsbreite infolge Abnahme der Elastizität der Linse

e

11.30 Bezeichnen Sie in der nachfolgenden Liste die funktionell korrespondierenden Teile eines Photoapparates und des Auges:

Photoapparat	Auge
1. Linse	a) Änderung der Pupillengröße
2. Blende	b) Retina
3. Lichtempfindliche Schicht des Films	c) Sklera
4. Entfernungseinstellung durch Verschiebung des Objektivs	d) Iris
5. Gehäuse	e) Akkommodation
6. Erhöhung der Tiefenschärfe durch Reduktion der Blendenweite	f) Cornea
7. Änderung des Lichteinfalls durch Blendenverstellung	g) Pupillenverengerung
	h) Linse

1f und 1h, 2d, 3b, 4e, 5c, 6g, 7a

Lektion 12: Photoreceptoren, Farbensehen, Dunkeladaptation

Der optische Apparat des Auges entwirft ein stark verkleinertes und umgekehrtes Bild der Umwelt auf dem Receptorenraster der Netzhaut. Dieses optische Bild wird durch die Funktion der Receptoren in einen körpereigenen Prozeß umgesetzt. Betrachtet man die räumliche Verteilung der Erregung aller Receptoren in der Netzhaut, so kann man diese räumliche Verteilung als ein „elektrisches Bild" der Umwelt bezeichnen. Die erste Stufe der Umsetzung eines Umweltsignals in körpereigene Prozesse wird primärer receptorischer Prozeß oder Transducerprozeß genannt. In der folgenden Lektion werden zunächst die Sehfarbstoffe und der Transducerprozeß in den Photoreceptoren sowie die dabei entstehenden elektrischen Signale beschrieben. Sie lernen danach Grundlagen des Farbensehens und der Dunkeladaptation kennen.

Lernziele

Den Aufbau eines Photoreceptors schematisch zeichnen können. Auswendig wissen, daß Sehfarbstoffe aus einer Eiweißkomponente (Opsin) und einer prosthetischen Gruppe (Retinal) bestehen. Anhand der spektralen Absorptionskurven erklären können, daß die Sehfarbstoffe in Stäbchen und Zapfen verschieden sind und daß es drei verschiedene Zapfensehfarbstoffe gibt. Auswendig wissen, daß die Absorption von Photonen zu molekularen Strukturänderungen der Sehfarbstoffe führt und daß diese „Stereoisomerisation" über unbekannte Zwischenstufen die sekundären Receptorpotentiale bewirken. Anhand von Meßresultaten die Intensitätsfunktion der sekundären Receptorpotentiale erklären können. Den Unterschied zwischen primärem und sekundärem Receptorpotential auswendig wissen. Die Verteilung der Stäbchen und Zapfen auf der Netzhaut anhand einer Skizze erläutern können. Die Funktion der Stäbchen und Zapfen beim Tages- und Dämmerungssehen und die Mechanismen der Hell-Dunkeladaptation auswendig wissen.

Betrachten Sie nochmals Abb. 11-11. Sie sehen, daß die Netzhaut den hinteren, inneren Teil des Auges auskleidet. Die Netzhaut besteht anatomisch aus Schichten verschiedener Nervenzellen, die in Lektion 13 besprochen werden. Die dem Gefäßsystem der Choroidea zugewandte äußerste Schicht der Netzhaut besteht aus den Photoreceptoren.

Morphologisch können in der menschlichen Netzhaut zwei Klassen von Photoreceptoren unterschieden werden: Stäbchen und Zapfen. Beide Receptortypen sind ähnlich aufgebaut (Abb. 12-1). In einem Außenglied befinden sich einige tausend Membranschichten (Membraneinfaltungen oder Membranscheibchen), in die Moleküle eines photolabilen Stoffes („Sehfarbstoff") eingelagert sind. Als photolabile Stoffe bezeichnet man Substanzen, die nach Photonenabsorption ihre chemische Struktur ändern. Das Außenglied des Receptors ist durch ein dünnes Cilium mit der übrigen Receptorzelle (Innenglied) verbunden.

12.1 In den Photoreceptoren der menschlichen Netzhaut, also den ...... und den ......, befindet sich der Sehfarbstoff in den Membranscheibchen der ...... (Außen/Innen)-glieder regelmäßig eingelagert (Abb. 12-1).

Stäbchen — Zapfen (in beliebiger Reihenfolge) — Außen

12.2 Der Transducerprozeß des Sehens wird durch die Absorption von Photonen durch die Moleküle ...... (des Glaskörpers/des Blutfarbstoffes/der Sehfarbstoffe) eingeleitet.

der Sehfarbstoffe

Durch bestimmte Präparationsverfahren läßt sich der Sehfarbstoff in Lösungen bringen und chemisch weiter analysieren. Der Sehfarbstoff der Stäbchen wird Rhodopsin genannt. Die Sehfarbstoffe von Stäbchen und Zapfen sind komplexe Moleküle. Sie bestehen aus einem Eiweißteil und einer zusätzlichen *prosthetischen* Gruppe.

12.3 Der Eiweißteil heißt Opsin. Die prosthetische Gruppe ist 11-cis Retinal (Abb. 12-3A). Die Unterschiede der Sehfarbstoffe in Stäbchen und Zapfen sind wahrscheinlich durch unterschiedliche Opsine bedingt. Wie Sie aus Abb. 12-3A sehen, wechseln in der Kette der Kohlenstoffatome des Retinals einfache und Doppelbindungen einander ab (konjugierte Doppelbindungen). Die Zahl der konjugierten Doppelbindungen und die Art der Verbindung zwischen Retinal und Opsin bestimmt die Farbe des Sehfarbstoffes.

Für das Rhodopsin wurden genauere Modelle seiner Rolle beim Transducerprozeß des Sehens entwickelt: Die Absorption von Photonen durch das Retinal leitet den Transducerprozeß ein. Durch die Absorption von Photonen erlangt ein Rhodopsinmolekül einen Zustand höherer Energie und gerät in Schwingung. Es folgt die Umwandlung von 11-cis Retinal in 11-trans Retinal, also eine *Stereoisomerisation* (Abb. 12-3B). Danach zerfällt das Rhodopsinmolekül in Opsin und Retinal. Retinal ist ein Aldehyd, der nach dem Zerfall des Rhodopsins zur Alkoholform (= Vitamin A, Abb. 12-3B) reduziert wird. Eine Rhodopsinlösung sieht purpurrot aus (Rhodopsin = „Sehpurpur"). Eine Lösung der Zerfallsprodukte Opsin und Retinal sieht dagegen gelblich aus („Sehgelb"). Durch Belichtung wird eine Rhodopsinlösung also gebleicht.
Unterschiedliche Sehfarbstoffe können durch die Messung der *spektralen Absorptionskurve* nachgewiesen werden. Die Absorptionskurve einer Sehfarbstofflösung wird mit dem Spektrophotometer gemessen. Das Verhältnis der Logarithmen der einfallenden und ausfallenden Lichtmenge ergibt die *Absorption*. Zur Bestimmung der *spektralen* Absorptionskurve wird die Ab-

sorption der Lösung für Licht verschiedener Wellenlängen gemessen. Für eine Rhodopsinlösung hat die spektrale Absorptionskurve ein Maximum bei 502 mm Wellenlänge, also für blau-grünes Licht. Durch Mikrospektrophotometrie (also Photometrie durch das Mikroskop) können die Absorptionsspektren einzelner Receptoren der isolierten menschlichen Retina (Operationspräparate) gemessen werden. Meist werden bei solchen Untersuchungen die Differenzspektren dargestellt. Differenzspektren ergeben sich als Differenz der spektralen Absorptionskurven vor und nach totaler Bleichung des Sehfarbstoffes in den Receptoren.

12.4 Betrachten Sie die Abb. 12-4. Sie zeigt Differenzspektren einzelner Photoreceptoren der menschlichen Retina. Zwei Befunde sind ersichtlich:
(a) Differenzspektren von Stäbchen und Zapfen ...... (unterscheiden sich/unterscheiden sich nicht).
(b) Es gibt ...... (einen/zwei/drei/vier) verschiedene Zapfen mit unterschiedlichen Sehfarbstoffen.

unterscheiden sich — drei

Drei verschiedene Zapfentypen wurden als Grundlage des menschlichen Farbensehens seit über hundert Jahren auf Grund sinnespsychologischer Befunde angenommen (Trichromatische Theorie des Farbensehens von Young und Helmholtz).

12.5 Sie wissen inzwischen, daß der Sehfarbstoff in den Außengliedern der Photoreceptoren nach Absorption von Photonen ...... (aufleuchtet/nach einer molekularen Strukturänderung zerfällt/unverändert bleibt).

nach einer molekularen Strukturänderung zerfällt

12.6 Nach starker Belichtung der Photoreceptoren nimmt die Konzentration unzerfallenen Sehfarbstoffes in den Außengliedern also .... (zu/ab). Aus den Zerfallsprodukten Opsin und Vitamin A wird durch energieverbrauchende, chemische Regenerationsprozesse wieder Rhodopsin hergestellt.

ab

12.7 Der Aufbau des Sehfarbstoffes wird durch Enzyme kontrolliert. Nach dem Massenwirkungsgesetz wird um so mehr Sehfarbstoff pro Zeiteinheit aufgebaut, je mehr Opsin und Retinal (bzw. Vitamin A) vorhanden sind. Da bei starkem Lichteinfall in die Photoreceptoren zunächst ...... (viel/wenig) Sehfarbstoff zerfällt, nimmt die Sehfarbstoffkonzentration nach starkem Lichteinfall zunächst ab, und die Wahrscheinlichkeit, daß danach ein Photon auf ein unzerfallenes Sehfarbstoffmolekül trifft, ... (steigt/sinkt).

viel — sinkt

12.8 Aus den beiden vorausgehenden Lernschritten können Sie entnehmen, daß die Wirkung der Photonenabsorption durch den Sehfarbstoff und die chemischen Aufbauprozesse des Sehfarbstoffes ...... (gleichsinnig/gegensinnig) ist. Bei konstantem Lichteinfall in die Netzhaut stellt sich zwischen beiden Prozessen ein Gleichgewicht ein, wenn die Umweltleuchtdichte im Bereich physiologischer Werte bleibt (Nacht bis helles Tageslicht), da die Aufbaurate von Sehfarbstoff von der vorhandenen Menge der Zerfallsprodukte Opsin und Retinal abhängt.

gegensinnig

12.9 Wenn für längere Zeit kein Licht in das Auge fällt, erreicht infolge der chemischen Regenerationsprozesse die Konzentration von Sehfarbstoff in den Außengliedern der Receptoren ein ...... (Maximum/Minimum). Unter diesen Bedingungen ist die Wahrscheinlichkeit, daß bei geringem Lichteinfall Photonen durch Sehfarbstoffmoleküle absorbiert werden, ... (am größten/am kleinsten).

Maximum — am größten

Die in den vorausgehenden vier Lernschritten besprochenen Prozesse stellen die photochemischen Grundlagen der Hell-Dunkel-Adaptation dar, die Sie noch genauer in den Lernschritten 12.23 bis 12.30 kennenlernen.

12.10 Wenn die Konzentration von unzerfallenem Sehfarbstoff in den Außengliedern der Receptoren hoch ist, dann bewirkt ein starker kurzer Lichtreiz eine gleichzeitige ...... (Kontraktion/Stereoisomerisation/Regeneration) zahlreicher Sehfarbstoffmoleküle. Durch die molekulare Strukturänderung des Sehfarbstoffes kommt es zu einer elektrischen Ladungsverschiebung in den Membranscheibchen der Außenglieder. Diese Ladungsverschiebung kann man nach einem sehr hellen Lichtreiz nach extrem kurzer Latenzzeit (<1 msec) als primäres Receptorpotential (early receptor potential, ERP) von der Retina registrieren.

Stereoisomerisation

12.11 Das primäre Receptorpotential entsteht zum Teil auch bei Temperaturänderungen weit unter dem Gefrierpunkt. Wie Sie wahrscheinlich wissen, sind freie Ionenbewegungen nur in Flüssigkeiten möglich. Daraus können Sie schließen, daß das primäre Receptorpotential .... (wahrscheinlich/wahrscheinlich nicht) durch Bewegungen von Ionen durch die Receptorzellmembran zustandekommt.

wahrscheinlich nicht

Die in den vorausgehenden Lernschritten dargestellten photochemischen Primärprozesse in den Außengliedern der Receptoren führen über unbekannte Zwischenprozesse jedoch auch zu einer Änderung des Membranpotentials der Zellmembran. Mit ultrafeinen Mikroelektroden kann diese Membranpotentialänderung („sekundäres" Receptorpotential) aus den Innengliedern der Photoreceptoren registriert werden.

12.12 Das Membranpotential ist im Dunkeln an den Zapfen und Stäbchen der Wirbeltierretina verhältnismäßig niedrig (− 20 bis − 40 mV). Bei Belichtung tritt eine Hyperpolarisation auf, das heißt, die Negativität des Zellinneren nimmt ...... (ab/zu).

zu

Bisher konnten an allen untersuchten Receptoren der Wirbeltieraugen nur hyperpolarisierende Receptorpotentiale bei Belichtung gefunden werden. Dies war zunächst überraschend. Sie wissen, daß in den übrigen Teilen des Nervensystems eine Erregung in der Regel mit einer D e p o l a r i s a t i o n des Membranpotentials einhergeht (siehe Lektion 2 und „Neurophysiologie", Texte „Transformation von Reizen in Receptoren"). Im Gegensatz zum primären Receptorpotential ist das sekundäre Receptorpotential durch Ionenbewegungen und durch eine Widerstandsänderung der Receptormembran bedingt.

12.13 Betrachten Sie als nächstes die Abb. 12-13. Sie sehen sekundäre Receptorpotentiale eines Zapfens der Schildkrötenretina, als Reize wurden Lichtblitze von drei verschiedenen Stärken (Relativwerte: 1, 4, 16) angewandt. Sie können erkennen, daß die Amplitude der hyperpolarisierenden Receptorpotentiale ...... (zunimmt/abnimmt/sich nicht verändert), wenn die Reizstärke sich erhöht.

zunimmt

12.14 In Abb. 12-14 ist der quantitative Zusammenhang zwischen der Amplitude des Receptorpotentials (A, Ordinate) und der Intensität des Lichtreizes (I, Abszisse) aufgetragen. Wenn Sie die Skalierung der Ordinate und der Abszisse genau betrachten, so können Sie aus dieser Abbildung entnehmen, daß für die Beziehung zwischen A und I (sogenannte Intensitätsfunktion) im mittleren Intensitätsbereich näherungsweise eine .... (logarithmische/lineare/quadratische) Funktion gültig ist (schwarz in Abb. 12-14).

logarithmische

Eine hyperbolische Funktion (rot in Abb. 12-14) beschreibt die experimentellen Daten über einen weiteren Meßbereich als die logarithmische Funktion. k, k_i und k^* in den Gleichungen der Abb. 12-14 sind jeweils Konstanten, I_s ist eine hypothetische Schwellenreizstärke.

12.15 Systematische Untersuchungen der spektralen Empfindlichkeit des sekundären Receptorpotentials verschiedener Zapfentypen wurden vor allem an der Goldfischretina vorgenommen. Von Receptoren der menschlichen Retina gibt es bisher keine solchen Messungen. Resultate aus Experimenten, bei denen energiegleiches Licht verschiedener Wellenlänge zur Auslösung eines Receptorpotentials angewandt wurde, sind in Abb. 12-15 dargestellt. Auf der Ordinate ist die relative Amplitude des Receptorpotentials aufgetragen, auf der Abszisse die Wellenlänge des Reizlichtes. Sie können an der Verteilung der Kurven erkennen, daß es offenbar ...... (eine/zwei/drei/vier) verschiedene Klassen von Zapfen in der Goldfischretina gibt. Dies ist eine direkte experimentelle Bestätigung der trichromatischen Farbentheorie für dieses Tier.

drei

Die Kurven der Abb. 12-15 und die mit der Mikrospektrophotometrie gewonnenen spektralen Absorptionskurven einzelner Receptoren der Goldfischretina (analog zur Abb. 12-14) zeigen eine verhältnismäßig gute Übereinstimmung. Dies bestätigt die Hypothese, daß es verschiedene Klassen von Photoreceptoren mit unterschiedlichen Sehfarbstoffen gibt und der Transducerprozeß in den verschiedenen Receptortypen daher eine unterschiedliche spektrale Empfindlichkeit hat. Damit kennen Sie schon eine wichtige physiologische Grundlage für das Farbensehen, das in den folgenden Lernschritten besprochen wird.

12.16 Aus der alltäglichen Erfahrung ist Ihnen bekannt, daß Farben bei schwacher Beleuchtungsstärke — z. B. im Freien in einer sternklaren Nacht („skotopisches" Sehen) ...... (gut/nur im roten und grünen Bereich/nicht) gesehen werden („nachts sind alle Katzen grau").

nicht

12.17 Wenn Sie versuchen, in einer sternklaren Nacht einen lichtschwachen Stern zu fixieren, sein Bild also auf die Fovea centralis Ihrer Augen (Abb. 11-11) bringen, so merken Sie, daß Sie den Stern nur wahrnehmen können, wenn Sie eine Stelle direkt n e b e n dem Stern fixieren. Die a b s o l u t e Empfindlichkeit für eine visuelle Wahrnehmung bei skotopischem Sehen ist also neben der Fovea centralis ...... (größer als/kleiner als/ gleich wie) in der Fovea centralis. Beim Tagessehen hat dagegen die Fovea centralis die größte Empfindlichkeit (für kleine Lichtreize).

größer als

12.18 Histologische Untersuchungen haben gezeigt, daß in der Fovea centralis keine Stäbchen vorhanden sind, sondern nur Zapfen (Abb. 12-20). Daraus und aus der Beobachtung der Lernschritte 12.16 und 12.17 kann die Hypothese gebildet werden, daß skotopisches Sehen mit den .... (Stäbchen/Zapfen) erfolgt.

Stäbchen

12.19 Da beim skotopischen Sehen mit den Stäbchen ...... (Farbensehen/Farbenblindheit) besteht, beim Sehen im Tageslicht („photopisches" Sehen) Farben dagegen gut gesehen werden, ergibt sich eine weitere Hypothese: Das Farbensehen erfolgt mit Hilfe der ....

Farbenblindheit — Zapfen

12.20 Um diese Hypothese weiter zu stützen, soll auf mikroskopische Messungen der Verteilung der Receptoren in der Netzhaut zurückgegriffen werden. Resultate solcher Messungen sind in Abb. 12-20 dargestellt. Jede menschliche Retina hat insgesamt etwa 120 Millionen Stäbchen und 6 Millionen Zapfen. Aus Abb. 12-20 können Sie erkennen, daß im äußersten Bereich der Netzhaut nur ...... (Stäbchen/Zapfen) vorhanden sind.

Stäbchen

12.21 Als nächstes überprüfen Sie durch Beobachtung, ob die in Abb. 12-20 gezeigte Verteilung von Stäbchen und Zapfen einen Einfluß auf das Farbensehen mit der Netzhautperipherie hat. Nehmen Sie einen farbigen, z. B. roten Gegenstand, bedecken Sie ein Auge und fixieren mit dem anderen Auge einen Punkt im Raum. Dann bewegen Sie den farbigen Gegenstand langsam, außerhalb der Gesichtsfeldperipherie beginnend, in Richtung auf den Fixationspunkt zu. An den äußersten Gesichtsfeldgrenzen nehmen Sie die Bewegung des Gegenstandes wahr. Sie können dabei die Form und die Farbe des Gegenstandes ...... (gut/nicht) erkennen. Der äußerste Bereich der Netzhaut, in dem nur Stäbchen vorhanden sind, ist also ...... (farbenblind/farbentüchtig).

nicht — farbenblind

12.22 Aus den in den Lernschritten 12.19 bis 12.21 erworbenen Kenntnissen lassen sich insgesamt drei Hypothesen bilden, die durch andere physiologische Befunde gut gestützt sind:

a) Farbensehen erfolgt mit Hilfe der ...... (Zapfen/Stäbchen)
b) Stäbchen werden beim Sehen im Bereich ...... (hoher/mittlerer/geringer) Leuchtdichte eingesetzt.
c) Beim Stäbchensehen besteht ...... (Farbentüchtigkeit/Farbenblindheit/reduziertes Farbensehen).

Zapfen — geringer — Farbenblindheit

12.23 Wenn Sie in einer sternklaren Nacht aus einem hellerleuchteten Raum ins Freie hinaustreten, nehmen Sie die Gegenstände ...... (sofort gut/zunächst schlecht) wahr. Nachdem Sie sich einige Minuten im Dunkeln aufgehalten haben, können Sie die Gegenstände in Ihrer Umgebung .... (besser/unverändert schlecht) sehen. Die Empfindlichkeit Ihrer visuellen Wahrnehmung hat sich also an die geringe Leuchtdichte angepaßt. Dies bezeichnet man als Dunkeladaptation.

zunächst schlecht — besser

12.24 Die Verbesserung der Empfindlichkeit des Auges im Laufe der Dunkeladaptation kann quantitativ durch Messung der Schwellenkurve (Abb. 12.-24, s. auch Abb. 4-16) bestimmt werden. Dazu wird die minimale Leuchtdichte ermittelt, die gerade zur Lichtwahrnehmung an einer bestimmten Netzhautstelle erforderlich ist. Aus Abb. 12-24 sehen Sie, daß die Veränderung der Schwellenreizstärke mit der Dauer der Dunkeladaptation im Bereich des neben der Fovea gelegenen Netzhautgebietes .... (gleichmäßig/in zwei Teilen) erfolgt.

in zwei Teilen

12.25 Die Adaptationskurve des Zapfensystems kann mit rotem Licht isoliert gemessen werden, da Stäbchen für rotes Licht nur wenig empfindlich sind (Abb. 12-4). Aus Abb. 12-24 können Sie sehen, daß die Dunkeladaptationskurve des Zapfensystems ...... (ebenfalls zwei Teile hat/nur einteilig ist) und Zapfen nach längerer Dunkeladaptation ...... (gleich empfindlich/empfindlicher/weniger empfindlich) als Stäbchen sind.

nur einteilig ist — weniger empfindlich

Die Dunkeladaptationskurve eines total Farbenblinden, der kein funktionstüchtiges Zapfensystem hat (sogenannter Stäbchenmonochromat), verläuft dagegen nach längerer Dunkeladaptation gleich wie die Dunkeladaptationskurve des Normalsichtigen.

12.26 Aus Abb. 12.24 können Sie entnehmen, daß die größte Empfindlichkeit (kleinste Schwelle) im Verlauf der Dunkeladaptation ...... (innerhalb von wenigen Sekunden/nach fünf Minuten/nach über 20 Minuten) erreicht wird. Dieser langsame Verlauf des Dunkeladaptationsprozesses ist dem zeitlichen Verlauf der Abnahme der Umweltleuchtdichte während der Abenddämmerung angepaßt.

nach über 20 Minuten

12.27 Aus Lernschritt 12.9 wissen Sie, daß während der Dunkeladaptation die Konzentration des Sehfarbstoffes in den Receptoren ...... (zunimmt/unverändert bleibt/abnimmt). Die Konzentrationsänderung des Sehfarbstoffes in den Receptoren stellt jedoch nur eine der biologischen Ursachen der Dunkeladaptation dar. Die Änderung der Schwellenreizstärke mit der Dunkeladaptation ist zum Teil auch durch die Änderung neuronaler Prozesse in der Retina bedingt, die in Lektion 13 besprochen werden. Aus Lernschritt 11.4 wissen Sie schon, daß bei geringem Lichteinfall in das Auge die Pupillen ...... (enger/weiter) werden. Da der relative Lichteinfall in das Auge proportional der Pupillenfläche ist, trägt auch die Änderung der Pupillenweite einen Teil zur Dunkeladaptation bei.

zunimmt — weiter

12.28 Wenn Sie aus einem hellen Raum ins Dunkle treten, nimmt infolge von D u n k e l adaptation die Empfindlichkeit Ihres Auges ...... (ab/zu). Wenn Sie aus dem Dunkeln ins Helle treten, tritt der entgegengesetzte Anpassungsprozeß auf; er wird entsprechend ...... genannt.

zu — Helladaptation (oder entsprechend)

12.29 Aus Ihrer Erfahrung wissen Sie vielleicht, daß der zeitliche Verlauf der Helladaptation im Vergleich zum Anpassungsprozeß der Dunkeladaptation sehr viel ...... (langsamer/rascher) erfolgt. Dies ist zum Teil dadurch bedingt, daß die Einstellung des Gleichgewichtes der Sehfarbstoffe in den Photoreceptoren durch Photonenabsorption rascher erfolgt als die chemische Regeneration während der Dunkeladaptation.

rascher

12.30 Adaptationsprozesse können Sie auch beobachten, wenn die mittlere Leuchtdichte Ihrer Umwelt unverändert bleibt, die einzelnen Bezirke Ihrer

Netzhaut jedoch verschieden stark erregt werden: Fixieren Sie monocular eines der beiden geometrischen Muster der Abb. 12-30 für etwa 30 Sekunden und im Anschluß daran den Mittelpunkt des benachbarten weißen Umrisses. Sie sehen jetzt ein „Nachbild". Was im Originalbild dunkel war, erscheint Ihnen im Nachbild ...... , was hell war, erscheint Ihnen im Nachbild ...... als der Hintergrund der weißen Fläche. Das von Ihnen beobachtete länger sichtbare Nachbild ist durch eine unterschiedliche Änderung des Adaptationszustandes an verschiedenen Netzhautstellen („Lokaladaptation") bedingt. Jene Netzhautstellen, auf denen sich die dunklen Teile des fixierten Musters abbildeten, sind ...... (empfindlicher/weniger empfindlich) geworden als die benachbarten Bereiche der Netzhaut.

heller — dunkler — empfindlicher

12.31 Eine sehr starke Belichtung des Auges bewirkt Blendung. Vielleicht wissen Sie aus Ihrer Erfahrung beim nächtlichen Straßenverkehr, daß Blendung die Formwahrnehmung ...... (verbessert/nicht verändert/verschlechtert). Durch den starken Lichteinfall zerfällt bei der Blendung plötzlich verhältnismäßig viel Sehfarbstoff. Dadurch ...... (sinkt/steigt) die Empfindlichkeit des Auges; zusätzlich tritt eine reizbedingte Änderung der neuronalen Verarbeitungsprozesse in der Netzhaut ein.

verschlechtert — sinkt

Die folgenden Lernschritte dienen der Überprüfung Ihres Wissenszuwachses:

12.32 Wiederholen Sie Lernschritt 12.22

12.33 Bei Dunkeladaptation und geringer Umweltleuchtdichte sind folgende Feststellungen richtig:

a) die absolute Empfindlichkeit ist i n der Fovea centralis am größten
b) die absolute Empfindlichkeit ist direkt n e b e n der Fovea centralis am größten
c) es besteht Farbenblindheit
d) es besteht nur eine Einschränkung des Farbensehens für den Blaubereich
e) die Konzentration von Sehfarbstoffen ist in den Stäbchen und Zapfen relativ hoch im Vergleich zur Helladaptation

b, c, e

12.34 Welche Sätze sind für das (s e k u n d ä r e) Receptorpotential einzelner Zapfen der Wirbeltiernetzhaut richtig?

a) Bei Belichtung entsteht ein depolarisierendes Receptorpotential der Receptormembran

b) Bei Belichtung entsteht ein hyperpolarisierendes Receptorpotential
c) Bei Belichtung ändert sich das Membranpotential der Receptoren nicht
d) Das Receptorpotential hat mit Ionenbewegungen nichts zu tun
e) Zwischen der Amplitude des Receptorpotentials und der Reizstärke besteht eine lineare Beziehung
f) Zwischen der Amplitude des Receptorpotentials und der Reizstärke besteht näherungsweise eine logarithmische Beziehung über zwei bis drei 10 log-Einheiten

b, f

12.35 Welche Aussagen sind für Rhodopsin, den Sehfarbstoff der Stäbchen, richtig?
a) Es besteht aus Opsin und Retinal
b) Es besteht aus Gamma-Globulin und Vitamin A
c) Es ist identisch mit dem Sehfarbstoff in den Zapfen
d) Seine Konzentration in den Stäbchen nimmt bei Dunkeladaptation zu
e) Seine Konzentration ist unabhängig vom Adaptationszustand

a, d

Lektion 13:
Receptive Felder retinaler Neurone, die Sehbahn

Die Netzhaut ist entwicklungsgeschichtlich ein Teil des Gehirns. Außer den Receptoren gibt es vier weitere Neuronenschichten in der Netzhaut. Es ist daher nicht überraschend, daß im Neuronensystem der Netzhaut komplizierte Verarbeitungsprozesse vorgenommen werden, ehe die visuelle Information durch die Axone der Ganglienzellen im Sehnerven in das Zentralnervensystem übertragen wird. Diese „Projektion" in das Zentralnervensystem und ihre Bedeutung für das Sehen, lernen Sie im zweiten Teil dieser Lektion kennen.

Zum Verständnis der in dieser Lektion geschilderten neurophysiologischen Befunde sind wiederum einige neuroanatomische Kenntnisse erforderlich, die Sie in wenigen Lernschritten erwerben werden.

Lernziele
Den anatomischen Aufbau des Neuronennetzes der Retina anhand einer schematischen Zeichnung erklären können. Auswendig wissen, was man unter einem receptiven Feld versteht. Schematisch die Organisation eines konzentrischen receptiven Feldes retinaler Neurone aufzeichnen können. Erklären können, wie auf Grund der Organisation der receptiven Felder der Simultankontrast zustande kommt. Wissen, wie sich die receptive Feldstruktur retinaler Neurone mit dem Adaptationszustand ändert und welche Bedeutung dies für die Sehschärfe hat. Auswendig eine schematische Zeichnung der Sehbahn anfertigen können (Abb. 13-13). Erklären können, was man unter Gesichtsfeld, Blickfeld und Gesichtsfeldausfall (Skotom) versteht. Wissen, wie man Skotome mit dem Perimeter feststellt und wie durch die Bestimmung der Skotome eine Lokalisation der Schädigung im Verlauf der Sehbahn möglich ist.

Konvergenz und Divergenz bestimmen die funktionelle Organisation des neuronalen Netzes in der Retina (s. auch Lektion 2, Abb. 2-16). Hierbei überwiegt jedoch im Mittel die Konvergenz, was Sie aus einer einfachen Betrachtung der Zahlenverhältnisse leicht schließen können: Etwa 125 Millionen Receptoren in jeder menschlichen Retina nehmen die visuellen Eingangssignale aus der Umwelt auf, während die Ausgangssignale der Netzhaut über die Axone von etwa einer Million Ganglienzellen ins Zentralnervensystem übertragen werden.

In Abb. 13-1 ist vereinfacht die histologische Struktur der Säugetiernetzhaut dargestellt. Sie erkennen neben den Receptoren vier Hauptklassen von Nervenzellen: B = Bipolarzellen, H = Horizontalzellen, A = Amakrinen, G = Ganglienzellen. Zwischen diesen Nervenzellen der Netzhaut liegen Gliazellen (Müllersche Stützzellen).

13.1 Wie Sie schon wissen (Lernschritt 12.1), lassen sich in der menschlichen Retina nach morphologischen Kriterien zwei Klassen von Receptoren unterscheiden: die ...... und die .... Die Receptoren haben synaptische Kontakte mit den Dendriten der Bipolarzellen. Die Bipolarzellen haben ihrerseits synaptische Kontakte mit den Dendriten der ...... und der ...... (Abb. 13-1).

Stäbchen — Zapfen (in beliebiger Reihenfolge) — Ganglienzellen — Amakrinen (in beliebiger Reihenfolge)

13.2 In Abb. 13-1 erkennen Sie, daß zwischen den Receptoren und den Bipolarzellen eine weitere Nervenzellschicht vorhanden ist (rot gezeichnet). Die Fortsätze dieser Nervenzellen breiten sich vorwiegend quer zur Haupt-Signalflußrichtung (Receptoren — Bipolarzellen — Ganglienzellen) aus. Wird die „Achse" Receptoren — Bipolarzellen — Ganglienzellen senkrecht dargestellt, so liegen die Fortsätze der zwischen den Receptoren und Bipolarzellen liegenden Nervenzellen h o r i z o n t a l . Dies war Anlaß zur Namensgebung: ...... -zellen.

Horizontal

13.3 Aus Abb. 13-1 erkennen Sie, daß e i n e Bipolarzelle meist synaptische Kontakte mit mehreren Receptoren hat und daß auch eine Ganglienzelle häufig mit mehreren Bipolarzellen verbunden ist. Dies ist die morphologische Grundlage für die ...... (Signaldivergenz/Signalkonvergenz) im retinalen Neuronensystem.

Signalkonvergenz

13.4 Die Horizontalzellen stellen Verbindungen innerhalb der Synapsenschicht zwischen Receptoren und ...... her (Abb. 13-1), die Amakrinen dagegen horizontale Verbindungen innerhalb der Synapsenschicht zwischen Bipolarzellen und ....

Bipolarzellen — Ganglienzellen

Der Grad der Konvergenz und Divergenz der Signale innerhalb der Netzhaut ist für den fovealen, den parafovealen und den peripheren Bereich verschieden. Während für die F o v e a c e n t r a l i s nur wenige Receptoren über die Bipolarzellen mit e i n e r Ganglienzelle verbunden sind, sind es für den peripheren Teil des Gesichtsfeldes viele Tausende. Wir bezeichnen alle neuronalen Elemente, die anatomisch jeweils mit e i n e r Nervenzelle eines Sinnessystems direkt oder indirekt verbunden sind, als die p e r c e p t i v e E i n h e i t der Nervenzelle. Die perceptive

Einheit der Ganglienzelle besteht also aus allen mit ihr funktionell verbundenen Receptoren, Horizontalzellen, Bipolarzellen und Amakrinen (Abb. 13-1).

Im folgenden lernen Sie die Bedeutung des in den vorausgehenden Lernschritten dargestellten Neuronennetzes in der Netzhaut kennen. Die geschilderten Verknüpfungen bilden die morphologische Grundlage für die funktionelle Organisation der receptiven Felder. Den allgemeinen Begriff des receptiven Feldes haben Sie schon im Lernschritt 3.1 kennengelernt. Unter dem „receptiven Feld" (RF) eines visuellen Neurons versteht man heute jenes Areal im Gesichtsfeld bzw. auf der Receptorschicht des Auges, von dem durch geeignete visuelle Reizmuster (stationäre oder bewegte, bunte oder unbunte Lichtreize) eine Erregung oder/und eine Hemmung des Neurons ausgelöst werden kann. Die receptiven Felder retinaler Neurone wurden in der Regel mit kleinen stationären oder bewegten Lichtpunkten untersucht.

13.5 Aus der Tatsache, daß mehrere Receptoren mit einer Bipolarzelle verbunden sind, können Sie erwarten, daß das receptive Feld einer Bipolarzelle ...... (kleiner/größer) als der Durchmesser eines Receptoraußengliedes ist.

größer

13.6 Die receptiven Felder von Bipolarzellen wurden im Tierversuch durch intracelluläre Messungen des Membranpotentials dieser Zellen ermittelt. Wird das Zentrum des RF belichtet, so reagieren die „on"-Bipolarzellen mit einer Depolarisation des Ruhemembranpotentials, ohne daß Aktionspotentiale gebildet werden. Wird jedoch ein Teil der Netzhaut etwas außerhalb des RF-Zentrums belichtet, so löst diese Belichtung Hyperpolarisation aus. Das RF einer Bipolarzelle läßt sich also in funktionell .... (gleichartig/entgegengesetzt) wirksame Areale einteilen. Man bezeichnet dies als eine antagonistische Organisation des receptiven Feldes.

entgegengesetzt

Auf Grund neuerer intracellulärer Messungen in den verschiedenen Neuronen der Netzhaut ist es dehr wahrscheinlich, daß die Hyperpolarisation bei Belichtung der RF-Peripherie durch die synaptischen Kontakte der Horizontalzellen mit den „on"-Bipolarzellen bewirkt wird (Abb. 13.-1). Die „off"-Bipolarzellen reagieren entgegengesetzt zu den „on"-Bipolarzellen: Hyperpolarisation bei Belichtung im RF-Zentrum, Depolarisation bei Belichtung in der RF-Peripherie.

Während die Signalverarbeitung durch die Membran der Receptoren, Horizontalzellen, Bipolarzellen und Amakrinen ohne die Entstehung von Impulsen erfolgt, bildet die Membran der Ganglienzellen Aktionspotentiale, die durch die Axone des Sehnerven ins Zentralnervensystem übertragen werden. Die funktionelle Organisation der receptiven Felder einzelner Ganglienzellen kann daher auch durch die

Registrierung der Aktionspotentiale einzelner Axone des Sehnerven ermittelt werden. Werden kleine Lichtpunkte an verschiedene Stellen des receptiven Feldes von retinalen Ganglienzellen projiziert, so kann man mit unbunten Hell-Dunkel-Reizen zwei Klassen von Ganglienzellen in der Säugetiernetzhaut unterscheiden: on-Zentrum-Neurone und off-Zentrum-Neurone.

13.7 Wie die Abb. 13-7 zeigt, antworten die on-Zentrum-Neurone bei Belichtung des RF-Zentrums mit einer ...... (Aktivierung/Hemmung), bei Verdunkelung mit einer .... Die Antwort der off-Zentrum-Neurone ist spiegelbildlich zur Antwort der on-Zentrum-Neurone: Lichthemmung und Dunkelaktivierung im RF-Zentrum.

Aktivierung — Hemmung

13.8 Die Antwort auf Belichtung der Peripherie des receptiven Feldes ist spiegelbildlich („antagonistisch") zur Antwort im RF-Zentrum (Abb. 13-7). Bei den on-Zentrum-Neuronen führt die Belichtung der RF-Peripherie also zu einer ...... (Aktivierung/Hemmung), „Licht aus" in der RF-Peripherie dagegen löst eine ...... aus. Wird das ganze receptive Feld (Zentrum und Peripherie) gleichzeitig belichtet, so dominiert in der Regel die Reaktion aus dem RF-Zentrum. Die Antwort auf Belichtung und Verdunkelung der RF-Peripherie der off-Zentrum-Neurone ist wiederum spiegelbildlich zur Antwort der on-Zentrum-Neurone (Abb. 13-7).

Hemmung — Aktivierung

Die Impulsfrequenz retinaler Ganglienzellen hängt wie die Impulsfrequenz der Nervenzellen anderer Sinnessysteme von der Reizstärke ab. Zwischen der Leuchtdichte eines Lichtreizes im RF-Zentrum und der Impulsfrequenz der on-Zentrum-Neurone gilt näherungsweise eine logarithmische Funktion, wie sie in Abb. 12-14 für das Receptorpotential beschrieben wurde.

13.9 Die funktionelle Organisation des receptiven Feldes ändert sich mit der mittleren Leuchtdichte eines Reizmusters. Mit zunehmender Helladaptation stellt man fest, daß das RF-Zentrum kleiner wird (Abb. 13-9), während die Gesamtausdehnung des ganzen receptiven Feldes konstant bleibt. Die Grenzen des ganzen receptiven Feldes sind durch die in Lernschritt 13.1 geschilderten anatomischen Verknüpfungen bedingt, während das Verhältnis RF-Zentrum/RF-Peripherie ...... (konstant/variabel) ist. Dieses Verhältnis wird durch die Summe aller excitatorischen und ...... Prozesse innerhalb einer perceptiven Einheit bestimmt.

variabel — inhibitorischen

13.10 Der Durchmesser der receptiven Feldzentren ist e i n e der neurobiologischen Komponenten, welche die S e h s c h ä r f e bestimmen. (Wie die Sehschärfe exakt gemessen wird, werden Sie in Lernschritt 13.25 kennenlernen). Die Sehschärfe ist um so besser, je kleiner die receptiven Feldzentren sind. Aus Lernschritt 13.9 können Sie daher die Hypothese bilden, daß mit der Erhöhung der mittleren Leuchtdichte die Sehschärfe .... (zunimmt/abnimmt). Stimmt dies mit Ihren alltäglichen Erfahrungen überein? ....

zunimmt — ja

Durch die folgenden Lernschritte sollen Sie verstehen, daß die Organisation der retinalen receptiven Felder für die Entstehung des Simultankontrastes verantwortlich ist. Zunächst müssen Sie dazu lernen, was man unter dem Begriff S i m u l t a n k o n t r a s t versteht.

13.11 Betrachten Sie Abb. 13-11 aus 1 m Entfernung. Die runden grauen Flächen sind objektiv gleich. Das graue Feld auf weißem Hintergrund erscheint Ihnen jedoch ...... (heller als/dunkler als/gleich hell wie) das gleiche graue Feld auf schwarzem Hintergrund. Eigenschaften des Hintergrundes bestimmen also die subjektive Helligkeit des grauen Reizfeldes. Dieses Phänomen wird S i m u l t a n k o n t r a s t genannt.

dunkler als

Durch Simultankontrast erscheint entlang einer Hell-Dunkel-Grenze der helle Teil aufgehellt, der dunkle Teil dunkler als die jeweils weitere Umgebung. Wenn Sie den grauen Kreis des rechten Teils der Abb. 13-11 in der Mitte fixieren, können Sie bei genauer Beobachtung feststellen, daß der Rand des grauen Kreises heller aussieht als die Mitte.

13.12 Die Entstehung des Simultankontrastes kann durch die antagonistische Organisation der receptiven Felder retinaler Bipolarzellen bzw. Ganglienzellen erklärt werden. Die Abb. 13-12 zeigt schematisch die Veränderung der neuronalen Reaktion eines retinalen on-Zentrum-Neurons bei unterschiedlicher Belichtung des receptiven Feldes. Es werden in diesem Beispiel entweder das ganze RF oder nur Teile des RF belichtet. Die angegebenen Zahlen sind Relativwerte. Sie können in Abb. 13-12 feststellen, daß die neuronale Antwort am stärksten ist, wenn die Hell-Dunkel-Grenze ...... (außerhalb des receptiven Feldes/an der Grenze zwischen RF-Zentrum und RF-Peripherie) liegt.

an der Grenze zwischen RF-Zentrum und RF-Peripherie

Die Axone aller Ganglienzellen ziehen über die Retina zur P a p i l l e , an der sie durch die Sclera treten und den Sehnerven bilden (Abb. 11-11). Der Sehnerv jedes

Auges zieht durch die Augenhöhle, tritt durch das Foramen nervi optici in den Schädelinnenraum ein und vereinigt sich an der Schädelbasis mit dem Sehnerven des anderen Auges zum Chiasma opticum (Abb. 13-13).

13.13 Im Chiasma opticum k r e u z e n beim Menschen etwa die Hälfte der Sehnervenfasern zur kontralateralen Seite, die andere Hälfte bleibt ipsilateral und bildet mit dem gekreuzten Faserbündel des anderen Sehnerven den T r a c t u s o p t i c u s. Die Fasern des Tractus opticus ziehen zu den ersten zentralen Schaltstellen der Sehbahn. Aus Abb. 13-13 können Sie entnehmen, daß dies vor allem drei Strukturen sind: ...... , ... , ...

Corpus geniculatum laterale — Colliculi superiores (vordere Vierhügel) — prätectale Region (in beliebiger Reihenfolge)

13.14 Infolge der partiellen Kreuzung der Sehnervenfasern im Chiasma bilden die Axone der Ganglienzellen aus dem temporalen Teil der Retina des linken Auges und dem nasalen Teil der Retina des rechten Auges den .... (linken/rechten) Tractus opticus (s. Abb. 13-13).

linken

Im Corpus geniculatum laterale werden die Opticusfasern in sechs verschiedenen Zellschichten umgeschaltet. Die Axone der Geniculatumzellen ziehen vorwiegend durch die S e h s t r a h l u n g (Radiatio optica) in den primären visuellen Cortex (Area striata), der beim Menschen beiderseits im medialen Occipitalpol des Großhirns liegt. Aus den Colliculi superiores ziehen Axone vor allem zu den Zentren der Steuerung der Augenbewegung im Hirnstamm. Die visuellen Zentren der prätectalen Region haben Verbindungen zu den Gebieten des Hirnstammes, von denen die Augenbewegungen und die Pupillenreaktion kontrolliert werden.

13.15 Aus dem Klartext nach Lernschritt 11.16 wissen Sie, daß der optische Apparat des Auges auf der Netzhaut ein verkleinertes und ...... (aufrechtes/umgekehrtes) Bild der Umwelt entwirft.

umgekehrtes

13.16 Infolge der Umkehrung des Bildes der Umwelt auf der Netzhaut bilden sich Gegenstände aus der oberen Hälfte des Gesichtsfeldes in der .... Hälfte der Retina, Gegenstände aus dem temporalen Teil des Gesichtsfeldes auf der ...... (nasalen/temporalen) Hälfte der Retina ab (Abb. 13-13).

unteren — nasalen

Im folgenden werden Sie lernen, welcher Teil der visuellen Umwelt bei unbewegtem Auge sich auf der Netzhaut abbildet.

13.17 Fixieren Sie einen Punkt in Ihrer Umwelt und bedecken Sie ein Auge mit der Hand (= monoculare Fixation). Beachten Sie bei unbewegtem Auge, welchen Teil der Umwelt Sie sehen können. Sie merken, daß dies nur ein begrenzter Ausschnitt der Umwelt ist. Dieser Ausschnitt wird monoculares Gesichtsfeld genannt. Fixieren Sie jetzt den gleichen Punkt mit beiden Augen. Auch jetzt sehen Sie nur einen begrenzten Ausschnitt aus der Umwelt, der entsprechend binoculares .... genannt wird.

Gesichtsfeld

Das monoculare Gesichtsfeld ist kleiner als das binoculare Gesichtsfeld. Im binocularen Gesichtsfeld gibt es einen Bereich, der mit beiden Augen gesehen wird und je einen Bereich links und rechts außen, den das linke bzw. das rechte Auge allein sehen. Die Begriffe Gesichtsfeld und Blickfeld werden unterschieden. Jener Bereich der visuellen Umwelt, den Sie monocular bei unbewegtem Kopf, jedoch bewegtem Auge insgesamt erfassen können, wird monoculares Blickfeld genannt. Das binoculare Blickfeld ist entsprechend jener Bereich, den Sie mit beiden Augen erfassen können.
Die in den Lernschritten 13.13 und 13.14 dargestellte zentrale Sehbahn (Nervus opticus bis visueller Cortex) weist eine topologische Organisation auf. Dies heißt, daß ähnlich der Abbildung eines bestimmten geographischen Gebietes auf einer Landkarte infolge entsprechender anatomischer Verbindungen das räumliche Erregungsmuster der Netzhaut im räumlichen Erregungsmuster der Neurone des Geniculatum laterale, der Colliculi superiores oder Sehrinde „abgebildet" wird. Im Unterschied zu einer Landkarte 1:100 000, bei der z. B. jeder Kilometer Luftlinie in der Natur 1 cm auf der Landkarte entspricht, ist die topologische Projektion der Netzhaut jedoch nicht linear: Das kleine Gebiet der Fovea centralis projiziert sich auf sehr viel mehr zentrale Neurone als ein gleichgroßes Areal der Netzhautperipherie. Infolge der topologischen Projektion innerhalb der zentralen Sehbahn kommt es bei Störungen umschriebener Teile innerhalb der zentralen Sehbahn zu Störungen der visuellen Wahrnehmung in umschriebenen Teilen des Gesichtsfeldes.

13.18 Der Verlust der Sehfähigkeit in einem Teil des Gesichtsfeldes wird als Gesichtsfeldausfall oder Skotom bezeichnet. Ein Skotom kann durch eine Schädigung im Bereich der zentralen Sehbahn entstehen. Ein Skotom entsteht aber auch, wenn ein Teil der ...... (Retina/äußeren Augenmuskeln/Tränenproduktion) geschädigt ist.

Retina

13.19 Die Gesichtsfeldgrenzen und Gesichtsfeldausfälle können verhältnismäßig genau mit einer Perimeterapparatur bestimmt werden

(Abb. 13-19A). Ein Auge der Versuchsperson befindet sich im Mittelpunkt der Perimeter-Hemisphäre. Die Versuchsperson fixiert einen Punkt am Pol des Perimeters. Der untersuchende Arzt kontrolliert die Fixation durch den Einblick (F) und bewegt einen Lichtpunkt (P) über die Fernbedienung (K) der Projektionsoptik (O). Die Lichtpunkte können verschiedene Größe oder Farbe haben. Die Versuchsperson gibt durch Tastendruck an, wenn sie die Reizmarke sieht. Die Position der Reizmarke wird gleichzeitig auf einer Karte (S) mitgeschrieben und die Angaben der Versuchsperson darauf eingetragen. Für eine Hell-Dunkelwahrnehmung ist das Gesichtsfeld größer als für eine Farbwahrnehmung (Abb. 13-19B und Lernschritt 12.21).

13.20 In Abb. 13-20 sind schematisch Gesichtsfelder mit Skotomen dargestellt. Betrachten Sie zunächst die Abb. 13-20e. Sie sehen, daß die linke G e s i c h t s f e l d h ä l f t e für jedes Auge ausgefallen ist. Aus Abb. 13-13 können Sie entnehmen, daß sich die linke Gesichtsfeldhälfte infolge der Umkehrung des Bildes durch den optischen Apparat des Auges jeweils auf die ...... N e t z h a u t h ä l f t e des linken und des rechten Auges projiziert.

rechte

13.21 Aus den rechten Netzhauthälften ziehen entsprechend Abb. 13-13 die Fasern in die ...... Hälfte des Gehirns.

rechte

13.22 Der in Abb. 13-20e gezeigte Gesichtsfeldausfall wird „homonyme Hemianopsie links" genannt. Überlegen Sie sich anhand der Abb. 13-13, wo im Verlauf der Sehbahn eine Schädigung diesen Gesichtsfeldausfall bewirkt: Antwort: ....

Im Bereich der rechten Sehbahn hinter dem Chiasma opticum (oder entsprechend)

13.23 Ordnen Sie jetzt mit Hilfe des in Abb. 13-13 gezeigten schematischen Verlaufs der zentralen Sehbahn die im folgenden genannten Lokalisationen für eine Schädigung im Auge oder im Gehirn den Gesichtsfeldausfällen der Abb. 13-20 zu:

1) Schädigung der linken Netzhaut oder des linken Nervus opticus
2) Ausfall der rechten occipitalen Hirnrinde
3) Ausfall der linken occipitalen Hirnrinde
4) Schädigung im Bereich des Chiasmas
5) Ausfall eines Teiles des linken Tractus opticus
6) Schädigung der Area striata des Occipitalhirns beiderseits

7) Netzhautschädigung beider Augen
8) Schädigung eines Teils des rechten Nervus opticus

Ergebnis: (a8); (b4); (c5); (d1); (e2).

Fixieren Sie einen Punkt in Ihrer Umwelt und beachten Sie, wie gut Sie Gegenstände in verschiedener seitlicher Entfernung vom Fixationspunkt bei unbewegtem Auge wahrnehmen können. Die Differenzierung feiner visueller Strukturen ist um so schlechter, je weiter diese außen in der Gesichtsfeldperipherie sind. Diese Beobachtung kann durch die Bestimmung der Sehschärfe quantitativ belegt werden.

13.24 Fixieren Sie in Abb. 13-24 aus etwa 30 cm Entfernung monocular mit dem rechten Auge die Punkte 1 - 5. Notieren Sie sich, welche Buchstaben Sie jeweils noch wahrnehmen können: ....

Ergebnis: Während der Buchstabe A bei Fixation aller Punkte erkannt werden kann, sind E und besonders W bei Fixation der Punkte 3, 4 und 5 kaum oder nicht zu erkennen.

Im vorausgehenden Lernschritt haben Sie ein Experiment ausgeführt, durch das Sie zunächst qualitativ die Abnahme der Sehschärfe mit der Entfernung von der Stelle schärfsten Sehens feststellten. Um die Sehschärfe (= „Visus") quantitativ zu messen, muß sie definiert und eine exakte Vorschrift zu ihrer Messung angegeben werden. Die Sehschärfe wird vom Augenarzt meist mit den Landolt-Ringen (Abb. 13-25) oder mit normierten Schriftprobentafeln bestimmt.

13.25 Der Visus V wird durch folgende Formel definiert:

$$V = \frac{1}{\alpha}\ [\text{Winkelminuten}^{-1}]$$

wobei α die Lücke in Winkelminuten ist, die in einem Landolt-Ring (Abb. 13-25) gerade noch erkannt wird. Der Visus ist also 1, wenn α = ... Winkelminuten ist. Häufig wird bei der Angabe des Visus dessen Dimension [Winkelminuten^{-1}] weggelassen.

1

13.26 Wie groß ist der Visus, wenn α = 5 Winkelminuten ist? Antwort: ....
Wie groß ist der Visus, wenn α = 0,8 Winkelminuten ist? Antwort: ..... .

0,2 — 1,25 [Winkelminuten^{-1}]

13.27 Mit Hilfe der in den beiden vorausgehenden Lernschritten angegebenen Prüfung des Visus kann dessen Abhängigkeit von der Distanz der geprüften Netzhautstelle vom Fixationspunkt (Fovea centralis) gemessen werden. In Abb. 13.27 sehen Sie Resultate solcher Messungen, aus denen Sie entnehmen können, daß der Visus für den Bereich der Fovea centralis ...... (sehr viel besser/schlechter) als z. B. 45° außerhalb der Fovea ist.

sehr viel besser

Die Abnahme des Visus mit der Distanz von der Fovea centralis hängt vorwiegend von zwei physiologischen Faktoren ab: Einmal ist die Receptordichte (Zapfenzahl pro Netzhautfläche) in der Fovea centralis am größten (Abb. 12-20), zum anderen nimmt im Mittel die Größe der receptiven Feldzentren (Lernschritte 13.7 bis 13.12) retinaler Ganglienzellen um so mehr zu, je peripherer die receptiven Felder im Gesichtsfeld liegen.
Aus Abb. 13.27 können Sie entnehmen, daß es auf der Netzhaut eine Stelle gibt, mit der Sie nichts sehen können. Dies ist der blinde Fleck. Sie können an sich selbst den blinden Fleck feststellen, wenn Sie in Abb. 13-24 monocular mit dem linken Auge einen der Punkte 4 aus etwa 30 cm Entfernung fixieren. Dann fallen die Buchstaben auf den blinden Fleck. Anatomisch entspricht der blinde Fleck der Austrittsstelle des Sehnerven aus dem Auge (Papille, Abb. 11-11). Diese Stelle enthält keine Receptoren.
Mit den folgenden Lernschritten können Sie Ihren Wissenszuwachs überprüfen:

13.28 Welche Feststellungen sind richtig? Die receptiven Felder retinaler Ganglienzellen der Säugetiernetzhaut
(a) sind im Bereich der Fovea centralis kleiner als in der Netzhautperipherie
(b) sind über die ganze Netzhaut im Mittel gleich groß
(c) lassen sich bei Helladaptation in ein funktionell unterschiedliches RF-Zentrum und eine RF-Peripherie gliedern
(d) sind in ihrer funktionellen Organisation vom Adaptationszustand abhängig
(e) sind nur für Neurone der Fovea centralis vorhanden
(f) fehlen für die Ganglienzellen der Netzhaut des Menschen überhaupt

a, c, d

13.29 Wiederholen Sie Lernschritt 13.23

13.30 Sehnervenfasern aus dem nasalen Teil der rechten Retina
(a) haben die zugeordneten receptiven Felder in der linken Gesichtsfeldhälfte
(b) haben die zugeordneten receptiven Felder in der rechten Gesichtsfeldhälfte

(c) endigen im rechten Geniculatum laterale
(d) endigen im linken Geniculatum laterale
(e) werden nicht im Geniculatum umgeschaltet, sondern verlaufen direkt in den linken visuellen Cortex

b, d

13.31 Wiederholen Sie die Fragen des Lernschrittes 13.12.

Lektion 14: Neurophysiologische Grundlagen der Gestaltwahrnehmung; Binocularsehen

Das Erregungsmuster der Ganglienzellen der Netzhaut wird durch die zentrale Sehbahn in die visuellen Zentren des Gehirns übertragen und dort weiter verarbeitet. Die Neuronensysteme des visuellen Cortex (Sehrinde) leisten einen wichtigen Anteil zur Vorverarbeitung der nervösen Information bei der Gestaltwahrnehmung. Diese neurobiologischen Grundlagen der Gestaltwahrnehmung werden Sie im ersten Teil dieser Lektion kennenlernen. Im zweiten Teil werden einige Eigenschaften des Binocularsehens besprochen, die ebenfalls eine Leistung der zentralen Teile des visuellen Systems darstellen.

Lernziele:
Schematisch die Organisationen der receptiven Felder corticaler Neurone aufzeichnen können und den Unterschied zu den receptiven Feldern der retinalen Neurone erklären können. Anhand eines einfachen Reizmusters (z. B. eines Buchstabens) erklären können, welche Eigenschaften des Reizmusters im Erregungsmuster der verschiedenen Nervenzellklassen des visuellen Cortex „abgebildet" werden (neuronale Grundlagen der visuellen Gestaltwahrnehmung).
Unterschiede des monocularen und des binocularen räumlichen Sehens nennen können. Auswendig wissen, was man beim Binocularsehen unter Horopter, korrespondierenden Netzhautarealen, Querdisparation, binocularer Fusion und binocularer Hemmung versteht und unter welchen Bedingungen Doppelbilder gesehen werden. Die Konstruktion des „Cyclopenauges" erklären können.

Die Nervenzellen des Corpus geniculatum laterale, der zentralen Schaltstelle zwischen Netzhaut und Sehrinde, haben wie die Ganglienzellen der Netzhaut vorwiegend einfache, konzentrisch organisierte receptive Felder (Abb. 13-7). Im Geniculatum laterale erfolgt die Verarbeitung der Signale aus dem linken und dem rechten Auge weitgehend getrennt. Durch laterale Inhibitionsprozesse im Neuronennetz des Geniculatum laterale wird für die Reaktion eines Teiles der Zellen die „Kontrastverschärfung" noch stärker als für die Impulsmuster der Ganglienzellen der Netzhaut (Abb. 13-12).
Neue Organisationsprinzipien der perceptiven Einheit findet man für die Nervenzellen der primären Sehrinde (Area 17), der sekundären Sehrinde (Area 18) und der tertiären Sehrinde (Area 19) im occipitalen Cortex. In diese Teile der Hirnrinde werden Signale aus den subcorticalen visuellen Zentren übertragen. Ein Teil der corticalen visuellen Neurone hat receptive Felder, die „komplexe" oder „hyperkomplexe" Eigenschaften haben. Darunter versteht man die experimentelle Beobachtung, daß ganz bestimmte Reiz m u s t e r in das RF projiziert werden müssen, um überhaupt eine Aktivierung auszulösen (z. B. Hell-Dunkelkonturen be-

stimmter räumlicher Orientierung, Konturunterbrechungen, Ecken usw.). Durch diffuse unstrukturierte Lichtreize können diese Nervenzellen nicht erregt oder gehemmt werden. Für einen Teil der Neurone in der Sehrinde kann man mit kleinen Lichtpunkten, die auf verschiedene Stellen des RF projiziert werden, dessen funktionelle Organisation noch ermitteln. Diese RF werden als „einfach" bezeichnet. Viele Neurone der Sehrinde reagieren jedoch auf solche „undifferenzierten" Reizmuster nicht oder nur sehr inkonstant.

14.1 In Abb. 14-1A ist die Verteilung erregender (+) und hemmender (−) Zonen bei Belichtung innerhalb des „einfachen" receptiven Feldes eines Neurons im primären visuellen Cortex dargestellt. Vergleichen Sie diese receptive Feldorganisation mit den konzentrischen receptiven Feldern der Abb. 13-7. Die on-Zonen (+ = Lichtaktivierung) und die off-Zonen (− = Lichthemmung, Aktivierung bei „Licht aus") des receptiven Feldes dieses corticalen Neurons sind ...... (konzentrisch/parallel zu einer Achse) angeordnet.

parallel zu einer Achse

14.2 Wird ein streifenförmiges Lichtmuster in das in Abb. 14-1A dargestellte RF projiziert, so hängt die Aktivierung von der Lage und der Richtung der längeren Kontur des Lichtstreifens ab. Überlegen Sie sich, bei welcher räumlichen Orientierung das Einschalten des Lichtstreifens der Abb. 14-1 die stärkste Aktivierung auslöst. Erregung (+) und Hemmung (−) addieren sich.
Antwort: ....

Abb. 14-1C

Die Organisation eines receptiven Feldes mit parallel angeordneten on- und off-Zonen kommt dadurch zustande, daß die Axone von Neuronen des Geniculatum laterale (konzentrische receptive Felder) in einem bestimmten geometrischen Anordnung an den Nervenzellen des visuellen Cortex endigen und eine regelhafte Verteilung excitatorischer und inhibitorischer Kontakte vorliegt.
Zahlreiche corticale Neurone reagieren nicht auf Belichtung im RF mit kleinen Punkten. Man kann an diesen Neuronen also keine on- oder off-Zonen wie für das RF der Abbildungen 14-1 unterscheiden. Die RF-Organisation kann nur mit komplexeren Reizmustern ermittelt werden. Jene Regionen des RF, aus der durch adäquate Reizung mit dem „richtigen" Reizmuster eine Aktivierung ausgelöst werden kann, wird excitatorisches receptives Feld (ERF) genannt. Regionen des RF, aus denen nur Hemmung ausgelöst werden kann, dagegen inhibitorisches receptives Feld (IRF).

14.3 Betrachten Sie die Abb. 14-3A, die Ihnen schematisch die Antwort einer corticalen Nervenzelle mit komplexem receptiven Feld auf Belichtung mit Lichtstreifen (rot gezeichnet) verschiedener Länge und Orientierung zeigt. Sie können erkennen, daß die neuronale Antwort am stärksten ist, wenn der Lichtstreifen ...... (seine größte Ausdehnung/eine begrenzte Ausdehnung) und eine bestimmte Orientierung hat. Aus solchen Resultaten kann man schließen, daß das ERF von einem IRF umgeben ist.

eine begrenzte Ausdehnung

14.4 Zur Aktivierung von Nervenzellen in der sekundären oder der tertiären Sehrinde sind zum Teil noch speziellere Reizmuster erforderlich. In Abb. 14-3B sehen Sie Abbildungen eines corticalen visuellen Neurons mit einem „hyperkomplexen" RF, das bevorzugt auf ...... (diffuse Lichtreize/Konturen/Konturenunterbrechungen und Ecken) reagiert. Neurone mit komplexen und hyperkomplexen receptiven Feldern haben ein RF in jeder Retina. Sie können also monocular von jedem Auge oder binocular aktiviert werden.

Konturunterbrechungen und Ecken

Ein großer Teil der Neurone im visuellen Cortex mit komplexen receptiven Feldern wird durch bewegte Reize sehr viel stärker aktiviert als durch unbewegte Reize. Zusätzlich zur Bewegungsempfindlichkeit besteht häufig noch eine Richtungsempfindlichkeit, d. h. optimale Reizmuster wirken nur dann aktivierend, wenn sie in einer bestimmten Richtung durch das ERF bewegt werden.
Sie haben jetzt genügend Kenntnisse, um zu verstehen, daß die Leistung corticaler Neurone wichtige Stufen der Vorverarbeitung zur visuellen Gestaltwahrnehmung sind.

14.5 Betrachten Sie die Abb. 14-5. Sie erkennen in der Mitte dieser Abbildung ein ...... (Dreieck/Quadrat/unbestimmte Form). Diese Gestalt ist „in Wirklichkeit" so nicht vorhanden. Die optische Täuschung (Gestalterganzung) kommt wahrscheinlich dadurch zustande, daß durch die Ecken der schwarzen Fläche analog zu den in Abb. 14-3B gezeigten neuronalen Reaktionen auch in Ihrer Sehrinde Neurone mit hyperkomplexen receptiven Feldern erregt werden.

Quadrat

Neurone mit komplexen und hyperkomplexen receptiven Feldern reagieren nur auf ganz bestimmte Eigenschaften des visuellen Reizmusters. Diese besonders aktivierenden Eigenschaften des Reizmusters sind für verschiedene Neuronenklassen unterschiedlich. Insgesamt gibt es im visuellen Cortex mindestens 15 verschiedene Neuronenklassen, in deren räumlichen Erregungsmuster jeweils andere Eigenschaften eines visuellen Reizmusters „abgebildet" sind.

14.6 Um diese mehrfache „Abbildung" eines visuellen Reizmusters im Erregungsmuster corticaler Neurone zu verstehen, betrachten Sie die Abb.

14-6. Dort ist als ein einfaches Reizmuster der Buchstabe „A" gezeichnet. Unter diesem Reizmuster sind jeweils jene Teile des „A" rot gezeichnet, die eine bestimmte Klasse corticaler Neurone erregen. Notieren Sie, welche Teile des Buchstabens A für verschiedene corticale Neuronenklassen besonders aktivierend sind: ......

Konturen, Konturen bestimmter Orientierung, Konturunterbrechungen, Ecken (oder entsprechend)

Konturen, Ecken und Konturunterbrechungen sind wichtige Merkmale, die eine visuelle Gestalt bestimmen. Die verschiedenen Klassen corticaler visueller Neurone sind offenbar darauf spezialisiert, mehr oder weniger selektiv auf solche Gestaltmerkmale zu reagieren. In den verschiedenen Neuronenklassen des visuellen Cortex erfolgt also gleichzeitig eine mehrfache Abbildung eines optischen Reizmusters, je nach der Art und der räumlichen Verteilung der erwähnten Gestaltmerkmale. Welche weiteren neuronalen Operationen in den höheren Assoziationsgebieten der Hirnrinde vorgenommen werden, um schließlich eine endgültige Gestalterkennung zu ermöglichen, ist noch unbekannt.
Gegenstände in Ihrer visuellen Umwelt erscheinen Ihnen als dieselben, unabhängig davon, ob Sie diese mit dem linken Auge allein, mit dem rechten Auge allein oder binocular betrachten. Man kann aus dieser Betrachtung die Hypothese ableiten, daß die in den vorausgehenden Lernschritten beschriebenen neurobiologischen Grundlagen der Gestalterkennung durch corticale Neuronensysteme bedingt sind, die durch Signale aus beiden Augen aktiviert werden. Dies ist in der Tat der Fall. Die Vorverarbeitungsprozesse der Gestalterkennung werden in der Sehrinde durch binocular aktivierbare Neuronensysteme vorgenommen.
Wenn Sie Ihre Umwelt zunächst monocular, danach binocular betrachten, erkennen Sie jedoch auch, daß die visuellen Gestalten beim binocularen Sehen eine zusätzliche Qualität erhalten. Es entsteht eine deutliche Zunahme des räumlichen Tiefeneindrucks beim binocularen Sehen im Vergleich zum monocularen Sehen.

14.7 Die Augen befinden sich an verschiedenen Stellen im Kopf. Dies bedeutet, daß die Abbildung der Umwelt in beiden Netzhäuten aus geometrisch optischen Gründen ...... (gleich/verschieden) ist. Versuchen Sie diese Behauptung durch abwechselnde monoculare Beobachtung eines Gegenstandes (z. B. einer Tasse aus etwa 50 cm Entfernung) zu bestätigen.

verschieden

Die Differenz der Bilder im rechten und im linken Auge ist eine der wichtigsten Voraussetzungen für die Wahrnehmung räumlicher Tiefe (Stereoskopie). Auf Grund von Größenunterschieden, Überdeckungen und parallaktischen Verschiebungen kann jedoch auch beim Sehen mit einem Auge ein gewisser räumlicher Eindruck zustande kommen, jedoch ist die Wahrnehmung der Tiefe des Raumes wesentlich besser beim Sehen mit zwei Augen.

14.8 Zur Bestätigung der Feststellung des Lernschrittes 14.7 machen Sie folgenden Versuch: Strecken Sie Ihre rechte Hand aus und fixieren Sie den Daumen abwechselnd monocular mit dem linken und mit dem rechten Auge. Beim Wechsel vom linken zum rechten Auge und umgekehrt verschiebt sich der Daumen scheinbar gegen den Hintergrund („Daumensprung"). Die mit dem linken bzw. rechten Auge gesehenen Bilder des Daumens überdecken also ...... (ein anderes/das gleiche) Objekt im Raum. Folglich m u ß die Abbildung der Welt auf dem linken Auge unterschiedlich von der Abbildung auf dem rechten Auge sein.

ein anderes

14.9 Trotz der geometrischen Differenz der optischen Abbildung der Welt auf der Netzhaut jedes Auges werden die Gegenstände unter normalen Bedingungen des freien Umherblickens ...... (doppelt/einfach) gesehen. Binoculares Einfachsehen wird auch als b i n o c u l a r e F u s i o n bezeichnet.

einfach

Da Ihnen das binoculare Einfachsehen aus der alltäglichen Erfahrung selbstverständlich erscheint, führen Sie als nächstes einen Versuch durch, in dem Sie an sich selbst eine Störung des binocularen Einfachsehens hervorrufen:

14.10 Fixieren Sie einen Gegenstand in ca. 2 m Entfernung mit beiden Augen (am besten ein Bild an der Wand). Verschieben Sie mit dem rechten Zeigefinger leicht Ihr rechtes Auge nach innen und betrachten Sie dann den Gegenstand abwechselnd mit dem rechten Auge, mit dem linken Auge und binocular. Bei der binocularen Betrachtung erscheint Ihnen der Gegenstand ...... (einfach/doppelt).

doppelt

14.11 Binoculares Einfachsehen, das auch als binoculare ...... (Fusion/Konzentration/Adaptation) bezeichnet wird, kommt also nur zustande, wenn das Bild des binocular gesehenen Gegenstandes auf b e s t i m m t e Netzhautstellen beider Augen fällt. Die für die binoculare Fusion einander zugeordneten Netzhautstellen jedes Auges werden k o r r e s p o n d i e r e n d e Netzhautstellen genannt.

Fusion

Näherungsweise lassen sich korrespondierende Netzhautstellen dadurch ermitteln, daß im „Gedankenexperiment" die Fovea des linken Auges auf die Fovea des rechten Auges gelegt wird und bei dieser Überdeckung für jedes Auge die Normalstellung der Augen im Kopf beim Blick nach geradeaus eingehalten wird. Die sich dann deckenden Netzhautstellen sind korrespondierende Netzhautstellen für das Binocularsehen.

14.12 Aus Ihrer Beobachtung in Lernschritt 14.10 können Sie folgende Schlüsse ziehen: Fällt das Bild eines Gegenstandes beim binocularen Sehen auf korrespondierende Netzhautstellen, so wird der Gegenstand .... (einfach/doppelt) gesehen. Fällt das Bild auf nicht korrespondierende Netzhautstellen, so wird der Gegenstand ...... gesehen.

einfach — doppelt

Die in dem „Gedankenexperiment" erwähnte Überdeckung der Netzhäute beider Augen wird in der Konstruktion des Cyclopenauges vorgenommen (Abb. 14-13). Aus Abb. 14-13 können Sie auch die Konstruktion des Horopterkreises ersehen. Der Horopterkreis ist ein horizontaler Schnitt durch den Horopter, einer im Raum gedachten, gekrümmten Fläche, deren einzelne Punkte sich jeweils auf korrespondierenden Netzhautstellen beider Augen abbilden. Die Lage des Horopters wird durch die Konvergenz der Sehachse, d. h. durch die Lage und die Distanz des Fixationspunktes zu den Augen bestimmt. Der binoculare Fixationspunkt liegt jeweils auf dem Horopter.

14.13 Betrachten Sie die Abb. 14-13. Die visuellen Achsen jedes Auges sind auf den fixierten Gegenstand (Fi) gerichtet. Dies geschieht durch mehr oder weniger starke ...... (Konvergenz/Adaptation). Das Bild des fixierten Gegenstandes projiziert sich beim normalen Binocularsehen auf die .... (Fovea centralis/Netzhautperipherie) jedes Auges (Abb. 11-11).

Konvergenz — Fovea centralis

14.14 Betrachten Sie in Abb. 14-13 die Konstruktion der geometrischen Abbildung des Punktes D auf dem linken und rechten Auge. Der Punkt D liegt außerhalb des Horopters. Im rechten Auge liegt das Bild des Gegenstandes D ...... (links/rechts) von der Fovea centralis, im linken Auge dagegen ...... von der Fovea centralis. Die Bilder des Punktes D liegen also im linken und im rechten Auge auf jeweils ...... (korrespondierenden/nicht korrespondierenden) Punkten der Netzhaut.

links — rechts — nicht korrespondierenden

14.15 Da in Abb. 14-13 das Bild des Gegenstandes D für das linke und das rechte Auge auf nicht korrespondierenden Netzhautstellen liegt, muß D

.... (einfach/doppelt/dreifach) gesehen werden. Diese Behauptung können Sie leicht am Cyclopenauge überprüfen, wenn Sie die Projektion des Gegenstandes D auf die linke und die rechte Netzhaut in das Cyclopenauge einzeichnen. In Abb. 14-13 geben D_l und D_r die Lage der Doppelbilder von D an.

doppelt

14.16 Überzeugen Sie sich durch ein Experiment von der Richtigkeit der Behauptung des Lernschrittes 14.15. Halten Sie Ihren linken Zeigefinger in ca. 20 cm, Ihren rechten Zeigefinger in ca. 50 cm Entfernung vor die Augen. Benutzen Sie als Hintergrund für dieses Experiment eine Wand. Fixieren Sie den näheren Zeigefinger. Sie sehen den ferneren Zeigefinger gegen die Wand ...... (einfach/doppelt). Wenn Sie den näheren Zeigefinger fixieren, so liegt der fernere Zeigefinger ...... (innerhalb/außerhalb) des Horopters.

doppelt — außerhalb

14.17 Mit Hilfe von Konstruktionen, wie sie in Abb. 14-13 gezeigt sind, können Sie ermitteln, daß aus geometrischen Gründen alle i n n e r h a l b oder a u ß e r h a l b der Horopterfläche liegenden Gegenstände auf nicht korrespondierenden Netzhautstellen abgebildet werden. Eigentlich müßten dann störende Doppelbilder entstehen. Schauen Sie sich darauf nochmals in Ihrem Zimmer um. Nehmen Sie störende Doppelbilder der Gegenstände wahr? Die Antwort ist eindeutig ...... (ja/nein).

nein

Da beim freien Umherblicken die Gegenstände in der Gesichtsfeldperipherie trotz Abbildung auf nicht-korrespondierenden Netzhautstellen nicht doppelt gesehen werden, muß es Mechanismen geben, welche die Wahrnehmung von störenden Doppelbildern verhindern. Ein Faktor dafür könnte die ohnehin sehr geringe Sehschärfe in der Netzhautperipherie sein (s. Lernschritt 13.27). Als zweiter Faktor wird ein b i n o c u l a r e r H e m m u n g s m e c h a n i s m u s im zentralen visuellen System angenommen, durch den Doppelbilder wechselseitig unterdrückt werden. Diesen binocularen Hemmungsmechanismus lernen Sie für den Bereich der Fovea centralis kennen, wenn Sie das Experiment des nächsten Lernschrittes ausführen:

14.18 Fertigen Sie sich aus zwei weißen DIN A 4-Bögen zwei Rohre von ca. 3 cm Durchmesser an. Betrachten Sie gleichzeitig mit dem einen Auge durch das eine Rohr eine Briefmarke, mit dem anderen Auge durch das andere Rohr ein Zehnpfennigstück. Sie nehmen folgendes wahr: („einen Briefmarkenpfennig"/nur die Münze/die Briefmarke oder die Münze im

Wechsel). Bei diesem „binocularen Wettstreit", also der wechselnden Wahrnehmung von Briefmarke oder Münze, können jedoch Teile beider Reizmuster gleichzeitig und nebeneinander sichtbar sein.

die Briefmarke und die Münze im Wechsel

14.19 Sie haben bis jetzt die folgenden Mechanismen kennengelernt, die für normales Binocularsehen beim freien Umherblicken notwendig sind:

a) die binoculare Steuerung der Augenbewegungen, die normalerweise dafür sorgt, daß jeweils ...... (der gleiche Gegenstand/verschiedene Gegenstände) auf der Fovea jedes Auges abgebildet wird;
b) die binoculare ...... (Fusion/Adaptation) im Bereich der Fovea centralis;
c) eine binoculare ...... (Bahnung/Hemmung), die störende Doppelbilder im Bereich der Gesichtsfeldperipherie verhindert.

der gleiche Gegenstand — Fusion — Hemmung

Im folgenden befassen Sie sich nochmals mit der Frage, wie räumliches Sehen (Stereoskopie) zustande kommt. Zunächst müssen die in Lernschritt 14.19 genannten Bedingungen für normales Binocularsehen erfüllt sein. Sie haben in Lernschritt 14.17 festgestellt, daß ein binocular fixierter größerer Gegenstand auf Grund der geometrischen Bedingungen in der Fovea centralis beider Augen ein geringfügig unterschiedliches Bild entwirft. Für einen dreidimensionalen Gegenstand ist diese Differenz für alle jene Teile vorhanden, die nicht auf der Horopterfläche liegen. Diese Teile bilden sich dann nicht auf exakt korrespondierenden Netzhautstellen ab.
Trotzdem sehen Sie den Gegenstand nicht doppelt, sondern e i n f a c h u n d r ä u m l i c h a u s g e d e h n t. Die bei normaler Kopfstellung „horizontale" Abweichung der Abbildung eines Gegenstandes von der Abbildung auf geometrisch exakt korrespondierende Netzhaut s t e l l e n jedes Auges wird Q u e r d i s p a r a t i o n genannt. Die Querdisparation ist eine weitere Voraussetzung für das binoculare räumliche Sehen.

14.20 Aus dem Klartext vor Lernschritt 14.8 wissen Sie, daß ein gewisser räumlicher Tiefeneindruck auch beim Sehen mit einem Auge zustande kommt. Voraussetzung zur Ausbildung normalen stereoskopischen Sehens ist jedoch ein ungestörtes Binocularsehen, wobei die exakte Abbildung e i n e s Punktes des fixierten dreidimensionalen Gegenstandes in der Fovea-Mitte beider Augen und eine ...... (Längsdisparation/Querdisparation/Schräglage) der Abbildung von anderen Teilen des gleichen Gegenstandes auf der Netzhaut beider Augen notwendig sind, um den Eindruck räumlicher Tiefe hervorzurufen.

Querdisparation

Der Grad der Querdisparation bestimmt, wie stark der Eindruck räumlicher Tiefe ist. Erst wenn ein bestimmter Grad der Querdisparation überschritten ist, zerfällt das binocular einheitlich gesehene räumliche Bild eines Gegenstandes in zwei Doppelbilder. Für das stereoskopische Einfachsehen sind funktionell also nicht einzelne geometrische Punkte in der Netzhaut beider Augen einander zugeordnet, sondern jeweils Areale von einigen Grad Ausdehnung. Diese korrespondierenden Netzhautareale werden Panum-Areale genannt. Die Ausdehnung der Panum-Areale entspricht wahrscheinlich der Größe der excitatorischen receptiven Felder binocular aktivierter Neurone im visuellen Cortex.

Mit den folgenden Lernschritten können Sie Ihren Wissenszuwachs überprüfen:

14.21 Die Organisation receptiver Felder im primären, sekundären und tertiären visuellen Cortex macht verständlich, warum für die Gestalterkennung folgende Eigenschaften visueller Reizmuster besonders wichtig sind:

a) die mittlere Leuchtdichte
b) Konturen
c) Konturunterbrechungen
d) die Farbtönung
e) keine der genannten Eigenschaften

b, c

14.22 Welche Mechanismen sind für normale stereoskopisches Sehen mit zwei Augen notwendig:

a) binoculare Fusion
b) Flimmerfusion
c) binoculare Hemmung störender Doppelbilder
d) Querdisparation
e) gleicher Farbeindruck auf beiden Augen
f) Dunkeladaptation

a, c, d

14.23 Unter korrespondierenden Netzhautarealen versteht man

a) das Verhältnis von receptivem Feldzentrum und receptiver Feldperipherie
b) die für normales Binocularsehen einander zugeordneten Areale in beiden Retinae
c) die Areale in einer Retina, die jeweils den gleichen Abstand links und rechts von der Fovea centralis haben
d) Netzhautareale, in denen nur Zapfen vorhanden sind

b

14.24 Der Horopter ist

a) der Bereich des Gesichtsfeldes, der sich auf die Fovea centralis projiziert

b) jener Bereich des binocularen Gesichtsfeldes, der sich auf beide Foveae centrales projiziert

c) eine gedachte Fläche im Raum, deren Punkte sich auf geometrisch korrespondierenden Netzhautstellen beider Retinae abbilden

d) jener Bereich der Umwelt, der außerhalb des binocularen Gesichtsfeldes liegt

e) keine der Aussagen ist richtig

c)

Lektion 15: Augenbewegungen und sensorisch-motorische Integration beim Sehen

In der bisherigen Darstellung der Funktion des visuellen Systems wurde vernachlässigt, daß die Augenbewegungen eine wesentliche Rolle für die Wahrnehmung der visuellen Umwelt spielen. Damit Sie die Koordination von sensorischen und motorischen Leistungen des visuellen Systems verstehen können, sollen zunächst die neuronalen Mechanismen zur Steuerung der Augenbewegungen besprochen werden. Im Anschluß daran werden Sie an einigen Beispielen die enge Verschränkung motorischer und sensorischer Funktion des visuellen Systems beim normalen Sehen kennenlernen.

Lernziele
Auswendig wissen, was man unter konjugierten Augenbewegungen und Vergenzbewegungen der Augen versteht und wie die Augen dabei bewegt werden. Anhand eines Schemas die zentralen Mechanismen zur Steuerung der Blickmotorik erläutern können. Auswendig wissen, nach welchem Prinzip durch die Elektrooculographie bzw. Elektronystagmographie die Augenbewegungen registriert werden. Auswendig wissen, wie sich Saccaden und langsame Augenfolgebewegungen unterscheiden. Den Zusammenhang zwischen Augenbewegungen und Wahrnehmung visueller Muster erklären können. Auswendig wissen, daß Konturen und Konturunterbrechungen eines visuellen Musters die „Abtastbewegungen" der Augen beim normalen Sehen bestimmen. Auswendig wissen, wie ein optokinetischer Nystagmus ausgelöst wird, wie dieser registriert werden kann und welche Formen der Augenbewegungen beim Nystagmus auftreten.

Wenn Sie frei im Raum umherblicken, bewegen sich Ihre Augen (sofern Sie nicht schielen) so gut koordiniert, daß sich der fixierte Gegenstand (oder genauer ein Punkt dieses Gegenstandes) in der Fovea-Mitte jedes Auges abbildet. Für die gemeinsame Bewegung beider Augen können Sie zwei „Programme" unterscheiden, die auch gemeinsam auftreten können:

15.1 Wenn beide Augen z u s a m m e n jeweils nach oben, nach unten, nach links oder nach rechts bewegt werden, so bewegt sich jedes Auge in bezug auf die Koordinaten des Kopfes in ...... (gleiche/verschiedene) Richtung. Dann werden die Augenbewegungen als k o n j u g i e r t bezeichnet.

gleiche

Eine zweite Klasse von Augenbewegungen tritt auf, wenn die Versuchsperson abwechselnd Gegenstände in der Ferne oder in der Nähe betrachtet. Dann bewegen sich beide Augen in bezug auf die Kopfkoordinaten näherungsweise spiegelbildlich. Bei solchen Vergenzbewegungen werden die Augen also durch ein anderes Bewegungsprogramm gesteuert als bei den konjugierten Augenbewegungen.

15.2 Wenn Sie zunächst in die Ferne blicken und danach einen Gegenstand in der Nähe fixieren, so konvergieren die Sehachsen. Ihre Augen machen also eine ...... (Konvergenzbewegung/Divergenzbewegung), während Sie beim anschließenden Fixieren eines Gegenstandes in der Ferne eine .... -bewegung ausführen.

Konvergenzbewegung — Divergenz

Eine Kombination von Vergenzbewegungen und konjugierten Augenbewegungen ist notwendig, wenn Sie z. B. von einem Gegenstand in der Ferne rechts auf einen nahen Gegenstand in der Mitte sehen.

15.3 Die Augen bewegen sich beim freien Umherblicken, wenn der Fixationspunkt gewechselt wird, in raschen Rucken, die Saccaden genannt werden. Wird ein bewegtes Objekt mit den Augen verfolgt, so treten dagegen langsame Augenfolgebewegungen auf. Diese langsamen Augenfolgebewegungen haben offenbar den Zweck, das Bild des verfolgten Gegenstandes in der ...... (Fovea centralis/Netzhautperipherie) ...... (eines Auges/beider Augen) zu „halten".

Fovea centralis — beider Augen

15.4 Die beiden Formen der binocularen Augenbewegungen (Vergenzbewegungen und ...... Augenbewegungen) treten sowohl bei Saccaden als auch bei langsamen Augenfolgebewegungen auf. Während konjugierter Augenbewegungen und Vergenzbewegungen ist die Bewegungsfolge des einzelnen Auges (Oculomotorik) dem Koordinationsprogramm für beide Augen (Blickmotorik) untergeordnet.

konjugierte

Neben konjugierten Augenbewegungen und Vergenzbewegungen können die Augen noch geringfügige rotatorische Bewegungen (Drehbewegungen in der fronto-parallelen Ebene) ausführen. Sie treten z. B. bei Neigung des Kopfes zur Seite auf. Insgesamt ist der Freiheitsgrad der Bulbusbewegungen sehr groß und die den Bulbus bewegenen Augenmuskeln können offenbar nach sehr verschiedenen Programmen zusammenarbeiten. Dieser hohe Freiheitsgrad der Augenbe-

wegungen ist mechanisch möglich, weil das Auge in der Orbita wie eine Kugel in einem Kugelgelenk liegt.
Das menschliche Auge wird durch sechs äußere Augenmuskeln bewegt, die je nach dem Programm der Augenbewegung synergistisch oder antagonistisch zusammenarbeiten. Die Funktion und die Innervation der einzelnen Augenmuskeln sollen im Rahmen dieses einführenden Textes nicht näher besprochen werden. Wichtig ist zum Verständnis der folgenden Lernschritte, daß für vertikale und horizontale Augenbewegungen der mechanisch mögliche Freiheitsgrad des Kugelgelenkes der Orbita weitgehend ausgenutzt wird.
Für die Steuerung der binocularen Blickmotorik müssen im Zentralnervensystem Mechanismen vorhanden sein, die die „richtige" Verteilung von Erregung und Hemmung auf antagonistisch wirksame Augenmuskeln eines Auges regeln und gleichzeitig auch die äußeren Augenmuskeln beider Augen miteinander koordinieren.

15.5 In Abb. 15-5 ist stark schematisiert das neuronale System zur Steuerung der horizontalen Augenbewegungen gezeichnet. Den motorischen Zentren, in denen die Nervenzellen der Augenmuskelnerven liegen, sind zur Steuerung der Blickmotorik Neurone ...... (übergeordnet/untergeordnet), die im Gebiet der (pontinen und mesencephalen) Formatio reticularis des Hirnstammes liegen. Die Blickmotorik wird auch durch Neurone in den Colliculi superiores und in der prätecalen Region gesteuert (s. auch Abb. 13-13).

übergeordnet

15.6 Aus Abb. 15-5 können Sie erkennen, daß außer den Augen ein weiteres Sinnesorgan Verbindungen mit den Zentren im Hirnstamm hat, die zur Steuerung der Blickmotorik eingesetzt werden; dies ist das ....
Die Verbindungen zwischen dem Gleichgewichtsorgan und den Augenmuskelkernen dient vor allem zur reflektorischen Änderung der Augenstellung bei Änderung der Kopflage im Raum.

Labyrinth (Gleichgewichtsorgan)

Die durch Erregung des Gleichgewichtsorgans ausgelösten oculomotorischen Reflexe werden beim wachen Menschen in der Regel durch andere Kommandos zur Steuerung der Augenbewegungen überspielt. Die subcorticalen Regionen, die der Steuerung der Blickmotorik dienen, werden dann von corticalen Regionen (visueller Cortex, frontales Augenfeld) und oculomotorischen Regionen des Kleinhirnes kontrolliert (Abb. 15-5). Die Verbindung zwischen corticalen Regionen und subcorticalen Zentren zur Steuerung der Blickmotorik ist eine anatomische Voraussetzung der Verschränkung sensorischer und motorischer Prozesse beim Sehen, die in den folgenden Lernschritten dargestellt wird.

15.7 Betrachten Sie die Augen eines Menschen beim Lesen eines Buches. Die beiden Augen bewegen sich jeweils ...... (gleichzeitig/nacheinander) vom linken Zeilenanfang in vier bis acht kleinen Sprüngen zum Zeilenende nach rechts und dann in e i n e m Sprung zum nächsten Zeilenanfang zurück.

gleichzeitig

15.8 Aus Lernschritt 15.3 wissen Sie, daß sprungförmige Bewegungen der Augen ...... genannt werden.

Saccaden

15.9 Die von Ihnen in Lernschritt 15.7 gemachte Beobachtung der saccadischen Augenbewegungen beim Lesen kann mit der E l e k t r o o c u l o g r a p h i e objektiv registriert werden. Dazu werden Elektroden auf die Haut über dem knöchernen Rand der Augenhöhle oberhalb und unterhalb, nasal und temporal vom Auge aufgeklebt (Abb. 15-9). Da zwischen der Cornea und der Retina des Auges eine elektrische Spannungsdifferenz vorhanden ist (sogenanntes corneo-retinales Bestandspotential), entsteht bei Bewegung des vorderen Augenpols zu einer der Oculographie-Elektroden eine elektrische Spannung zwischen beiden Elektroden. Diese elektrische Spannung ist näherungsweise proportional zur Auslenkung des Auges. Mit Hilfe des Elektrooculogramms wird also die Position eines Auges ...... (im Raum/relativ zu den Kopfkoordinaten/im Verhältnis zum anderen Auge) gemessen.

relativ zu den Kopfkoordinaten

Die Abb. 15-10 zeigt eine Registrierung der Augenbewegungen beim Lesen von drei Zeilen eines Buches mit Hilfe der Elektrooculographie. Eine Bewegung des Auges nach rechts bewirkte hierbei eine Auslenkung im Elektrooculogramm nach unten, eine Bewegung des Auges nach links eine Auslenkung nach oben.

15.10 In Abb. 15-10 können Sie rasche Saccaden von Perioden relativer Bewegungsruhe („Fixationsperioden") des Auges unterscheiden. Während der Perioden zwischen den Saccaden verschiebt sich das Auge ...... (sehr geringfügig/sehr stark).

sehr geringfügig

15.11 In Abb. 15-10 können Sie weiter k l e i n e Saccaden, durch die der Fixationspunkt ruckweise über die Zeile geschoben wird, von den großen, entgegengesetzt gerichteten Saccaden beim Zeilenwechsel (Z) unterscheiden. Sie können durch den Vergleich mit der Zeitskalierung erkennen, daß die D a u e r e i n e r S a c c a d e ...... (zwischen 10 und 80 msec/zwischen 200 und 500 msec/über eine Sekunde) beträgt. Die Winkelgeschwindigkeit des Auges ist während einer Saccade verhältnismäßig hoch. Berechnen Sie die m i t t l e r e Winkelgeschwindigkeit der Augen während einer Saccade von 20 msec Dauer und 8 grad Amplitude: ...... [grad · sec^{-1}].

10–60 msec — 400 [grad · sec^{-1}]

15.12 Beobachten Sie die Augen einer Versuchsperson, wenn diese ein gut strukturiertes Bild oder ein anderes komplexes visuelles Muster (z. B. die Gegenstände in einem Zimmer) betrachtet. Sie sehen, daß auch unter diesen Bedingungen kurze Saccaden und ...... miteinander abwechseln.

Fixationsperioden (oder entsprechend)

15.13 Die Abb. 15-13 zeigt die zweidimensionale Aufzeichnung der Augenbewegungen beim Betrachten der Photographie eines Gesichtes. Durch den Vergleich der Photographie mit den Augenbewegungen erkennen Sie, daß die Augenbewegungen bevorzugt durch die ...... (Grauwerte/Farben/Konturen) des visuellen Reizmusters gesteuert werden.

Konturen

Ein komplexes Reizmuster wird bevorzugt an besonders ausgezeichneten Stellen — z. B. Konturunterbrechungen oder Konturüberschneidungen — fixiert. Bei der Betrachtung eines menschlichen Gesichts sind die Augen und der Mund häufige Fixationsstellen. Diese Beobachtung zeigt Ihnen, daß auch elementare Steuerungen, wie die Abtastbewegungen der Augen, nicht nur durch die physikalisch beschreibbaren Parameter des Reizmusters, sondern auch durch die „Bedeutung" der visuellen Signale für das Verhalten beeinflußt werden.

15.14 Aus den Lernschritten 14.2 bis 14.6 wissen Sie, daß die Nervenzellen in der Sehrinde zum Teil „komplexe" oder „hyperkomplexe" receptive Felder haben. Diese Nervenzellen werden besonders durch ...... (Konturen und Konturunterbrechungen/diffuse Hell-Dunkel-Reize/kleine Lichtpunkte) aktiviert, die sich durch das receptive Feld bewegen. Durch diese Neurone wird über die in Lernschritt 15-5 erwähnten Verbindungen zwischen der Sehrinde und den subcorticalen Zentren zur Steuerung der Blickmotorik vermutlich auch die Anpassung der Abtastbewegungen der Augen an das Reizmuster kontrolliert.

Konturen und Konturunterbrechungen

Augenbewegungen sind zur vollständigen visuellen Gestaltwahrnehmung unbedingt erforderlich. Wird durch technische Tricks im Experiment das Bild eines visuellen Reizmusters auf der Netzhaut „stabilisiert", so daß trotz Augenbewegungen das Bild des betrachteten Gegenstandes immer am gleichen Ort der Netzhaut verbleibt, so kann die Versuchsperson innerhalb von Sekunden die Konturen und kurz danach auch die Farben eines Reizmusters nicht mehr erkennen. Wird das stabilisierte Netzhautbild kurz verschoben, so wird das Reizmuster vorübergehend wieder wahrgenommen. Das optimale Bewegungsmuster zur Herstellung einer geordneten Gestaltwahrnehmung sind rasche unregelmäßige Verschiebungen des Netzhautbildes, kombiniert mit sehr langsamen Bewegungen. Das optimale Bewegungsmuster entspricht also näherungsweise den normal vorkommenden Abtastbewegungen der Augen beim Betrachten der strukturierten visuellen Welt.

15.15 Beim Umherblicken, also während einer Folge von Saccaden und Fixationspunkten, verschiebt sich das Bild der visuellen Welt bei jeder Saccade mit hoher Winkelgeschwindigkeit auf der Netzhaut, da sich das Auge in der Orbita dreht (s. Lernschritt 15.11). Nehmen Sie infolge dieser Bildverschiebung in Ihrer Umwelt eine Scheinbewegung der ganzen Umwelt wahr? Die Antwort ist eindeutig: ....

nein

15.16 Sie können eine Scheinbewegung der Umwelt infolge einer Verschiebung des Netzhautbildes jedoch leicht beobachten, wenn Sie einen Gegenstand in Ihrer Umwelt monocular betrachten und das sehende Auge mit dem Finger hin- und herschieben. In diesem Experiment korrespondiert also die retinale Bildverschiebung mit einer ...... der Umwelt.

Scheinbewegung (oder entsprechend)

Aus den Beobachtungen der beiden vorausgehenden Lernschritte können Sie schließen, daß es Mechanismen geben muß, durch die eine B e w e g u n g s - w a h r n e h m u n g während der willkürlichen und unwillkürlichen Saccaden verhindert wird.

15.17 Eine Unterdrückung der Bewegungswahrnehmungen können Sie an sich selbst beobachten: Nehmen Sie einen Spiegel und betrachten Sie Ihre Augen im Spiegel. Schauen Sie zunächst auf Ihr linkes, danach auf Ihr rechtes Auge und wieder zurück zum linken Auge. Sie können Ihre Augenbewegung ...... (nicht/sehr deutlich) sehen.

nicht

15.18 Lassen Sie danach eine Versuchsperson zum Vergleich die gleiche Aufgabe ausführen und betrachten Sie selbst die Augen der Versuchsperson im Spiegel. Sie sehen dann ohne Schwierigkeiten die .... (langsamen/saccadischen) Augenbewegungen der Versuchsperson.

saccadischen

15.19 Aus Lernschritt 15.3 wissen Sie, daß außer Saccaden noch ein anderes Bewegungsprogramm für die Blickmotorik vorhanden ist, nämlich langsame .... Überprüfen Sie, ob während langsamer Augenbewegungen ebenfalls eine Unterdrückung der Bewegungswahrnehmung vorhanden ist. Fixieren Sie die Pupille eines Ihrer Augen im Spiegel und drehen Sie dabei gleichzeitig den Kopf langsam nach links und nach rechts, nach unten oder oben. Ihre Augen bewegen sich dabei gleichförmig in der Augenhöhle entgegengesetzt zur Kopfbewegung. Diese Bewegungen Ihrer Augen in der Orbita können Sie ohne Schwierigkeiten sehen. Während nicht-saccadischer, langsamer Augenbewegungen besteht also .... (eine/keine) Unterdrückung der Bewegungswahrnehmung.

Augenfolgebewegungen — keine

Aus den vorausgehenden fünf Lernschritten können Sie schließen, daß die Unterdrückung der Bewegungswahrnehmung während rascher Saccaden jenen Teil der sensorisch-motorischen Koordination darstellt, der verhindert, daß während aktiver saccadischer Augenbewegungen störende Scheinbewegungen der Umwelt wahrgenommen werden. In den letzten Lernschritten dieses Kapitels werden Sie eine besondere Form der Augenbewegungen kennenlernen, bei der ein koordinierter Wechsel langsamer Augenfolgebewegungen und entgegengesetzt gerichteter Saccaden auftritt.

15.20 Betrachten Sie die Augen eines Menschen, der aus dem Seitenfenster eines fahrenden Zuges oder Automobils die Gegend betrachtet. Bei ihm wechseln sich ...... und ...... Augenbewegungen ab, wobei die Bewegung beider Augen jeweils gleichzeitig und in die gleiche Richtung erfolgt.

Saccaden — langsame (in beliebiger Reihenfolge)

15.21 Die von Ihnen in Lernschritt 15.20 beobachteten Augenbewegungen zeigen einen fast r e g e l m ä ß i g e n Wechsel von langsamen Folgebewegungen und saccadischen Rückstellbewegungen. Eine solche Bewegungsfolge wird N y s t a g m u s genannt. Weil im genannten Beispiel ein scheinbar b e w e g t e r o p t i s c h e r Reiz den Nystagmus auslöst, wird dieser als ...... (optokinetischer/vestibulärer/spontaner) Nystagmus bezeichnet.

optokinetischer

15.22 Einen optokinetischen Nystagmus können Sie an einer Versuchsperson einfach dadurch auslösen, daß Sie ein von den Hausfrauen beim Nähen benutztes Meßband nehmen, vor der Versuchsperson horizontal oder vertikal bewegen und die Versuchsperson bitten, die Zahlen zu lesen (Abb. 15-22B). Die Richtung des Nystagmus wird nach der Schlagrichtung der raschen Phase angegeben. Wenn Sie von der Versuchsperson aus gesehen das Meßband also nach rechts bewegen, entsteht ein optokinetischer Nystagmus nach ......, weil die langsame Phase der Augenbewegung nach rechts, die rasche nach ...... erfolgt. Wenn das Meßband langsam nach oben bewegt wird, entsteht ein optokinetischer Nystagmus nach ....

links — links — unten

Zur genauen experimentellen Messung des optokinetischen Nystagmus benutzt man als Reize horizontal oder vertikal bewegte Hell-Dunkel-Streifen, die auf die Innenseite eines Halbzylinders projiziert werden und deren Winkelgeschwindigkeit variabel ist (Abb. 15-22A). Die Augenbewegungen werden mit Hilfe der Elektrooculographie (Lernschritt 15.9) oder der Elektronystagmographie (ENG) gemessen. Bei der Elektronystagmographie werden im Unterschied zur Elektrooculographie die Elektroden an der linken und der rechten Schläfe angebracht (bitemporale Elektroden) und daher die konjugierten Bewegungen beider Augen gemessen. Mit dem Elektrooculogramm wird dagegen die Bewegung des einzelnen Auges aufgezeichnet. Eine Registrierung des optokinetischen Nystagmus ist schematisch im EOG der Abb. 15-9B gezeigt.
Die wichtigsten Kenntnisse, die Sie in dieser Lektion über die sensorisch-motorische Koordination beim Sehen erworben haben, können Sie sich durch die Ergänzung der folgenden Merksätze nochmals einprägen:

15.23 Erst die Koordination von ..... und von ..... zentralnervösen Leistungen ermöglicht die normale visuelle Wahrnehmung

sensorischen — motorischen (in beliebiger Reihenfolge)

15.24 Beim Betrachten eines stationären visuellen Musters treten koordinierte .... beider Augen auf.

Abtastbewegungen (oder entsprechend)

15.25 Die Richtung der Abtastbewegungen und die Fixationsstellen werden durch die ...... und die ...... des Reizmusters bestimmt, jedoch können auch sozial wichtige Merkmale des visuellen Reizes einen Einfluß auf die Augenbewegungen haben.

Konturen — Konturunterbrechungen oder Konturüberschneidungen (in beliebiger Reihenfolge)

15.26 Die Abtastbewegungen der Augen bestehen aus einer Folge von .... verschiedener Amplitude und aus ...... , während derer sich die Augen nicht oder nur wenig verschieben.

Saccaden — Fixationsperioden (oder entsprechend)

15.27 Die Augenbewegungen sind zur visuellen Gestaltwahrnehmung erforderlich. Die Konturen und die Farben eines auf der Netzhaut „stabilisierten" Reizmusters werden nach kurzer Zeit ...... (unverändert gut/nicht mehr) wahrgenommen.

nicht mehr

Mit den folgenden Lernschritten können Sie Ihren Wissenszuwachs überprüfen:

15.28 Saccaden sind
a) ruckförmige Bewegungen der Augen
b) langsame Augenfolgebewegungen
c) pendelförmige Drehbewegungen der Augen
d) keine der Aussagen ist richtig

a

15.29 Mit welchen elektrischen Registriermethoden können die Augenbewegungen gemessen werden?
a) Elektrocardiogramm
b) Elektroretinogramm
c) Elektrooculogramm
d) Elektroencephalogramm
e) Elektronystagmogramm

c, e

15.30 Bei der Betrachtung eines Bildes sind die Augenbewegungen
a) statistisch zufällig
b) von den Farbwerten des Bildes abhängig
c) von den Konturen und Konturunterbrechungen abhängig

d) für beide Augen in der Regel koordiniert
e) regellos für beide Augen, aber abhängig von besonderen Merkmalen des Bildes

c, d

15.31 Wenn Sie aus einem gleichmäßig fahrenden Eisenbahnzug durch ein Seitenfenster die Landschaft betrachten, entstehen
a) ruckförmige Konvergenzbewegungen beider Augen
b) ein optokinetischer Nystagmus
c) vom Labyrinth ausgelöste Augenbewegungen
d) unregelmäßige Augenbewegungen, die unabhängig von der Fahrtrichtung des Zuges sind
e) keine der Angaben ist richtig

b

D Physiologie des Hörens (Klinke)

Lektion 16: Anatomischer Aufbau des Ohres

Zum Verständnis der Hörphysiologie müssen zunächst einige anatomische Tatsachen bekannt sein. In dieser Lektion werden wir also den Aufbau des äußeren, des mittleren und des inneren Ohres besprechen; die beiden letzten werden auch als Mittelohr bzw. Innenohr bezeichnet. Halten Sie beim Durcharbeiten des Textes die Abb. 16-1 bereit und stellen Sie Text und Abbildung gegenüber.

Lernziele

An einer schematischen Zeichnung des äußeren, mittleren und inneren Ohres (Längsschnitt) die einzelnen Teile benennen können. Auf der Skizze einzeichnen können, in welcher Richtung der Trommelfell-Gehörknöchelchenapparat schwingt. Angeben können, welche Flüssigkeitsräume im Innenohr vorhanden sind und womit sie angefüllt sind. Den Hauptunterschied in der chemischen Zusammensetzung von Endo- und Perilymphe angeben können. Angeben können, auf welche Flüssigkeit der Stapes die Schwingungsenergie überträgt. Eine schematische Skizze eines Querschnittes durch eine Windung der Cochlea anfertigen und die dargestellten Teile benennen können. Ursprung und Ende der afferenten Nervenfasern angeben können.

16.1 Ohrmuschel und Gehörgang bilden das (s. Abb. 16-1) ...... Ohr. Der Gehörgang wird durch das Trommelfell abgeschlossen, das die Grenze zum Mittelohr (mittleren Ohr) darstellt.

äußere

16.2 Das Mittelohr ist ein luftgefüllter Hohlraum, der auch Paukenhöhle genannt wird. Die Paukenhöhle enthält die Gehörknöchelchen, die als Hammer (H in 16-1), Amboß (A in 16-1), und Steigbügel (= Stapes = S in 16-1) bezeichnet werden. Am Trommelfell angewachsen ist (s. Abb. 16-1) der ...., wogegen die Verbindung zum Innenohr vom ...... gebildet wird.

Hammer — Steigbügel (Stapes)

16.3 Das Innenohr enthält die Receptoren für den Hörvorgang. Es ist klar, daß der Schall erst aus der Umwelt an diese Receptoren gelangen muß, bevor er zu einer Empfindung führen kann. Der Schall wird dazu vom Trommelfell aufgenommen, von dort auf die Kette der Gehörknöchelchen weitergegeben und das letzte von ihnen, der Stapes, gibt die Schallenergie schließlich an das Innenohr ab. Die einzelnen Glieder der Übertragungskette sind also Trommelfell- . . . . -. . . . . -Steigbügel. Dieser sogenannte Trommelfell-Gehörknöchelchenapparat wird dabei durch den Schall in Schwingungen versetzt, in der Richtung, die der Pfeil in der Abb. 16-1 angibt.

Hammer — Amboß

16.4 Schallwellen (s. Lektion 17) aus unserer Umwelt kommen also in der Regel über die Luft zunächst an das äußere Ohr. Die Receptoren sind jedoch in die Flüssigkeit des Innenohres gebettet (s. 16.6; 16.7). Der Schall muß also von Luft in Flüssigkeit übertreten, was normalerweise wegen Reflexion zu großen Verlusten an Schallenergie führt. Damit am Ohr diese Verluste möglichst klein bleiben, die Empfindlichkeit des Ohres also möglichst hoch ist, hat die Natur zwischen die Luft der Umwelt und die Flüssigkeit des Innenohres den Trommelfell-Gehörknöchelchenapparat geschaltet. Fehlen Trommelfell bzw. Gehörknöchelchen (z. B. nach einer schweren Mittelohrvereiterung), so wird die Hörleistung . . . .

verschlechtert (oder entsprechend)

16.5 Das innere Ohr ist in die Knochen des Felsenbeins eingebettet. Es besteht aus drei übereinanderliegenden schneckenförmig gewundenen Kanälen, die deswegen auch als Schnecke (= Cochlea) bezeichnet werden. Die Kanäle werden als Scala . . . . . . , Scala . . . . . . und Scala . . . . bezeichnet (s. Abb. 16-1 und 16-5). Scala vestibuli und Scala tympani stehen am sogenannten . . . . . . (s. Abb. 16-1) miteinander in Verbindung. (Den Schnitt in Abb. 16-5 hat man sich parallel zur Schneckenachse zu denken.)

vestibuli — media — tympani (in beliebiger Reihenfolge) — Helicotrema

16.6 Die Räume des Innenohres bilden einen geschlossenen Hohlraum und sind mit Flüssigkeit angefüllt, wogegen das Mittelohr . . . . . . enthält.

Luft

16.7 Die Flüssigkeit in der Scala vestibuli nennt man Perilymphe, die in der Scala media Endolymphe. Da die Scala vestibuli und die Scala tympani am Helicotrema miteinander in Verbindung stehen, enthalten beide dieselbe Flüssigkeit, nämlich . . . .

Perilymphe

16.8 Die Perilymphe ist natriumreich und ähnelt in der Zusammensetzung der ...... (intra-/extracellulären) Flüssigkeit, wogegen die Endolymphe kaliumreich ist und somit einer ...... Flüssigkeit ähnelt.

extracellulären — intracellulären

16.9 Der Steigbügel grenzt an die ...... -lymphe der Scala vestibuli (s. Abb. 16-1) und überträgt also auf sie die Schallenergie. Die Öffnung, an der der Steigbügel an die Perilymphe der Scala vestibuli grenzt, nennt man ovales Fenster. Das sogenannte Ringband umschließt die Stapesfußplatte und dichtet so das ovale Fenster gegenüber der Paukenhöhle ab.

Peri

16.10 Zwischen der Scala tympani und der Paukenhöhle befindet sich ebenfalls eine Öffnung, das sog. ...... Fenster (s. Abb. 16-1). Es ist durch eine dünne Membran verschlossen, so daß auch hier die Perilymphe nicht auslaufen kann. Dieses Fenster ist wichtig zum Druckausgleich in der Cochlea bei Bewegungen des Stapes, da die Flüssigkeit nicht komprimierbar ist. Wird z. B. der Steigbügel in Richtung Scala vestibuli bewegt, so wölbt sich die Membran des runden Fensters nach ...... und umgekehrt.

runde — außen, in Richtung Paukenhöhle

16.11 Wie in 16.5 gesagt, liegen die drei Skalen der Cochlea übereinander und sind ...... aufgewickelt. Die Abb. 16-5 gibt einen Querschnitt durch die Cochlea, wobei in jeder Windung die drei Skalen zu sehen sind.

schneckenförmig (spiralig)

16.12 Auf der Abb. 16-12 sehen Sie den Querschnitt durch eine Schneckenwindung in stärkerer Vergrößerung. Wie sie dort sehen können, wird die Scala media durch die ...... Membran von der Scala vestibuli und durch die ...... -membran von der Scala tympani abgrenzt. Bitte, halten Sie sich aber immer vor Augen, daß die Abb. 16-12 einen Querschnitt darstellt, daß also Reissnersche Membran, Basilarmembran und die dazwischen befindliche Endolymphe in Wirklichkeit ein schlauchförmiges Gebilde darstellen, das außerdem noch spiralig aufgewickelt ist (s. dazu Abb. 18-19).

Reissnersche — Basilar

16.13 Die Basilarmembran trägt den eigentlichen Sinnesapparat, das sogenannte Cortische Organ. Dieses enthält insbesondere die Sinneszellen, die wegen ihrer haarförmigen Fortsätze auch als Haarzellen bezeichnet werden. Man unterscheidet innere und äußere .... Die äußeren Haarzellen sind in drei Reihen angeordnet, und infolgedessen erheblich zahlreicher als die inneren, was auch aus Abb. 16-12 hervorgeht.

Haarzellen

16.14 Über das Cortische Organ deckt sich die Tektorialmembran. Die Haare der Haarzellen ragen in den Raum zwischen der Oberfläche der Haarzellen und der Unterseite der Tektorialmembran. Sie sind nicht nur in den Haarzellen fest verankert, sondern sie haben überdies noch relativ festen Kontakte mit der Unterseite der ...... .Das ist zumindest für die äußeren Haarzellen sicher.

Tektorialmembran

16.15 Die Receptorzellen sind sekundäre Sinneszellen, d. h. sie bilden selbst keine Nervenfortsätze aus. Statt dessen werden sie von anderen Nervenfasern versorgt, deren Ursprungszellen die Bipolarzellen des Ganglion spirale darstellen. Diese Nervenfasern übertragen Information, d. h. also Meldungen über den Erregungszustand des Cortischen Organs von den .... an die Zellen des Nucleus cochlearis im verlängerten Mark (Medulla oblongata). Sie bilden in ihrer Gesamtheit den Nervus acusticus, den Hörnerven.

Receptorzellen (Haarzellen)

16.16 Das spiralförmige Ganglion spirale liegt inmitten der ...... (Cochlea/Medulla oblongata).

Cochlea (s. Abb. 16-5)

16.17 Innere und äußere Haarzellen werden von verschiedenen Nervenfasern innerviert. An jeder inneren Haarzelle enden viele Nervenfasern. Jede Faser, die zu den inneren Haarzellen führt, endet aber nur an einer einzigen Receptorzelle. Anders ist es bei den äußeren Haarzellen. Eine für die äußeren Haarzellen bestimmte Nervenfaser verzweigt sich vielfältig, so daß sie viele äußere Haarzellen innerviert. Demzufolge ist also die Mehrzahl der im Nervus acusticus enthaltenen Fasern für die .... Haarzellen bestimmt.

inneren

16.18 An der Außenseite der Scala media liegt ein gefäßreiches Gebiet, die Stria ...... (Abb. 16-12). Sie spielt für die Energieversorgung des Innenohres und für die Aufrechterhaltung des Ionnenmilieus in der Endolymphe eine große Rolle. Die Endolymphe ist auffallend reich an ...... (Na^+/ K^+/Ca^+).

vascularis — K^+

Die folgenden Lernschritte dienen zur Überprüfung Ihres Wissens.

16.19 Der Schall wird vom äußeren Ohr aufgefangen und gelangt vom Gehörgang (erinnern Sie sich an Abb. 16-1) über das Trommelfell, den ...., den ...... und den ...... schließlich ans ....

Hammer — Amboß — Stapes (Steigbügel) — Innenohr

16.20 Der anatomische Bau der Cochlea ist zum Verständnis der Physiologie in den folgenden Lernschritten sehr wichtig. Zeichnen Sie daher schematisch den Querschnitt einer Schneckenwindung und tragen Sie ein: Tektorialmembran; Basilarmembran; äußere und innere Haarzellen; die dazugehörigen Nervenfasern und ihre Ursprungszellen. Bezeichnen Sie die Lymphräume.

Wenn die Zeichnung fertig ist, muß sie aussehen etwa wie Abb. 16-12.

16.21 Den auf der Basilarmembran befindlichen Sinnesapparat nennt man auch ....

Cortisches Organ

16.22 Die Stria vascularis spielt eine große Rolle für

a) die Energieversorgung des Innenohres
b) Druckausgleich bei Stapesbewegung
c) Aufrechterhaltung des Ionenmilieus in der Endolymphe
d) Produktion von Perilymphe
e) Resorption von Perilymphe

a, c

16.23 Scala vestibuli und Scala tympani stehen am sog. ...... miteinander in Verbindung. Dies ist am ...... (oberen/unteren) Ende der Cochlea.

Helicotrema — oberen

Lektion 17:
Die Leistungen des Hörsystems

In dieser Lektion wollen uns uns mit den physikalischen Eigenschaften des Schalles, dem adäquaten Reiz für das Hörorgan befassen, gleichzeitig aber auch grundlegende Beziehungen zwischen Reiz und Empfindung, also psychophysische Zusammenhänge erarbeiten.

Lernziele

a) Physik: Angeben können, was Schallwellen sind und warum sie als Longitudinalwellen bezeichnet werden. Angeben können, welche physikalischen Größen den Schall charakterisieren (Frequenz, Schalldruck, Schalldruckpegel). Die Definition der Schalldruckpegelskala (dB SPL) auswendig wissen. Physikalische Unterschiede zwischen Ton, Klang und Geräusch nennen können. b) Psychophysik: In ein Diagramm den Verlauf der Hörschwelle einzeichnen können. Den Begriff Isophone definieren können. Den Begriff Hörfläche erläutern können. Den Lautstärkepegel von Hörschwelle, Umgangssprache und der Schmerzschwelle auswendig wissen. Angeben können, wozu ein Audiometer dient. Das klinische Audiogramm eines Patienten interpretieren können. Die Zuordnung zwischen Frequenz und der subjektiven Empfindung angeben können. Den Begriff Frequenzunterschiedschwelle definieren und größenordnungsmäßig den Zahlenwert nennen können.

17.1 Schwingende Körper, also z. B. eine Stimmgabel oder eine Lautsprechermembran, regen die umgebende Luft zu Schwingungen an (Abb. 17-1), indem die Moleküle der unmittelbaren Umgebung den Bewegungen der Stimmgabel folgen. Die schwingenden Luftmoleküle übertragen ihrerseits wieder Energie auf die weitere Umgebung, wodurch auch dort die Luftmoleküle in Schwingung geraten usw. So pflanzt sich der Vorgang fort, und zwar mit einer Geschwindigkeit von 340 m/sec. Man nennt das Phänomen Schall, den Ursprungsort (z. B. die Stimmgabel) nennt man ...... -quelle und die Fortpflanzungsgeschwindigkeit nennt man ...... -geschwindigkeit. Den von Schallschwingungen erfaßten Raum nennt man auch Schallfeld.

Schall — Schall

17.2 In einem Schallfeld schwingen die Luftmoleküle also um ihre Ruhelage hin und her und führen dabei winzige Bewegungen aus. Dabei entstehen Zonen, in denen die Luftmoleküle dichter gepackt sind und in denen daher der Druck ...... (erhöht/gleich/vermindert) ist und solche, in denen weniger Moleküle/ vorhanden sind und wo daher der Druck .... (erhöht/gleich/vermindert) ist.

erhöht — vermindert

17.3 Die so entstehende Druckamplitude nennt man Schalldruck (s. Abb. 17-1). Die Zonen von Über- bzw. Unterdruck breiten sich wellenförmig aus, ähnlich wie die Wellen auf einer Wasseroberfläche. Die Schallwellen werden als Longitudinalwellen bezeichnet, weil Ausbreitungsrichtung und die Richtung, in der Moleküle schwingen ...... (gleich/verschieden) sind.

gleich

17.4 An einem bestimmten Ort innerhalb des Schallfeldes herrscht also einmal ein Überdruck, einmal ein .... Sie wechseln einander periodisch ab. Zur Charakterisierung eines Schalles kann dieser Wechsel- ..... verwendet werden. Man muß dazu seine Amplitude (kurz Schalldruck genannt) und seine Frequenz kennen.

Unterdruck — druck

17.5 Der Schalldruck kann mit geeigneten Mikrophonen gemessen werden. Er wird in $\frac{\text{dyn}}{\text{cm}^2} = \mu\text{bar}$ angegeben. Auch jeder andere Druck ...... (läßt sich/läßt sich nicht) in diesen Dimensionen angeben.

läßt sich (s. Lehrbücher der Physik)

17.6 Meistens wird in der Akustik jedoch ein anderes Maß verwendet, der sogenannte Schalldruckpegel. Er wird in dB (dezibel) angegeben. Lesen Sie hier erst einmal die Definition, in 17.7 wollen wir dann einige Beispiele rechnen. Zur Festlegung des Schalldruckpegels eines Schalles wird der zu messende Schalldruck (p_x) mit dem willkürlich festgelegten Bezugsschalldruck (p_o) von $2 \cdot 10^{-4}$ $\frac{\text{dyn}}{\text{cm}^2}$ verglichen, in dem man zunächst das Verhältnis $\frac{p_x}{p_o}$ bildet. Der so erhaltene Wert wird noch logarithmiert (dekadischer Logarithmus) und mit dem Faktor 20 versehen, also:

Schalldruckpegel $L = 20 \cdot \log \frac{p_x}{p_o}$ (dB)

Da auch andere Größen, z. B. elektrische Spannungen in einer dB-Skala angegeben werden können, werden die dB-Werte der Schalldruckpegelskala auch oft als dB SPL bezeichnet. Der Zusatz SPL (sound pressure level) dient lediglich als Hinweis, daß wirklich der Schalldruckpegel nach der obigen Definition mit dem Bezugsschalldruck von $p_o = 2 \cdot 10^{-4} \frac{dyn}{cm^2}$ gemeint ist.

17.7 Die in 17.6 gegebene Definition erscheint sehr unhandlich und willkürlich. Sie bietet aber für die rechnerische Behandlung akustischer Probleme erhebliche Vorteile und wurde deswegen so gewählt. Mit derartigen Problemen wollen wir uns hier jedoch nicht befassen. Zum vollen Verständnis der dB-Skala rechnen wir jedoch noch einige Beispiele:
Gefragt sei der Schalldruckpegel eines Schalles mit dem Schalldruck p_x von $2 \cdot 10^{-2} \frac{dyn}{cm^2}$. Wir bilden also zunächst das Verhältnis ....
$= \frac{2 \cdot 10^{-2}}{2 \cdot 10^{-4}} = 100$, was also besagt, daß der Schalldruck p_x 100mal größer ist als p_o.

$\frac{p_x}{p_o}$

17.8 Der dekadische Logarithmus von 100 ist 2. Insgesamt ergibt sich also in unserem Beispiel aus 17.7: Schalldruckpegel L = 20 · 2 = 40 dB SPL. Ebenso kann man ausrechnen, daß der Schalldruck $2 \cdot 10^{-3} \frac{dyn}{cm^2}$ einem Schalldruckpegel von ...... dB SPL entspricht. Der Bezugsschalldruck p_o selbst hat einen Schalldruckpegel von ...... dB SPL und die Verdoppelung des Bezugsschalldruckes, also der Schalldruck $4 \cdot 10^{-4} \frac{dyn}{cm^2}$ entspricht dem Schalldruckpegel von ...... dB SPL (zur Berechnung log 2 = 0.3).

20 — 0 — 6

17.9 Die Frequenz eines Schalles wird in Hz (Hertz) angegeben, das sind Schwingungen pro Sekunde. Schall und Schallquelle haben in ruhendem Medium ...... (immer/häufig/nie) die gleiche Frequenz. Frequenz f, Schallgeschwindigkeit c und Wellenlänge λ (Abb. 17-1), bilden die Beziehung $c = f \cdot \lambda$ (s. a. Lehrbücher der Physik).

immer

17.10 Ein Schallereignis nennt man einen Ton, wenn es nur eine einzige Frequenz (z. B. also 2000 Hz) enthält (s. Abb. 17-10 A). Im täglichen Leben kommen Töne praktisch nicht vor. Es handelt sich hier vielmehr um Klänge oder Geräusche. Man spricht von einem Klang, wenn ein Schallereignis mehrere Frequenzen enthält (s. Abb. 17-10 B). Im allgemeinen handelt es sich dabei um einen Grundton mit mehreren Obertönen. Bei Musikinstrumenten bestimmen die Obertöne die Klangfarbe des Instrumentes. Im Sinne der obigen Definition nennt man den beim Anstreichen einer Violine entstehenden Schall einen .... Bei einem Klang zeigt der zeitliche Verlauf des Schalldruckes noch immer eine Periodizität (T in Abb. 17-10 B).

Klang

17.11 Wenn ein Schallereignis praktisch sämtliche Frequenzen des Hörbereiches enthält, bezeichnet man es als ...... (Ton/Klang/Geräusch). Im zeitlichen Verlauf des Schalldruckes ist hierbei keine Periodizität mehr zu erkennen (s. Abb. 17-10 C). Ein Schallereignis, das mehrere Frequenzen enthält, wobei deren Amplitude oder auch die Frequenzen selbst noch zeitlichen Änderungen unterworfen sein können, wird oft als komplexer Schall bezeichnet.

Geräusch

Wir haben bisher rein physikalische Größen betrachtet. Nun wollen wir uns der Frage zuwenden, in welcher Weise diese akustischen Größen mit subjektiven Empfindungen verknüpft sind. Derartige Zusammenhänge nennt man psychophysisch.

17.12 Jeder Ton muß einen bestimmten Schalldruckpegel überschreiten, bevor er gehört werden kann. Den Schalldruckpegel, bei dem ein Ton hörbar wird, nennt man die Hörschwelle. Dieser Wert hängt von der Frequenz des Prüftones ab. Die unterste, gestrichelte Kurve in Abb. 17-12 gibt den Verlauf der Hörschwelle bei den verschiedenen Frequenzen an. Wie man sieht, ist das Ohr am empfindlichsten im Bereich von ...... (125-250 Hz/2000-4000 Hz/8000-16 000 Hz).

2000-4000 Hz

17.13 Im Bereich höherer und niederer Frequenzen wird die Hörschwelle erst überschritten, wenn ...... Schalldruckpegel verwendet werden. Ist die Hörschwelle einmal überschritten, so wird unabhängig von der Frequenz mit steigendem Schalldruck ein Ton immer lauter empfunden.

höhere

17.14 Den Zusammenhang zwischen Schalldruckpegel und dem subjektiv empfundenen Lautstärkepegel kann man quantitativ beschreiben. Eine Versuchsperson kann nämlich nicht nur Angaben darüber machen, wann ein Ton hörbar wird, also die ...... überschreitet, sondern auch darüber, wann sie zwei Töne verschiedener Frequenz als g l e i c h l a u t empfindet. Man bietet dazu der Versuchsperson zwei Töne dar, den Testton und einen Vergleichston von 1000 Hz. Die Versuchsperson ändert den Schalldruckpegel des Vergleichstones so lange, bis ihr beide Töne gleich laut erscheinen. Man sagt dann: Beide Töne besitzen den gleichen Lautstärkepegel.

Hörschwelle

17.15 Der Lautstärkepegel wird in phon angegeben. Da die Versuchsperson angewiesen war, den Schalldruckpegel des 1000 Hz-Vergleichstones so einzustellen, daß sie beide Töne als ...... laut empfand, verwendet man auch den Zahlenwert des Schalldruckpegels des Vergleichstones als Maßzahl für den Lautstärkepegel.

gleich

17.16 Ein beliebiger Ton hat also den Lautstärkepegel von x phon (z. B. 70 phon), wenn er gleich laut empfunden wird wie ein Vergleichston von .... Hz und x dB (in unserem Beispiel 70 dB) Schalldruckpegel.

1000

17.17 Im Diagramm der Abb. 17-12 sind Kurven gleichen Lautstärkepegels eingetragen. Alle Töne, die auf jeweils einer dieser Kurven liegen, werden als ...... (gleich/unterschiedlich) laut empfunden. Diese Kurven werden daher auch als Isophone bezeichnet. Auch die Hörschwelle ist eine solche .... Sie hat den Lautstärkepegel von ...... phon (s. Abb. 17-12).

gleich — Isophone — 4

17.18 Im Gegensatz zur rein physikalisch definierten Skala des Schalldruckpegels baut die Skala des Lautstärkepegels auf subjektiven Angaben auf. Sie stellt also einen ...... Zusammenhang dar. Im übrigen sei hier erwähnt, daß man im mittleren Intensitätsbereich zwei Töne dann als unterschiedlich laut wahrnehmen kann, wenn sich ihre Schalldruckpegel um mindestens 1 dB unterscheiden (Intensitätsunterschiedsschwelle).

psychophysischen

17.19 Natürlich darf man das Ohr nicht beliebig hohen Schalldrucken aussetzen, denn oberhalb bestimmter Schalldruckpegel wird ein Schallereignis als schmerzhaft empfunden. Das ist bei etwa 130 phon der Fall. Bei diesem ...... liegt daher die Schmerzschwelle des Ohres. Da diese hohen Lautstärkepegel außerdem auch zu Hörschäden führen können, vermeide man nach Möglichkeit, sich derartigen Schallereignissen auszusetzen.

Lautstärkepegel

Neben der Phonskala gibt es noch einen ähnlich zu gewinnenden psychophysischen Zusammenhang, bei dem die Versuchsperson jedoch danach gefragt wird, wann sie einen Testton n-mal so laut, also etwa 2mal oder 4mal so laut empfindet wie einen Vergleichston von 1000 Hz und 40 dB SPL. Man gewinnt so Angaben über die Laut h e i t eines Tones und gibt die Werte in sone an. Ein Ton, der 4mal so laut ist wie der Vergleichston von 1000 Hz und 40 dB hat dann die Lautheit 4 sone, ein halb so lauter 0,5 sone usw.

17.20 Ob ein Ton höher ist oder nicht, hängt neben dem Schalldruck auch von seiner Frequenz ab. Niedrigere Frequenzen als 20 Hz und höhere als 16 000 Hz kann der Erwachsene nicht hören. Alles, was wir als Schall empfinden, liegt also zwischen ...... phon und ...... einerseits und ...... Hz und ...... Hz andererseits. Dieser Bereich, der auf Abb. 17-12 dargestellt ist, wird deswegen als Hörfläche bezeichnet.

4 — 130 — 20 — 16 000

17.21 Der mittlere Bereich dieser Fläche, die als ...... -fläche bezeichnet wird, also der Bereich zwischen 40 und 70 phon einerseits und 250 und 4000 Hz andererseits, ist besonders wichtig. In diesem Bereich liegt nämlich die Umgangssprache. Bitte, schraffieren Sie auf Abb. 17-12 diesen Bereich und bezeichnen Sie ihn mit dem Wort „Hauptsprachbereich".

Hör

17.22 Bei schwerhörigen Personen liegt die Hörschwelle ...... im Normbereich. Der Patient kann also erst bei ...... Schalldruckwerten etwas hören. Die Bestimmungen der Hörschwelle bei der klinischen Untersuchung nennt man Audiometrie. Eine Schwerhörigkeit im Bereich der hohen Frequenzen kommt im Alter regelmäßig vor. Man nennt diese Erscheinung Presbyakusis (Altersschwerhörigkeit).

nicht — höheren

17.23 Bei der Durchführung einer audiometrischen Untersuchung werden also subjektive Hörschwellen bestimmt. Dazu werden dem Patienten über Kopfhörer Töne verschiedener Frequenzen dargeboten. Der Arzt beginnt bei jedem Ton in sicher unterschwelligem Bereich und erhöht den Schalldruck so lange, bis der Patient eine ...... angibt. Der dazu nötige Wert wird in ein Diagramm eingetragen. Liegt die Hörschwelle des Patienten um eine bestimmte Anzahl (z. B. 30 dB) über der normalen Hörschwelle, so spricht man von einem Hörverlust von soundsoviel dB (z. B. Hörverlust von 30 dB).

Hörempfindung

17.24 Zur Dokumentation tragen die Kliniker den Hörverlust eines Patienten in ein Diagramm ein, das als Audiogramm bezeichnet wird. Sie benutzen dazu Formularvordrucke (Abb. 17-24), auf denen die normale Hörschwelle, im Gegensatz zur Abb. 17-12 als gerade Linie dargestellt ist. Da ein Patient mit normaler Hörschwelle keinen Hörverlust zeigt, wird diese Linie mit 0 dB bezeichnet. Beachten Sie, daß diese dB-Angaben aber von den dB-Angaben der Schalldruckpegelskala abweichen. Deswegen werden zur Verdeutlichung die dB-Angaben der Schalldruckpegelskala häufig auch als dB ...... bezeichnet.

SPL

17.25 Im Audiogramm wird ferner, im Gegensatz zum Diagramm der Abb. 17-12, eine Erhöhung des Schalldruckes nach unten abgetragen. Man zeichnet dann in das Audiogrammformular ein, um wieviel dB man, im Vergleich zu normal hörenden Personen, den Schalldruck erhöhen muß, damit der Patient etwas hört. Man trägt also nach unten den ...... ab. Das .... der Abb. 17-24 zeigt einen Hörverlust von ca. ...... dB am linken Ohr; das rechte Ohr ist normal.

Hörverlust — Audiogramm — 30

17.26 Das Gehör ist nicht nur in der Lage, einen Ton nach seiner Lautstärke zu beurteilen, sondern auch nach der Tonhöhe. Dies ist schon aus dem allgemeinen Sprachgebrauch bekannt. Man bezeichnet die Tonhöhe eines Tones als hoch, wenn er eine hohe Frequenz besitzt und umgekehrt. Die Fähigkeit des Gehörs, Tonhöhen zu unterscheiden, ist erstaunlich gut. Im optimalen Bereich, um 1000 Hz, können Töne noch unterschieden werden, deren Frequenz um nur 0,3 % voneinander abweichen. Man kann also einen Ton von 1000 Hz noch von einem mit ...... Hz unterscheiden. Man bezeichnet diesen Wert auch als Frequenzunterschiedsschwelle.

997 (bzw. 1003)

Auch Klängen kann man subjektiv eine Tonhöhe zuordnen und zwar empfindet man sie im allgemeinen zu hoch, wie einen reinen Ton mit der gleichen Frequenz wie die Grundfrequenz des Klanges.
Überprüfen Sie nun Ihr Wissen an den folgenden Lernschritten:

17.27 Wenn eine Sängerin das hohe c singt, müßte man dieses Schallereignis weil es mehrere Frequenzen enthält, in der physikalischen Terminologie einen ...... nennen. Beachten Sie, daß der allgemeine Sprachgebrauch hiervon abweicht.

Klang

17.28 Schraffieren Sie auf Abb. 17-12 zusätzlich noch die Hörfläche. Falls Sie sich im unklaren sind, welcher Bereich dies ist, wiederholen Sie 17.20, dort steht die Lösung.

17.29 Bei Betrieb eines Lautsprechers wird an einem Raumpunkt der Schalldruckpegel 60 dB gemessen. Welcher Schalldruckpegel ergibt sich bei Verdopplung der Betriebsspannung? (Hinweis: es soll ein linearer Zusammenhang zwischen Betriebsspannung und Schalldruck bestehen.) Falls Sie Schwierigkeiten haben, wiederholen Sie 17.5 bis 17.8.

66

17.30 3 Töne, die verschiedene Frequenzen besitzen ...... (können/können nicht) in ihrer Lautstärke verglichen werden.

können

17.31 Durch diesen Vergleich gewinnt man die ....

Kurven gleichen Lautstärkepegels = Isophonen

17.32 Alle Töne verschiedener Frequenz und gleicher Lautstärke liegen auf einer ....

Isophone

17.33 Bei der Altersschwerhörigkeit, die auch als ...... bezeichnet wird, verschlechtert sich das Hörvermögen besonders für ...... Frequenzen.

Presbyakusis — hohe

17.34 Wieso ist auch die Hörschwellenkurve eine Isophone?

Weil alle Töne, die darauf liegen, gleich laut, nämlich eben überschwellig gehört werden.

Lektion 18:
Die Aufgaben des Mittelohres und des Innenohres

Nachdem wir im 2. Teil der vorigen Lektion einige Leistungen des Hörsystems kennengelernt haben, wollen wir uns in den Lektionen 18 und 19 nun fragen, wie der Organismus diese Leistungen vollbringt.

Lernziele

Die Funktion des Trommelfell-Gehörknöchelchenapparates benennen können. Auswendig wissen, was man unter Luft- und was man unter Knochenleitung versteht. Mit Hilfe einer Skizze zeigen können, welche Wellenbilder an der Basilarmembran zu beobachten sind, wenn das Ohr beschallt wird, d. h. der Stapes schwingt. Einzeichnen und angeben können, wo diese Wellen für die verschiedenen Frequenzen ihr Amplitudenmaximum ausbilden. Auswendig wissen, daß diese Wellen den Endolymphschlauch gegen die Scala vestibuli bzw. die Scala tympani bewegen. Auswendig wissen, daß es hierbei zu einer Relativbewegung zwischen Basilarmembran und Tektorialmembran kommt, d. h. Scherung der Cilien = adäquater Reiz. 3 am Innenohr ableitbare Potentiale nennen können. Angeben können, wann ein Summenaktionspotential des Nervus acusticus ableitbar ist. Angeben können, daß ein Transmitter die Erregung von den Receptorzellen auf die afferenten Nervenfasern überträgt. Auswendig wissen, daß die Prüfung der Knochenleitung die Differentialdiagnose zwischen verschiedenen Formen der Schwerhörigkeit ermöglicht. Die Durchführung des Weberschen Versuchs angeben können.

18.1 Der Schall wird vom Trommelfell (Abb. 16-1 und Lernschritt 16.19) aufgenommen und über die ...... zur Perilymphe der Scala ...... geleitet. Dabei überträgt der Stapes mit seiner Fußplatte die Schallreize auf die ....

Gehörknöchelchenkette — vestibuli — Perilymphe

18.2 Man nennt den in 18.1 geschilderten Weg des Schalltransportes L u f t l e i t u n g . Schallempfänger ist hierbei das ...... .Eine Hörempfindung entsteht aber auch dann, wenn eine Schallquelle, z. B. eine schwingende Stimmgabel, direkt auf den Schädelknochen aufgesetzt wird. Diesen Fall nennt man K n o c h e n l e i t u n g , weil die schwingenden Schädelknochen selbst die Schallenergie an das Innenohr heranbringen.

Trommelfell

Bei der Audiometrie prüft der Arzt sowohl die Luft- als auch die Knochenleitung. Auf den großen diagnostischen Wert dieser Prüfung wird später (18.28) noch eingegangen. Zur Prüfung der Knochenleitung wird statt des Kopfhörers auf den Knochen des Warzenfortsatzes ein Schwingkörper aufgesetzt, der Schwingungsenergie direkt auf den Schädel überträgt. Im Audiogramm der Abb. 17-24 sind jedoch nur die Werte der Luftleitung eingetragen.

18.3 Der komplizierte Mechanismus des Trommelfell-Gehörknöchelchenapparates dient zur Anpassung des Schallwellenwiderstandes. Müßte der Schall nämlich direkt von der Luft durch das ovale Fenster in die Flüssigkeit der Scala vestibuli übertreten, so würde der größte Teil der ankommenden Schallenergie ...... (s. 16.4).

reflektiert

Diese Reflexion entspricht den aus der Optik bekannten Phänomenen, wonach Lichtwellen ebenfalls am Übergang zum optisch dichteren Medium, etwa an einer Glasplatte teilweise reflektiert werden.

18.4 Diese Anpassung des Schallwellenwiderstandes kommt insbesondere durch 2 Mechanismen zustande. Zum ersten ist die Fläche des Trommelfelles ...... (größer/kleiner; s. Abb. 16-1) als die Fläche der Stapesfußplatte. Da Druck $= \frac{\text{Kraft}}{\text{Fläche}}$ ist, ist schon durch diesen Mechanismus allein der durch den Schall erzeugte Druck am ovalen Fenster ...... (größer/kleiner) als am Trommelfell.

größer — größer

18.5 Zum zweiten bildet die Kette der Gehörknöchelchen ein Hebelsystem, das durch seine Konstruktion bewirkt, daß ebenfalls der Druck am ovalen Fenster erhöht wird. Insgesamt wird schließlich durch die beiden Mechanismen bewirkt, daß die Reflexionsverluste am Ohr ...... werden.

verkleinert (oder entsprechend)

18.6 Der Trommelfell-Gehörknöchelchenapparat .... (verbessert/verschlechtert) also die Hörleistung, und zwar um rund 20 dB. Ein Patient, dem etwa als Folge einer schweren Mittelohrvereiterung die Gehörknöchelchen fehlen, weist also einen Hörverlust von ca. ...... dB auf, falls nicht noch weitere Schäden hinzukommen.

verbessert — 20

18.7 Wird unter dem Einfluß eines Schalles der Stapes bewegt, so geraten Teile der Innenohrflüssigkeit ebenfalls in Bewegung. Bei einer Einwärtsbewegung des Stapes (s. Abb. 16-1) wird zunächst der basale (stapesnahe) Anteil der Scala media gegen die Scala tympani gedrückt und die Membran des runden Fensters nach ...... hervorgewölbt. Das Gegenteil passiert bei Auswärtsbewegung des Stapes.

außen

Im folgenden wollen wir der Einfachheit halber die Scala media mitsamt ihren Hüllen, also Reissnerscher Membran und Basilarmembran als „Endolymphschlauch" bezeichnen.

18.8 Die in 18.7 beschriebene initiale Auslenkung des basalen Anteils der Scala media, genauer des Endolymphschlauchs, führt nun dazu, daß eine Welle den gesamten ...... entlang läuft, ähnlich wie eine Welle an einem horizontal gehaltenen Seil (s. Abb. 18-8).

Endolymphschlauch

Zum Verständnis der Abb. 18-8 sei noch gesagt, daß die Basilarmembran mit der Scala media als Strich dargestellt ist. Oberhalb dieses Striches hat man sich die Scala vestibuli, darunter die Scala tympani zu denken. Vergleichen Sie auch das räumliche Bild der Abb. 18-9.

18.9 Eine periodische Hin- und Herbewegung des Stapes, z. B. bei Beschallung mit einem Ton, führt also dazu, daß am Endolymphschlauch ständig Wellen angeregt werden, die in Richtung zum ...... laufen. Man spricht von Wanderwellen. Dabei schwingen Teile der Scala media also einmal gegen die ...., einmal gegen die .... (s. Abb. 18-8 und 18-9). Die Auslenkung der Basilarmembran ist auf Abb. 18-9 aus didaktischen Gründen erheblich übertrieben gezeichnet. Die Auslenkung macht in Wirklichkeit, je nach Schalldruck, nur 10^{-9} bis 10^{-4} cm aus.

Helicotrema — Scala vestibuli — Scala tympani

18.10 Infolge physikalischer Eigentümlichkeiten der flüssigkeitsgefüllten Kanäle und der Basilarmembran nimmt die Amplitude der Wellen zunächt ständig zu, bis ab einem bestimmten Ort die Amplitude wieder kleiner wird und die Wellen schließlich ganz weggedämpft werden (Abb. 18-8). Da die Wellenamplitude zuerst zunimmt, dann aber die Welle überhaupt verschwindet, kommt es notwendigerweise im Zwischenbereich zur Ausbildung eines ...... (s. Abb. 18-8). Der gesamte, hier geschilderte Sachverhalt wird als W a n d e r w e l l e n t h e o r i e bezeichnet.

Maximums

18.11 Es hängt nun von der Frequenz, mit der das Ohr beschallt wird, ab, an welcher Stelle sich das ...... (Minimum/Maximum) der Wellenamplitude ausbildet. Für jede bestimmte Frequenz entsteht das Maximum also an einem bestimmten ...... (Abb. 18-11). Das ist der Inhalt der sogenannten E i n o r t s t h e o r i e .

Maximum — Ort

18.12 Die Zuordnung von Schallfrequenz zum Ort des Maximums ist so, daß bei Beschallung mit Tönen hoher Frequenz das Maximum in der Nähe des ...... (s. Abb. 18-11) liegt.

Stapes

18.13 Dies heißt also, daß tiefere Frequenzen in der Nähe des ...... abgebildet werden (s. Abb. 18-11).

Helicotrema

18.14 Im übrigen wird oft, etwas ungenau, allein von Wellenbewegungen der Basilarmembran gesprochen. Natürlich wird die gesamte Scala media mit den sie begrenzenden Membranen von der Wellenbewegung erfaßt. Es schwingt also das, was wir vorhin als ...... bezeichnet haben (s. auch Abb. 18-9). In dem etwas vereinfachten Sprachgebrauch sagt man aber, daß bestimmte Frequenzen auf ...... Orten der Basilarmembran abgebildet werden.

Endolymphschlauch — bestimmten

18.15 In Abb. 18-15 ist noch einmal ein stark schematisierter Querschnitt durch die Scala media gezeigt, während eine Wanderwelle den Endolymphschlauch entlangläuft. Man kann der Abbildung entnehmen, daß es während der Auf- und Abbewegungen der Scala media zu einer Relativbewegung zwischen Basilarmembran und Tektorialmembran kommt. Da die Haare der Receptorzellen aber festen Kontakt mit der ...... haben, werden sie bei diesen Bewegungen abgeschert (verbogen), was für die Sinneszellen den adäquaten Reiz darstellt. Beachten Sie die Abscherung der Cilien, wie sie auf Abb. 18-15 dargestellt ist.

Tektorialmembran

Die in 18-15 dargestellte mechanische Deformation der Cilien führt schließlich zu Erregungen im Nervus acusticus. Dazu werden eine Reihe von Schritten durchlaufen. Elektrische Potentiale in der Cochlea, die wir jetzt betrachten wollen, spielen dabei eine große Rolle.

18.16 Die Haarzelle muß den mechanischen Reiz zunächt aufnehmen und dann umformen. Sie reagiert dabei auf eine ...... der Sinneshärchen. Dieser Umformungsprozeß (Transductionsprozeß) nutzt Potentialdifferenzen am Innenohr aus, die sich bereits im Ruhezustand finden. Man nennt diese Potentiale deswegen auch Bestandspotentiale, sie sind in Abb. 18-16 dargestellt.

Scherung

18.17 Verwendet man (s. Abb. 18-16) die elektrische Spannung der Scala vestibuli als Referenzspannung (0 in Abb. 18-16), so ist demgegenüber die Scala media stark ...... (positiv/negativ), das Cortische Organ .... und die Stria vascularis ebenfalls ...... geladen. Die positive Spannung im Endolymphraum beträgt etwa + 80 mV.

positiv — negativ — negativ

An dieser Stelle ist noch ein Nachtrag zu 16.18 und 16.22 zu machen: Das cochleäre Bestandspotential wird durch die energieliefernden Prozesse in der Stria vascularis aufrechterhalten.

18.18 Am beschallten Ohr lassen sich zusätzlich noch weitere Potentiale nachweisen, das sogenannte Mikrophonpotential und das Nervenaktionspotential des Nervus acusticus. Hierbei handelt es sich um Wechselspannungen im Gegensatz zu den ...... -potentialen, die Gleichspannungen darstellen. Der Name „Mikrophonpotential" ist dadurch entstanden, daß sich dieses Potential wie die Ausgangsspannung eines Mikrophons verhält. Der sinusförmige Schalldruckverlauf eines Tones z. B. erzeugt also am Innenohr eine sinusförmige Wechselspannung, das sogenannte .... Ebenso folgt bei allen anderen beliebigen Schallreizen das Mikrophonpotential genau dem Schalldruck.

Bestands — Mikrophonpotential

18.19 Die Mikrophonpotentiale folgen dem Reiz praktisch ohne Latenz (1). Sie zeigen keine Refraktärzeit (2), sie besitzen keine meßbare Schwelle (3) und sie sind nicht ermüdbar (4). Mit diesen Eigenschaften stehen sie im .... (Gegensatz zu/Einklang mit) den meisten übrigen biologischen Potentialen, z. B. den Nervenaktionspotentialen.

Gegensatz zu

18.20 Beim plötzlichen Einschalten eines Tones oder bei Beschallung mit einem Klick (kurzer Druckpuls) kann man am runden Fenster zusätzlich zum Mikrophonpotential noch ein Summenpotential des Nervus acusticus ableiten. Seine Form gibt die Abb. 18-20 wider. Sie sehen dort, mit CM bezeichnet, das Mikrophonpotential, das unmittelbar auf den Klick folgt, danach kommt, bezeichnet mit NAP, das Summenpotential des Nervus acusticus. Dieses Potential besitzt eine meßbare Latenzzeit und verhält sich somit ...... (ebenso wie/anders als) das Mikrophonpotential.

anders als

18.21 Dieses Summenaktionspotential des N. acusticus stellt sich dar bei synchroner Erregung der afferenten Fasern des Nervus acusticus. Da die Synchronisation während eines Dauerschalles verlorengeht, kann man es während fortdauernder Beschallung ...... (nicht mehr/ebenfalls) ableiten.

nicht mehr

18.22 Selbstverständlich sind aber während eines akustischen Dauerreizes die Einzelfasern des Nervus acusticus nicht inaktiv, sondern zeigen ....

Aktionspotentiale (Spikes)

18.23 Diese Aktionspotentiale melden den Erregungszustand der ...... an das Zentralnervensystem.

Receptorzellen (Receptoren, Haarzellen)

18.24 Die Informationsübertragung von den Receptorzellen auf die afferenten Nervenfasern wird durch einen Transmitter besorgt. Die Ausschüttung dieses ...... wiederum wird durch ein Receptorpotential bewirkt, das wegen technischer Schwierigkeiten allerdings bisher noch nicht gemessen werden konnte. Das Mikrophonpotential ist vermutlich nichts anderes als die extracellulär ableitbare Summe aller .... der Haarzellen.

Transmitters — Receptorpotentiale

18.25 Für das Zustandekommen der Receptorpotentiale ist offenbar das Bestandspotential von Bedeutung, das ein großes Potentialgefälle zwischen dem Inneren der Receptorzelle und dem Endolymphraum schafft. Dieses Potentialgefälle beträgt etwa 150 mV. Man stellt sich vor, daß der akustische Reiz zu einer reizsynchronen Widerstandsänderung an der Membran der Receptorzelle führt. Wegen des großen Potentialgefälles zwischen Endolymphraum und dem Inneren der Receptorzelle kommt es dadurch zu einem Ionenein- bzw. Ionenausstrom und damit zu einem .... Dies ist der Inhalt der sogenannten Batterie-Hypothese.

Receptorpotential

18.26 Die Aktionspotentiale der Nervenfasern des Nervus acusticus zeigen wie jeder andere Nerv eine Refraktärzeit. Bei den Mikrophonpotentialen ist eine Refraktärzeit ...... (ebenfalls/nicht) zu beobachten.

nicht

Überprüfen Sie nun Ihr Wissen in den folgenden Lernschritten!

18.27 Bei der Luftteilung wird der Schall vom ...... aufgenommen. Bei der Knochenleitung hingegen dienen als Schallaufnehmer die .... Der Schall gelangt dabei also direkt, d. h. unter Umgehung der Gehörknöchelchen an das Innenohr. Setzt man z. B. eine schwingende Stimmgabel direkt auf den Schädel auf, so wird das Innenohr durch Knochenleitung erregt.

Trommelfell — Schädelknochen

18.28 Durchdenken Sie folgenden Sachverhalt: Angenommen, der Patient, dessen Audiogramm in 17-24 gezeigt ist, habe einen Mittelohrschaden links. Zeichnen Sie den Verlauf der Hörschwelle bei Knochenleitung für beide Ohren ein!

Auf beiden Ohren muß die Linie etwa bei 0 dB verlaufen.

Hier sind noch einige Bemerkungen über den diagnostischen Wert der Prüfung der Knochenleitung nachzuholen: Die Ursache einer Schwerhörigkeit kann einmal eine Schädigung des Schall-Leitungsapparates sein. Dies ist z. B. bei der Mittelohrentzündung der Fall. Wie Sie sich soeben überlegt haben, ist in diesem Fall, der als Schalleitungsstörung bezeichnet wird, die Knochenleitung normal, die Luftleitung jedoch gestört. Die zweite Ursache einer Schwerhörigkeit kann ein Schaden des Innenohres sein. Hierbei sind die Haarzellen oder der Nervus acusticus geschädigt. Gestört ist also der receptorische Prozeß. Unabhängig davon, ob die Schallenergie durch Luft- oder Knochenleitung an das innere Ohr herankommt, wird sie zu einer schwächeren Empfindung führen als im Normalfall. Daher ist bei Innenohrschäden sowohl die Schwelle für Luft- als auch für Knochenleitung erhöht. Die Prüfung der Knochenleitung erlaubt also, die beiden Krankheitsbilder differentialdiagnostisch voneinander abzugrenzen. Man kann übrigens mit einer Stimmgabel (am besten 256 Hz) sehr einfach feststellen, ob ein einohrig schwerhöriger Patient einen Mittelohr- oder einen Innenohrschaden hat. Dies ist mit dem sogenannten W e b e r s c h e n V e r s u c h möglich. Man setzt dazu den Griff einer schwingenden Stimmgabel auf die Mitte des Schädels auf. Bei einem Innenohrschaden gibt der Patient an, den Ton auf der gesunden Seite zu hören. Bei der Schalleitungsstörung gibt er ihn auf der kranken Seite an, man sagt, der Ton wird auf die kranke Seite lateralisiert.

18.29 Ein Ton, der auf der Basilarmembran ein Schwingungsmaximum in der Nähe des Stapes ausbildet, hat eine ...... Frequenz.

hohe

18.30 Bei den Schwingungen der Basilarmembran kommt es zu einer Relativbewegung zwischen Basilarmembran und Tektorialmembran. Der adäquate Reiz für die Haarzellen kommt hierbei durch eine ...... der Haare zustande.

Abscherung

18.31 Schalleitungsstörungen kann man von Innenohrschäden durch die Prüfung der ...... oder durch den .... unterscheiden.

Knochenleitung — Weberschen Versuch

Lektion 19: Der Nervus acusticus und die höheren Stationen der Hörbahn

Lernziele

Auswendig wissen, wie Einzelfasern des Nervus acusticus Schallfrequenz, Schallintensität und Reizdauer kodieren. Definieren können, was „charakteristische Frequenz" ist und wodurch sie anatomisch bedingt ist. Die wichtigsten Stationen der Hörbahn aufzählen können. Auswendig wissen, wo die ersten binauralen Verschaltungen vorkommen. Auswendig wissen, daß auch zentrifugale Fasern existieren. Angeben können, durch welche akustischen Reize, im Gegensatz zu primären Neuronen, die Neurone höherer Anteile der Hörbahn erregbar sind. Auswendig wissen, daß auch im Hörsystem Phänomene der Adaptation vorkommen und welche Vorteile dies hat.

19.1 Jede Nervenfaser des Nervus acusticus kommt von einem bestimmten, eng umschriebenen Ort der Cochlea. Da bestimmten Orten der Cochlea aber bestimmte Frequenzen zugeordnet sind (s. 18.10, 18.11), heißt das, daß jede Nervenfaser durch eine ganz bestimmte Frequenz optimal ...... werden kann. Diese bestimmte Frequenz nennt man c h a r a k t e r i s t i s c h e Frequenz einer Faser.

erregt

19.2 Eine afferente Nervenfaser des Nervus acusticus ist also dann am leichtesten zu erregen, wenn das Ohr mit der ...... Frequenz dieser Faser beschallt wird. Vergleichen Sie dazu Abb. 19-2 A mit 19-2 B. Geeignete Töne genügen also, um eine Faser des Nervus acusticus zu erregen.

charakteristischen

19.3 Betrachten Sie noch einmal die Abb. 19-2. Sie zeigt in D, daß man eine Nervenfaser auch mit Nachbarfrequenzen der charakteristischen Frequenz erregen kann, wenn man nur den Schalldruck entsprechend erhöht. Dies ist in Abb. 19-3 genauer dargestellt. Das Diagramm zeigt die Schwelle für die Erregung zweier Nervenfasern mit verschiedenen charakteristischen Frequenzen in Abhängigkeit von der Reizfrequenz. Sie sehen, daß eine Nervenfaser auch durch Nachbarfrequenzen ihrer charakteristischen Frequenz erregt werden kann, allerdings müssen dann höhere ...... (s. Ordinate von 19-3) aufgewandt werden. Insgesamt kann jedes Schallereignis innerhalb des schraffierten Bereiches die zugehörigen Nervenfasern .... Die in Abb. 19-3 dargestellten Kurven nennt man Tuning-Kurven.

Schalldruckpegel — erregen

19.4 Nach dem Gesagten ist also klar, wie verschiedene Frequenzen eines Schalles im Nervus acusticus kodiert werden: Durch die ...... der jeweils zugehörigen Nervenfasern.

Aktivierung (Erregung)

19.5 Neben der Frequenz eines Schalles ist im Nervus acusticus noch seine Dauer und seine Intensität zu kodieren. Es ist naheliegend, daß die Dauer eines Schallereignisses durch die Dauer der Aktivierung der betroffenen .... kodiert werden kann und auch kodiert wird (s. Abb. 19-2).

Nervenfasern

19.6 Die Intensität eines Schalles wird durch das Ausmaß der Aktivierung der afferenten Nervenfasern kodiert (s. Abb. 19-2 A und 19-2 C). Das heißt also, je höher der Schalldruckpegel, desto ...... die Aktivierung der Fasern. Daneben ist noch zu beachten, daß, entsprechend der Abb. 19-2 und Abb. 19-3, bei höheren Schalldruckpegeln nicht nur die Fasern erregt werden, deren charakteristische Frequenz der Schall enthält, sondern auch Nachbarfasern. Bei einer Zunahme der Schallintensität werden also nicht nur die bisher betroffenen Fasern s t ä r k e r erregt, sondern es werden auch m e h r Fasern ....

größer — betroffen (erregt)

19.7 Fassen wir also noch einmal zusammen: Ein Schall enthält meist viele Frequenzen. Die in einem derartigen komplexen Schall enthaltenen Frequenzen erregen diejenigen Gruppen afferenter ...... , die diese Frequenzen repräsentieren, d. h. auf der Ebene der primären afferenten Fasern wird der Schall in seine Frequenzkomponenten .... Schon jetzt sei darauf hingewiesen, daß sich in höheren Zentren der Hörbahn diese Kodierungsform ändert.

Nervenfasern — zerlegt

19.8 Die Abb. 19-8 zeigt in einem stark vereinfachten Schema die wichtigsten Stationen der Hörbahn. Der Übersichtlichkeit halber sind nur die Bahnen eingezeichnet, die vom linken Ohr kommen. Man kann dem Schema entnehmen, daß die primären Fasern zunächst in den .... laufen, der in zwei Teile, einen dorsalen und einen ventralen Kern unterteilt ist. Im Nucleus cochlearis werden die einlaufenden primären Fasern auf das zweite Neuron umgeschaltet. (Diese Umschaltung ist in der Skizze durch eine Pfeilspitze symbolisiert.) Überall, wo ein derartiger Pfeil eingezeichnet ist, kommt also eine Umschaltung auf andere Neurone vor. Um das Bild nicht weiter zu komplizieren, wurde auf eine Unterscheidung von erregenden und hemmenden Synapsen verzichtet. Auf höheren Stationen der Hörbahn können bestimmte Schallereignisse nämlich auch Hemmung von Neuronen bewirken.

Nucleus cochlearis

19.9 Vom ventralen Kern des Nucleus cochlearis nimmt eine ventrale Bahn ihren Ausgang, die zum Olivenkomplex der gleichen Seite sowie der Gegenseite zieht. Die Nervenzellen des Olivenkomplexes erhalten also Eingänge von ...... (der gleichen/beiden) Seite(n). Auf dieser neuronalen Ebene besteht also erstmalig die Möglichkeit, akustische Signale, die an den beiden Ohren eintreffen, miteinander zu vergleichen. Dies geschieht insbesondere im Nucleus accessorius.

beiden

19.10 Vom Nucleus cochlearis dorsalis entspringt eine dorsale Bahn. Die Fasern ...... auf die andere Seite und werden im lateralen Schleifenkern (Nucleus lateralis lemnisci) der Gegenseite umgeschaltet.

kreuzen (laufen, ziehen)

19.11 Wie der Abb. 19-8 weiter zu entnehmen ist, projizieren die Zellen des Olivenkomplexes ebenfalls in den ...., z. T. der gleichen Seite, zum Teil der Gegenseite.

lateralen Schleifenkern

19.12 Nach erneuter Umschaltung läuft die Hörbahn über den Colliculus inferior, das Corpus geniculatum mediale, schließlich zur ...... , wobei jeweils eine neue Umschaltung auf andere Neurone erfolgt.

Hörrinde

19.13 Die Abb. 19-8 zeigt demzufolge, daß die Hörbahn aus mindestens .... hintereinander geschalteten Neuronen besteht. Da jedoch verschiedene Möglichkeiten vorkommen, sind auch Ketten von 6 Neuronen möglich, eventuelle sogar mehr, was jedoch in der Abb. 19-8 nicht eingezeichnet ist. Es ist weiter zu erwähnen, daß Konvergenz-Divergenz-Schaltungen im Berich der Hörbahn im weiten Umfang vorkommen. Schließlich muß noch darauf hingewiesen werden, daß im Hörsystem neben den afferenten, zentripetalen Fasersystemen noch zentrifugale Fasersysteme vorkommen. Das sind also Fasern, die von der Rinde und anderen Stellen des ZNS abwärt ziehen und die Zellen der einzelnen Stationen der Hörbahn und auch die Cochlea beeinflussen.

5

19.14 Während die Neurone im Nervus acusticus durch recht einfache Reize erregt werden können, z. B. bereits durch reine ...... muß man bei den Neuronen in höheren Stationen der Hörbahn meist komplexe Schalle verwenden, um sie aktivieren zu können. Als Faustregel kann man sagen: Man muß um so kompliziertere Schallreize verwenden, auf je höherer Ebene der Hörbahn sich das untersuchte Neuron befindet. Die anatomische Grundlage für diese Änderung im Verhalten der Neurone sind die bereits erwähnten mannigfaltigen neuronalen Verschaltungen.

Töne

Derartige komplizierte Reize sind etwa amplitudenmodulierte Töne, Töne also, bei denen der Schalldruckpegel sich ständig verändert. Weiter kommen frequenzmodulierte Töne in Betracht, das sind solche, bei denen sich die Frequenz ändert. Manche Neurone reagieren nur auf das Einschalten, andere nur auf das Ausschalten von Tönen, wieder andere werden durch Töne bestimmter Frequenzen aktiviert, durch Töne anderer Frequenzen dagegen gehemmt.

19.15 Bei den Schallreizen, denen wir im täglichen Leben ausgesetzt sind, handelt es sich in den seltensten Fällen um reine Töne, vielmehr setzen sie sich aus den oben angeführten Komponenten zusammen. Dies gilt insbesondere für die Sprachlaute, bei denen sich das Reizbild ständig ändert, einzelne Anteile nur kurz andauern, wobei sowohl die Schalldruckamplitude (......-modulation) als auch die Frequenz (......-modulation) ständigen Änderungen unterworfen sind (s. auch 17.11).

Amplituden — Frequenz

19.16 Die Neurone der höheren Hörbahnanteile extrahieren offenbar jeweils bestimmte Charakteristika, etwa die Änderung der Frequenz, aus einem komplexen Schall, z. B. einem Sprachlaut und identifizieren so bestimmte Reizkonstellationen. Im Experiment zeigt sich dies daran, daß sie nur auf diese eine Reizkonstellation ansprechen. Ihre funktionelle Bedeutung liegt offenbar darin, daß sie den ersten Schritt zur Erkennung eines Lautes (z. B. eines „A") tun. Allgemein kann man also von auditorischer Mustererkennung sprechen, die auf der Ebene des Nervus acusticus .... (bereits/noch nicht) geleistet ist, da dort der Schall praktisch nur in seine Frequenzkomponenten zerlegt wird.

noch nicht

19.17 Außer der Mustererkennung leistet das Hörsystem noch wichtige Beiträge zur Raumorientierung. Wie Sie aus dem täglichen Leben wissen, ist die Richtung einer Schallquelle ...... (recht genau/praktisch überhaupt nicht) anzugeben. Zu dieser Leistung ist beidohriges (binaurales) Hören nötig.

recht genau

19.18 Physikalische Grundlage (s. Abb. 19-18) für das räumliche Hören ist der Umstand, daß im allgemeinen eine Schallquelle von einem Ohr um die Strecke weiter entfernt ist als vom anderen. Da sich Schall mit einer bestimmten Geschwindigkeit (340m/sec, s. 17.1) fortpflanzt, trifft der Schall am entfernten Ohr ...... ein. Gleichzeitig nimmt die Schallintensität ab, je weiter ein Ohr von einer Schallquelle entfernt ist. Aus diesem Grunde ist die Schallintensität am entfernten Ohr auch ....

später — geringer

Nehmen wir, um ein Beispiel zu rechnen, an, eine Schallquelle befinde sich um $\alpha = 30°$ rechts von der Sagittalrichtung (Abb. 19-18). Der Ohrabstand d betrage 17 cm = 0,17 m.

Dann ist $\Delta s = d \cdot \sin\alpha$; $\sin 30 = 0{,}5$, also $\Delta s = 0{,}085$ m.

Der Schall kommt am linken Ohr dementsprechend um

$$\Delta t = \frac{0{,}085}{340}\ \text{sec} = 2{,}5 \cdot 10^{-4}\ \text{sec später an.}$$

19.19 Diese Unterschiede in Laufzeit und Intensität, so gering sie auch sind, werden in dem Gebiet neuronal ausgewertet, wo erstmalig binaurale Verschaltungen vorkommen, also im ...... (s. Abb. 19-8). Insbesondere im Nucleus accessorius liegen Nervenzellen, die Zeit- und Intensitätsdifferenzen zwischen den beiden Ohren auswerten und so für die räumliche Lokalisation einer Schallquelle nutzen.

Olivenkomplex (oder entsprechend)

19.20 Es läßt sich sowohl im neurophysiologischen Experiment durch Ableitung von Nervenzellen im Nucleus accessorius als auch durch sinnesphysiologische Experimente nachweisen, daß zur Bildung eines Richtungseindruckes tatsächlich sowohl Laufzeit- als auch Intensitätsunterschiede ausgenutzt werden. Man kann nämlich unter experimentellen Bedingungen eine Zeitverspätung auf einem Ohr durch eine Vergrößerung der Intensität auf dem ...... (gleichen/anderen) Ohr wieder wettmachen und umgekehrt.

gleichen

19.21 Wie viele andere neuronale Systeme, zeigt auch das Hörsystem eine Adaptation auf einen Reiz. An diesem Vorgang sind sowohl peripheres Ohr, als auch zentrale Neurone beteiligt. Ausdruck der Adaptation ist ein ...... (Abfall/Anstieg) der Hörschwelle, den man durch eine Messung feststellen kann.

Anstieg

19.22 Betrachten wir zur Verdeutlichung des Gesagten Abb. 17-21 und entnehmen ihr folgende Werte: Bei 4000 Hz besitzt ein Ton mit ca. 33 dB SPL den Lautstärkepegel von 40 phon und ein Ton von 52 dB SPL den Lautstärkepegel von 60 phon. Um einen Unterschied im Lautstärkepegel von 20 phon zu erreichen, muß man im fraglichen Bereich den Schalldruck also um 19 dB erhöhen. Ist das Ohr auf 4000 Hz adaptiert, so verschieben sich in diesem Bereich die Isophonen nach oben, diejenigen für niedrige Lautstärkepegel jedoch mehr als die für hohe Lautstärkepegel. Die Isophonen rücken also näher zusammen. Das heißt also, daß nun nicht mehr 19 dB nötig sind, um einen Unterschied im Lautstärkepegel von 20 phon zu erreichen, sondern weniger, vielleicht 14 dB. Umgekehrt: Der gleiche Unterschied im Schalldruckpegel bewirkt also im adaptierten Zustand einen größeren Unterschied im Lautstärkepegel. Der subjektive Unterschied wird also größer, die Unterschiedsschwelle wird demnach ...... (größer/kleiner).

kleiner

Die folgenden Lernschritte dienen zur Überprüfung Ihres Wissens.

19.23 Jede Einzelfaser des Nervus acusticus ist durch eine bestimmte Frequenz besonders leicht zu aktivieren. Diese Frequenz nennt man ....

charakteristische Frequenz

19.24 Angenommen, ein Schallereignis aktiviert Fasern des Nervus acusticus mit verschiedenen charakteristischen Frequenzen, und zwar diejenigen mit einer charakteristischen Frequenz von ca. 800 Hz, von ca. 1600 Hz und von ca. 3 200 Hz. Fasern, deren charakteristische Frequenz zwischen diesen Werten liegen, werden nicht aktiviert. Die Ursache dafür kann sein:

a) daß das Schallereignis mehrere Frequenzen enthält
b) daß die Schallintensität sehr hoch ist
c) daß die Nervenfasern des Nervus acusticus eine Spontanaktivität besitzen
d) a und b können die Beobachtungen gleichermaßen erklären

a

19.25 Bekanntlich kann man unterscheiden, ob sich eine Schallquelle vor oder hinter einem befindet. Denken Sie sich in Abb. 19-18 die Schallquelle nach hinten verlagert, wobei der Winkel α und die Entfernung vom Kopf gleich bleiben sollen. Sie sehen dann, daß sich Laufzeit- und Intensitätsunterschiede an den beiden Ohren nicht ändern. Daher kann die Fähigkeit, zwischen vorn und hinten zu unterscheiden, ... (nur/nicht) durch Laufzeit- und Intensitätsunterschiede an beiden Ohren erklärt werden. Man muß vielmehr einen Einfluß der Ohrmuschel auf den Höreindruck annehmen.

nicht

19.26 Zur Hörbahn gehören u. a. folgende Zentren:

a) Nucleus cochlearis
b) Formatio reticularis
c) Colliculus superior
d) Corpus geniculatum mediale
e) Corpus geniculatum laterale
f) Hörrinde
g) obere Olive
h) Nucleus lentiformis

a — d — f — g

19.27 Die Richtung einer Schallquelle kann man noch sicher angeben, wenn der Wegunterschied zu den beiden Ohren 1 cm beträgt. Das entspricht etwa einem Zeitunterschied von ...... Sekunden. Beim binauralen Hören können also noch ...... Sekunden aufgelöst werden, unter optimalen Bedingungen sogar noch kleinere Zeiten.

$3 \cdot 10^{-5}$ — $3 \cdot 10^{-5}$

E Physiologie des Gleichgewichtssinnes (Klinke)

Lektion 20: Anatomischer Aufbau und Physiologie des peripheren Organs

---

Wir haben uns in den letzten Lektionen mit dem Hörorgan befaßt. Nun wollen wir ein entwicklungsgeschichtlich verwandtes Organ betrachten, das Gleichgewichtsorgan, das in unmittelbarer Nähe der Cochlea ebenfalls im Felsenbein gelegen ist.

Das Gleichgewichtsorgan versorgt den Organismus mit Informationen über die Stellung des Kopfes im Raum und dient daher als wichtiger Fühler bei der Aufrechterhaltung des Gleichgewichts. Daran sind in gewissem Umfang allerdings auch das Auge und die Somatosensibilität beteiligt.

Lernziele

Die 5 sensorischen Untereinheiten benennen können, aus denen das menschliche Vestibularorgan besteht. Die ungefähre Lage der Ebenen der Maculae im Schädel angeben können. Schematisch den Aufbau eines Maculaorgans zeichnen können. Auswendig wissen, daß die Otolithenmembran größere spezifische Dichte als die Endolymphe besitzt. Anhand einer Sizze erläutern können, wieso dies unter dem Einfluß von Translationsbeschleunigungen zu einer Abscherung der Otolithenmembran gegenüber dem darunterliegenden Epithel führt. Mit einem Satz den adäquaten Reiz für das Maculaorgan angeben können. Auswendig wissen, daß afferente Nervenfasern bei Abscherung der Otolithenmembran in eine bestimmte Richtung aktiviert, bei Abscherung zur Gegenseite gehemmt werden. Einen Bogengang und den dazugehörigen sensorischen Apparat schematisch zeichnen können. Angeben können, welche Lage die 3 Bogengänge zueinander haben und wie ihre Ebenen ungefähr im Schädel liegen. Anhand einer Skizze schildern können, wie Rotationsbeschleunigungen zu einer Auslenkung der Cupula führen. Mit einem Satz angeben können, was der adäquate Reiz für das Bogengangsorgan ist. Auswendig wissen, daß die Auslenkung der Cupula in eine Richtung zur Aktivierung, die Auslenkung in die andere Richtung zu einer Hemmung der zugehörigen afferenten Nervenfasern führt. Begründen können, warum 3 Bogengänge nötig sind. Unterschiedliches Verhalten der Cupula bei kurzen bzw. langen Drehbewegungen beschreiben können. Größenordnungsmäßig die Zeit nennen können, die die Cupula benötigt, um bei Stop aus langdauernder gleichförmiger Bewegung wieder in die Ruhelage zurückzuschwingen. Auswendig wissen, daß die Cupula gleiche spezifische Dichte wie die Endolymphe hat und warum dies so sein muß.

20.1 Bitte, schlagen Sie noch einmal die Abb. 16-1 auf. Dort schon ist das Gleichgewichtsorgan, auch Vestibularorgan genannt, in seinen Umrissen eingezeichnet, um seine anatomischen Beziehungen zur Cochlea zu zeigen. Sie wissen also bereits: Das Gleichgewichtsorgan liegt wie die Cochlea innerhalb des ....

Felsenbeins

Dieser Hinweis soll fürs erste genügen. Wir wollen beim Gleichgewichtsorgan den anatomischen Bau erst später besprechen und zunächst einmal die Eigenschaften der dort befindlichen Receptoren betrachten. Aus diesen Eigenschaften wird sich logisch ergeben, daß das Gleichgewichtsorgan einen bestimmten Bau haben muß.

20.2 Die entwicklungsgeschichtliche Verwandtschaft von Gleichgewichts- und Hörorgan betrifft insbesondere die Receptoren. Schon beim Cortischen Organ (18.15; 18.16) haben wir gesagt, daß der adäquate Reiz für die Receptoren eine ...... der Cilien sei. Dies gilt auch für das Vestibularorgan. Allerdings wird die Scherung hier durch andere Reize bewirkt.

Scherung

20.3 Betrachten Sie die Abb. 20-3. Sie sehen dort, schematisch dargestellt, einige Receptorzellen aus einer Untereinheit des Vestibularorgans, der sogenannten Macula utriculi. Der mittlere Teil der Abbildung zeigt die Receptoren in Ruhelage. Die Cilien der Haarzellen ragen in eine gallertige Masse, in die außerdem kleine, spezifisch schwerere Steinchen eingelagert sind. Stellen Sie sich vor, das Organ wird nun aus der in der Mitte dargestellten Ruhelage gekippt. Dies ist im oberen bzw. unteren Teil der Abbildung gezeigt. Was wird passieren? Die spezifisch schweren Steinchen werden bewirken, daß die gallertige Membran unter dem Einfluß der Schwerkraft ein klein wenig über den Receptoren .... Diese Bewegung führt zu einer Abscherung der ...... und damit zum adäquaten Reiz für die Receptorzellen.

abrutscht (verschoben wird) — Cilien

Wie Sie auf Abb. 20-3 sehen, tragen die Haarzellen des Vestibularorgans im Gegensatz zu denen der Cochlea 2 Arten von Cilien, nämlich ein dickes und längeres Kinocilium und eine Vielzahl von dünneren Stereocilien, deren Länge wie bei Orgelpfeifen gestaffelt ist.

20.4 Zum Verständnis müssen Sie ferner wissen, daß die afferenten Nervenfasern eine bestimmte Ruheaktivität aufweisen, die zu beobachten ist, wenn die Cilien der zugehörigen Receptoren die normale Lage einnehmen, d. h. keine Abscherung erleiden. Die Receptorzellen sind so konstruiert, daß Abscherung der Cilien in eine bestimmte Richtung zu einer

Aktivierung der zugehörigen afferenten Nervenfasern, Abscherung in die Gegenrichtung zu einer Hemmung führt. Dies zeigt die Abb. 20-4, bei der man von oben auf die Cilien einer Receptorzelle blickt. Man sieht das eine Kinocilium sowie die vielen Stereocilien. Die Zelle bzw. die afferente Nervenfaser wird aktiviert, wenn das Ciclienbündel in Richtung auf das ...... abgeschert und umgekehrt.

Kinocilium

20.5 In unserem Beispiel der Abb. 20-3 reagiert das Maculaorgan auf die Schwerkraft, also auf die Erdbeschleunigung. Ganz allgemein reagiert dieses Sinnesorgan auf alle T r a n s l a t i o n s b e s c h l e u n i g u n g e n . Dies sind gradlinige Beschleunigungen, wie sie z. B., außer dem allgegenwärtigen Fall der Erdbeschleunigung, beim Anfahren oder Bremsen im Auto vorkommen. Die Erdbeschleunigung ist ein spezieller Fall einer ....

Translationsbeschleunigung

20.6 Unter dem Einfluß von Translationsbeschleunigungen wird die spezifisch dichtere sog. O t o l i t h e n m e m b r a n über dem Sinnesepithel verschoben, so wie beim scharfen Bremsen im Auto bewegliche Gegenstände nach vorn rutschen. Dies führt bei den Maculaorganen zu einer Abscherung der Cilien, d. h. dem ...... Reiz für die Receptorzellen. Wesentliche Voraussetzung dafür ist, daß die Otolithenmembran wegen der Einlagerung der Steinchen spezifisch ...... ist als die umgebende Endolymphe. Bei gleicher spezifischer Dichte würde das System durch Translationsbeschleunigungen nicht angeregt.

adäquaten — dichter

20.7 Von den Maculaorganen gibt es nun auf jeder Seite 2, die M a c u l a u t r i c u l i und die M a c u l a s a c c u l i . Diese Maculae haben festen Bezug zum Schädel: Bei aufrechter Stellung liegt die Macula utriculi des Menschen ungefähr waagerecht, die Macula sacculi ungefähr senkrecht. Die Macula utriculi liegt also so, wie es der ...... Teil der Abb. 20-3 zeigt. Neigt man den Kopf nach vorn bzw. hinten oder aber zur Seite, so ergibt sich die Situation der Abb. 20-3 oben bzw. 20-3 unten. Von der Macula sacculi gilt entsprechendes, wenn man berücksichtigt, daß sie ...... im Schädel liegt.

mittlere — senkrecht

20.8 Bei jeder beliebigen Stellung des Schädels im Raum nimmt in jeder Macula die Otolithenmembran eine ganz bestimmte Stellung gegenüber dem Sinnesepithel ein. Daraus folgt: Es besteht eine ganz bestimmte, eindeutige Erregungskonstellation in den afferenten Nervenfasern, die der Organismus auswerten kann. Durch diesen Auswertungsmechanismus gewinnt der Organismus Information über die Stellung des ...... im Raum (s. auch später 21.3).

Schädels

20.9 Neben den Maculae enthält das Vestibularorgan noch ein weiteres Sinnessystem, die sogenannten Bogengangsorgane. Diese sprechen nicht auf Translations-, sondern auf Rotationsbeschleunigungen, also Drehbeschleunigungen an. Das Bauprinzip ist folgendes (s. Abb. 20-9): In einen kreisförmig geschlossenen, flüssigkeitsgefüllten Kanal ragt an einer Stelle eine gallertige Fahne, die sogenannte .... Dieses Gebilde besitzt genau die gleiche spezifische Dichte, wie die umgebende Endolymphe. Dadurch wird erreicht, daß die Cupula durch Translationsbeschleunigungen ...... (ebenfalls/nicht) beeinflußt wird.

Cupula — nicht

20.10 Dagegen spricht das System auf ...... an. Wird der ruhende Schädel nämlich gedreht, so bleibt wegen ihrer Trägheit die Endolymphe zunächst in Ruhe. Dadurch wird die Cupula, die nur an einer Seite mit der Kanalwand verwachsen ist, in die Gegenrichtung ausgelenkt (gestrichelte Cupula-Umrisse in Abb. 20-9).

Rotationsbeschleunigungen (Drehbeschleunigungen)

20.11 In die Cupula ragen nun wieder die Cilien von Receptorzellen. Wird die Cupula abgebogen, so werden zwangsläufig auch die Cilien abgeschert, was wiederum den adäquaten Reiz für die Receptoren darstellt. Wie bei den Maculaorganen zeigen die afferenten Nervenfasern auch ohne Abscherung der Cilien eine bestimmte Ruheaktivität. Abbiegung der Cupula in eine Richtung führt wiederum zu einer ...... , Abbiegung in die Gegenrichtung zu einer ...... der Entladungsrate.

Erhöhung — Verminderung

20.12 Rotationsbeschleunigungen sind um die 3 Achsen des Raumes möglich. Man kann z. B. den Kopf (1) drehen, (2) nicken nach vorwärts bzw. nach rückwärts und (3) neigen nach den beiden Seiten. Um diese 3 Möglichkeiten und alle Kombinationen von innen erfassen zu können, kommt der Organismus mit einem Bogengang ...... (aus/nicht aus).

nicht aus

20.13 Der Organismus benötigt vielmehr dazu mindestens ...... Bogengänge, nämlich für jede Ebene des Raumes .... Ein Blick auf die Abb. 20-13 und 20-14 zeigt, daß tatsächlich auf jeder Seite 3 Bogengänge besitzen, die ungefähr senkrecht aufeinanderstehen. Sie sind im Schädel etwa so angeordnet, wie es die Abb. 20-13 zeigt. Auf jeder Seite gibt es einen horizontalen, einen vorderen vertikalen und einen hinteren vertikalen Bogengang. Somit besteht das Vestibularorgan auf jeder Seite aus insgesamt 5 Untereinheiten, 2 Maculae und 3 Bogengängen.

3 — einen

Diese Bogengänge sind übrigens keine ideal kreisförmigen Gebilde, wie wir es in der Skizze 20-9 angenommen hatten. Sie besitzen überdies gemeinsame Strecken, wie aus den Abb. 20.13 und 20.14 hervorgeht.

20.14 Damit können wir die makroskopische Anatomie des Vestibularorgans zusammenfassen (Abb. 20-14): Das Gleichgewichtsorgan besteht aus 2 Maculaorganen, der Macula ...... und der Macula ...... und aus 3 Bogengängen, dem ...... sowie dem vorderen und dem hinteren ......

utriculi — sacculi — horizontalen — vertikalen

Der sogenannte horizontale Bogengang liegt allerdings nicht genau horizontal, sondern der vordere Teil ist etwas angehoben, so daß die Bogengangsebene mit der horizontalen etwa einen Winkel von 30° bildet.

20.15 Die Bogengänge sowie Utriculus und Sacculus bestehen aus feinen Häutchen, die schlauchförmig geschlossen sind. Man spricht vom häutigen Labyrinth. Es ist mit einer Flüssigkeit gefüllt, mit der ...... (s. Abb. 20-14). Es ist ferner von einem Polster einer anderen Flüssigkeit umgeben, der .... Das knöcherne Hohlsystem, in dem dies alles enthalten ist, wird als knöchernes Labyrinth bezeichnet.

Endolymphe — Perilymphe

Wir müssen nun noch einige mechanische Eigenschaften der Bogengänge bzw. der Cupulae besprechen.

20.16 Man kann sagen, daß die Natur das Bogengangsystem für kurzdauernde Drehbewegungen „erfunden“ hat, wie sie etwa bei Kopfwendungen und in üblicherweise vorkommenden Körperbewegungen auftreten. Diese Bewegungen sind kürzer als eine Sekunde. Bei solchen kurzdauernden Bewegungen (siehe Abb. 20-16) wird die Cupula während der Beschleunigungsphase aus der Ruhelage um einen bestimmten Betrag .... und während der darauffolgenden Verzögerung wieder in die Ruhelage zurückgeführt. Damit ist nach Beendigung einer kurzen Bewegung auch wieder die ...... -Entladungsrate in den afferenten Nervenfasern zu beobachten.

ausgelenkt — Ruhe (Spontan)

20.17 Anders ist es bei den „künstlichen“ langdauernden Drehbewegungen z.B. am Drehstuhl (Abb. 20-17). Solche Bewegungen dauern viele Sekunden an. Während der anfänglichen Beschleunigung wird die Cupula wegen der Trägheit der Endolymphe ausgelenkt. Nach Beendigung der Beschleunigungsphase dauert die Drehbewegung mit gleichförmiger Geschwindigkeit an. Da die Endolymphe aber eine Reibung gegenüber den Wänden des Labyrinths besitzt, folgt sie schließlich der Bewegung des Körpers. Die Cupula kehrt infolgedessen langsam in ihre Ruhelage zurück. Der Körper wird währenddessen noch immer gleichförmig gedreht. Wird diese Drehbewegung nun gestoppt, so wird während der dazu nötigen Verzögerungsphase die Cupula zur Gegenseite ausgelenkt, weil sich die Endolymphe infolge ihrer Trägheit weiter bewegt. Erst langsam kommt die Endolymphströmung infolge der Flüssigkeitsreibung zum Stillstand. Damit erst kehrt die Cupula in ihre ..... -lage zurück.

Ruhe

Das Rückschwingen der Cupula dauert etwa 10-30 Sekunden, je nach vorheriger Drehgeschwindigkeit. Folgen dieser mechanischen Eigenschaften der Cupula wollen wir in der nächsten Lektion besprechen.
Überprüfen Sie zunächt Ihr Wissen in den folgenden Lernschritten.

20.18 Die Cupula wird durch die bei einer ...... (Rotations-/Translationsbeschleunigung) auftretenden Kräfte aus ihrer Ruhelage ausgelenkt. Wie Sie der Abb. 20-16 entnehmen können, ist bei k u r z d a u e r n d e n Bewegungen die Cupulaauslenkung trotzdem nicht der Drehbeschleunigung, sondern ...... proportional. Dies liegt an bestimmten mechanischen Eigenschaften des Systems Cupula — Endolymphe. Die Drehgeschwindigkeit an sich, z.B. bei l a n g d a u e r n d e n Drehbewegungen, ist jedoch kein Reiz für das Vestibularorgan (siehe Abb. 20-17).

Rotationsbeschleunigung (Drehbeschleunigung) — Drehgeschwindigkeit

Bitte, merken Sie sich den in 20.16 und 20.18 dargestellten Sachverhalt sehr genau und verwechseln Sie nicht Ursache und Wirkung!

20.19 Wie in 20.17 gezeigt, wird die Cupula beim Stop aus einer langen gleichförmigen Drehbewegung ausgelenkt und kehrt danach erst langsam in ihre Ruhelage zurück. Die Entladungsrate in den afferenten Nervenfasern verhält sich ....

entsprechend

20.20 Sagen Sie mit eigenen Worten, was passieren würde, wenn die Cupulae der Bogengänge nicht die gleiche spezifische Dichte hätten wie die Endolymphe. (Halten Sie sich 20.3 vor Augen!)

Die Cupulae würden auch auf Translationsbeschleunigungen ansprechen, da dann die gleichen Überlegungen wie in 20.3 gelten würden.

20.21 Bitte, zeichnen Sie untereinander: Drehbeschleunigung, Drehgeschwindigkeit und Cupulaauslenkung für eine kurzdauernde (kürzer als 1 Sekunde) Drehbewegung.

Die Skizze muß Abb. 20.16 entsprechen

20.22 Bitte zeichnen Sie untereinander Drehbeschleunigung, Drehgeschwindigkeit und Cupulaauslenkung für eine langdauernde (länger als 20 Sekunden) Drehbewegung.

Die Skizze muß Abb. 20-17 entsprechen

20.23 Nennen Sie die 5 Untereinheiten, aus denen das menschliche Gleichgewichtsorgan besteht.

Macula utriculi, Macula sacculi, horizontaler Bogengang, vorderer vertikaler Bogengang, hinterer vertikaler Bogengang

20.24 Bei den Maculaorganen sind die eingelagerten Steinchen von besonderer funktioneller Bedeutung. Sie liegen in der sogenannten ......-membran, die dadurch spezifisch schwerer wird als die umgebende Endolymphe.

Otolithen

20.25 Welche Kräfte lenken die Cupula aus ihrer Ruhelage aus?

Beschleunigungskräfte (o. ä.)

20.26 Trotzdem ist bei kurzdauernden Körper- und Kopfbewegungen die Cupulaauslenkung nicht der Beschleunigung, sondern der ...... proportional.

Drehgeschwindigkeit

20.27 Bei langdauernden Drehbewegungen ist dies ...... (nicht/ebenfalls) so.

nicht

Lektion 21: Die zentralnervösen Verschaltungen und die Leistungen des Gleichgewichtssinnes

Wir haben in der vorigen Lektion die Arbeitsweise des Vestibularorgans kennengelernt. Nun müssen wir uns noch mit der zentralnervösen Verarbeitung der von diesem Sinnessystem kommenden Information befassen.

Lernziele

Ursprung und Ende der primären afferenten Fasern des Nervus vestibularis angeben können. Die Lage der Vestibulariskerne angeben können. Mindestens 5 Verschaltungen zwischen den Vestibulariskernen und anderen Gebieten des Zentralnervensystems nennen können. Die funktionelle Bedeutung der Bahnen nennen können. Angeben können, was man unter Nystagmus versteht und nach welcher Phase er benannt wird. Versuchsanordnung zur Auslösung eines postrotatorischen Nystagmus schildern können. Die Definition des Begriffes „Kinetose" angeben können. 2 Hauptursachen für das Zustandekommen der Kinetose nennen können. Die Durchführung einer Funktionsprüfung mit Hilfe eines kalorischen Nystagmus Schritt für Schritt erklären können. Erklären können, warum kalorische Reize das Vestibularorgan erregen. Auswendig wissen, daß bestimmte Zellen im Vestibulariskerngebiet Eingänge von Receptoren des Vestibularorgans und Receptoren aus dem Halsgebiet erhalten und warum diese notwendig sind. Angeben können, welche der innerhalb des Kapitels beschriebenen Versuche als klinische Funktionsprüfung verwendet werden.

21.1 Wie im Cortischen Organ sind die Receptoren des Vestibularorgans ..... (primäre/sekundäre) Sinneszellen. Die afferenten Nervenfasern stammen aus den Bipolarzellen des Ganglion vestibuli (Scarpae), das ebenfalls im Felsenbein gelegen ist.

sekundäre

21.2 Die afferenten Fasern projizieren in das Gebiet der Vestibulariskerne (s. Abb. 21-2). Es gibt 4, die in enger Nachbarschaft zueinander in der .... liegen.

Medulla oblongata (verlängerten Mark)

Damit das Gleichgewichtsorgan tatsächlich der Erhaltung des Gleichgewichtes dienen kann, müssen zentralnervöse Verschaltungen mit der Muskulatur vorhanden sein. Daher gibt es von den Vestibulariskernen Verbindungen:

a) zum Tractus vestibulospinalis, über den schließlich insbesondere die Motoneurone der Extensoren beeinflußt werden,
b) auf direktem Wege zu den Motoneuronen des Halsmarks,
c) zu den Augenmuskelkernen,
d) zum Kleinhirn,
e) von den Vestibulariskernen der einen Seite zu denen der anderen Seite, mit Hilfe derer die Eingänge von den beiden Seiten gegeneinander verrechnet werden,
f) zur Formatio reticularis,
g) über den Thalamus zur Hirnrinde, die der bewußten Verarbeitung der vestibulären Eingänge dienen,
h) zum Hypothalamus; diese Fasern spielen beim Zustandekommen der Kinetosen (s. 21.5) eine Rolle.

21.3 Bei den höheren Wirbeltieren ist der Kopf gegenüber dem Rumpf beweglich (s. Abb. 21-3). Also wird die Information, die von den Vestibularisreceptoren kommt ...... (ausreichen/nicht ausreichen), um ein eindeutiges Bild über die Stellung des Körpers im Raum zu erhalten. Vielmehr müssen noch Informationen über die Stellung des Kopfes gegenüber dem Rumpf dazukommen. Diese Information erhält der Organismus von den Receptoren der Halsgelenke und der Halsmuskulatur. Damit eine eindeutige Urteilsfindung über die Stellung des Körpers möglich ist, erhalten die Neurone der Vestibulariskerne u. a. Eingänge von den ....

nicht ausreichen — Halsreceptoren

21.4 Der Organismus hält das Gleichgewicht reflektorisch ein, d. h. die Einschaltung des Bewußtseins ist ...... (nötig/nicht nötig). Trotzdem wird uns die Körperstellung bewußt. Am Cortex ist das Vestibularorgan in der hinteren Zentralwindung repräsentiert.

nicht nötig

Die vom Vestibularorgan ausgelösten Reflexe unterteilt man in 2 Gruppen, die sogenannten statischen Reflexe und die sogenannten statokinetischen Reflexe. Über beide ist das Wichtigste im Band „Neurophysiologie programmiert" in der Lektion 26 „Reflektorische Kontrolle der Körperstellung im Raum" (Taschenbuch „Neurophysiologie", Abschnitt 6.4) gesagt. Wir wollen hier noch einige besonders wichtige Punkte vertiefen.

21.5 Die statischen Reflexe erhalten das Gleichgewicht im Stehen und Liegen bei den verschiedensten Körperstellungen. Auch das Gegenrollen der

Augen (Abb. 21-5) ist ein solcher ...... Reflex. Man kann sich leicht vorstellen, daß im Labyrinth die Receptoren für die Auslösung der statischen Reflexe die ...... sind. Für den Ablauf des Reflexes sind aber selbstverständlich auch die Halsreceptoren von Bedeutung.

statischer — Maculaorgane

21.6 Die statokinetischen Reflexe treten während Bewegungen auf. Zu ihnen gehören u. a. das Umdrehen im freien Fall. So fällt z. B. eine Katze immer auf die Füße, unabhängig davon, in welcher Stellung sie fallengelassen wird. Statokinetische Reflexe können von den Maculaorganen und auch von den ...... ausgelöst werden. Die Halsreceptoren sind ebenfalls wieder beteiligt.

Bogengangsorganen

21.7 Ein besonders auffälliger statokinetischer Reflex ist der sogenannte v e s t i b u l ä r e N y s t a g m u s (s. Abb. 21-7). Es handelt sich dabei um eine vestibulär ausgelöste Augenbewegung, die dazu dient, die Augen während einer Drehbewegung so g e g e n d i e D r e h u n g zu führen, daß die Augen die ursprüngliche Blickrichtung beibehalten. Diese Gegenbewegung der Augen ist natürlich nur bis zu einem bestimmten Punkt möglich. Sobald die Augen seitlich anschlagen, erfolgt eine s c h n e l l e Augenbewegung i n Richtung der Drehung, die so schnell ist, daß die Drehbewegung überholt wird. An diese schnelle Phase schließt sich wieder eine l a n g s a m e Bewegung ...... (in/entgegen) der Drehrichtung an.

entgegen

21.8 Bei einer Drehung um die vertikale (senkrechte) Achse sind praktisch nur die horizontalen Bogengänge betroffen. Eine Auslenkung der Cupulae der beiden horizontalen Bogengänge ruft daher auch einen horizontalen ...... hervor. Die Richtung der beiden Nystagmuskomponenten hängt dabei von der Drehrichtung bzw. von der Auslenkung der Cupulae ab.

Nystagmus

21.9 Der Nystagmus besteht wie gesagt aus ...... (Zahl) Komponenten. Verabredungsgemäß wird die Richtung eines Nystagmus nach der Richtung der schnellen Phase bezeichnet. Beim Rechtsnystagmus geht also nach rechts die ...... Phase.

2 — schnelle

21.10 Der Nystagmus wird zur klinischen Funktionsprüfung des Vestibularapparates verwendet, und zwar meist in der Form des sogenannten p o s t - r o t a t o r i s c h e n N y s t a g m u s. Die Versuchsperson wird dazu auf einen Drehstuhl gesetzt und lange Zeit gleichförmig gedreht. Danach wird die Bewegung plötzlich gestoppt. Bitte, schlagen Sie noch einmal die Abb. 20-16 auf. Dort ist das Verhalten der Cupula bei einem Stop aus einer langdauernden gleichförmigen Drehung gezeigt. Wie Sie sehen, kommt es beim Stop aus einer solchen Bewegung zu einer Auslenkung der ....

Cupula

21.11 Diese Auslenkung der Cupula beim Stop aus einer gleichförmigen Bewegung nach links erfolgt in gleicher Richtung wie beim Andrehen der Versuchsperson nach ...... (rechts/links) und umgekehrt.

rechts

21.12 Wir haben gesagt (21.8), daß die Auslenkung der Cupula den Nystagmus auslöst. Deswegen zeigt eine Versuchsperson nach dem Stop aus einer gleichförmigen Drehbewegung den sogenannten ....

postrotatorischen Nystagmus

21.13 Aus der dabei entstehenden Cupulaauslenkung kann man sich die Richtung des postrotatorischen Nystagmus überlegen: Bezogen auf die frühere Drehrichtung muß die Richtung (21.9) des postrotatorischen Nystagmus ...... (gleich/entgegengesetzt) gerichtet sein. Registriert man die Augenbewegungen, so erhält man Bilder wie sie die Abb. 21-13 zeigt. Derartige Kurven nennt man N y s t a g m o g r a m m e. Auf der Abb. 21-13 ist ein ...... (Rechts/Links)-Nystagmus dargestellt.

entgegengesetzt — Rechts

Es muß noch erwähnt werden, daß bei der Prüfung des postrotatorischen Nystagmus die visuelle Fixation ausgeschaltet werden muß. Sonst wird ein Nystagmus unter Umständen unterdrückt. Aus diesem Grund setzt man dem Patienten eine Brille auf, die sehr starke konvexe Linsen enthält (Frenzelsche Brille). Der Patient kann mit dieser Brille nicht mehr fixieren, andererseits kann der Arzt die Augen des Patienten aber gut beobachten.

21.14 Eine andere Möglichkeit, bei einer klinischen Prüfung einen vestibulären Nystagmus auszulösen, besteht in der kalorischen Reizung des horizontalen Bogenganges. Hierbei kann der horizontale Bogengang jeder Seite getrennt geprüft werden. Man neigt dazu den Kopf der Versuchsperson um etwa 60° nach hinten. Dann liegt der sogenannte horizontale Bogengang genau vertikal. Nun wird der äußere Gehörgang mit kaltem bzw. mit warmem Wasser gespült. Der äußere Rand des Bogenganges liegt dem Gehörgang sehr nahe. Er wird deswegen abgekühlt bzw. erwärmt. Auf Abb. 21-14 sehen Sie den Effekt: Die erwärmte Endolymphe steigt auf, es kommt zu einer Endolymphströmung, zu einer Cupulaauslenkung und schließlich zu einem .... Wegen dieser Auslösungsform spricht man von einem k a l o r i s c h e n N y s t a g m u s .

Nystagmus

Es soll noch erwähnt werden, daß die langsame Phase des Nystagmus durch das vestibuläre System ausgelöst wird, wogegen die schnelle Rückstellbewegung von anderen Strukturen des Hirnstammes verursacht wird.

21.15 Starke Erregung des Vestibularapparates geht wegen der Verbindungen des Systems mit dem Hypothalamus häufig mit Unwohlsein, Schwindel, Erbrechen, Schweißausbrüchen etc. einher. Man faßt diese Erscheinungen mit dem Begriff K i n e t o s e n (Bewegungskrankheiten) zusammen. Derartige Kinetosen entstehen besonders dann, wenn ungewohnte Reizkonstellationen (z. B. auf Schiff) auf das Organ einwirken. Hierbei sind als Auslöser insbesondere die sog. Coriolisbeschleunigungen wirksam. Auch Diskrepanzen zwischen optischen Eindrücken und Meldungen von seiten des Vestibularorgans führen besonders leicht zu .... Der a k u t e Ausfall eines Labyrinths führt zu Übelkeit, Erbrechen, Schweißausbrüchen und zu einem Nystagmus auf die gesunde Seite. Ferner tritt eine Fallneigung zur kranken Seite auf.

Kinetosen

Prüfen Sie Ihr Verständnis an den letzten Lernschritten!

21.16 Bitte, schraffieren Sie auf Abb. 20-16 den Anteil der Cupulaauslenkung, der den postrotatorischen Nystagmus bewirkt.

Schraffiert werden muß der Bereich nach dem völligen Stillstand der Drehbewegung (Geschwindigkeit 0).

21.17 Gibt man einer Versuchsperson den Auftrag, unmittelbar nach dem Stop aus einer langdauernden gleichförmigen Drehbewegung mit ausgestrecktem Arm auf einen bestimmten Gegenstand zu zeigen (Báránycher Zeigeversuch), so ist sie dazu nicht in der Lage, der Arm weicht ab. Überlegen Sie sich in Analogie zum postrotatorischen Nystagmus (21.10 — 21.13), in welcher Richtung, bezogen auf die frühere Drehrichtung, der Arm abweicht.

Der Arm weicht in die frühere Drehrichtung ab. Die Reizkonstellation bei Stop aus einer Drehrichtung entspricht der beim Andrehen in die Gegenrichtung. Die Versuchsperson verhält sich demnach so, als zeige sie auf einen Gegenstand, von dem sie, entgegen der früheren Drehrichtung, weggedreht wird.

21.18 Die Abweichung des Armes beim Zeigeversuch entspricht also der .... (langsamen/schnellen) Phase des postrotatorischen Nystagmus.

langsamen

21.19 Bei ruhiger Haltung gewinnt der Organismus Informationen über die Stellung des Körpers im Raum durch folgende Sinnesorgane:
a) Augen
b) Halsreceptoren
c) Maculaorgane
d) Bogengangsorgane
e) Cortisches Organ
f) Hautreceptoren (z. B. Fußsohle)

a, b, c, f

21.20 Welche Methoden zur Funktionsprüfung des Vestibularapparates kennen Sie? Bitte geben Sie 3 Methoden an!

Prüfung des postrotatorischen Nystangmus — Prüfung des kalorischen Nystagmus — Báránycher Versuch.

Weitere Prüfungsmöglichkeiten werden Sie während Ihrer klinischen Studien kennenlernen.

21.21 Wie lange dauert es, bis beim Stop aus einer langdauernden gleichförmigen Drehbewegung die Cupula in ihre Ruhelage zurückschwingt?

10-30 Sekunden, je nach vorheriger Drehgeschwindigkeit

21.22 Nennen Sie die Symptome eines akuten, einseitigen Labyrinthausfalles!

Antwort s. 21.15

21.23 Ein bisher nicht besprochener statokinetischer Reflex ist die sogenannte Lift-Reaktion. Sie entspricht einer Reaktion des Organismus auf einen freien Fall. Bitte, beobachten Sie Ihr eigenes Verhalten, wenn Sie das nächste Mal einen Lift benutzen. Achten Sie dabei insbesondere auf die Extensoren bzw. Flexoren des Beines. Was passiert beim Anfahren, was beim Bremsen, wenn die Fahrt nach oben geht? Was passiert in diesen beiden Fällen, wenn die Fahrt nach unten geht?

Die Antwort finden Sie am Ende der Lektion 25. Nehmen Sie zunächst einmal die Gelegenheit wahr, ihr Verhalten im Lift zu beobachten.

F Physiologie des Geschmacks (Altner)

Lektion 22: Geschmack: morphologische Voraussetzungen, subjektive Geschmacksphysiologie

Es ist zweckmäßig, bei einer Besprechung des Geschmackssinnes von einer Erläuterung der Morphologie der Geschmacksorgane und ihrer Verbindung mit dem Zentralnervensystem auszugehen. Dabei wird zunächst gezeigt, daß drei verschieden gestaltete Arten von Schleimhautfalten, Papillen, als Trägerstrukturen für die Geschmacksorgane, die Geschmacksknospen, ausgebildet sind. Im Gegensatz zu den Papillen lassen sich die Geschmacksknospen und die in ihnen enthaltenen Sinneszellen nicht in morphologische Typen unterteilen. Einige der von der subjektiven Geschmacksphysiologie untersuchten Phänomene lassen sich, ausgehend von der Kenntnis der strukturellen Gegebenheiten, zweifellos besser verstehen. In dieser Lektion werden weiter Fragestellungen entwickelt, deren Beantwortung sich von der objektiven Geschmacksphysiologie, die Gegenstand der nächsten Lektion ist, erwarten läßt. Dazu gehört insbesondere die Frage, auf welche Receptoreigenschaften die Gliederung der Geschmacksempfindungen in die vier Qualitäten süß, sauer, salzig, bitter zurückgeführt werden kann. Von den Grunddimensionen der Geschmackswahrnehmung sind Qualität und Intensität besonders interessant; sie werden daher in den Lernschritten zur subjektiven Geschmacksphysiologie bevorzugt berücksichtigt.

Lernziele

Auswendig wissen, welche Papillentypen auf der Zunge vorkommen, wie sie sich verteilen und wo auf ihnen Geschmacksknospen liegen. Den Aufbau einer Geschmacksknospe in einer schematischen Zeichnung darstellen können. Mit eigenen Worten Lage und Funktion der Spüldrüsen erklären. Mit eigenen Worten die Geschmacksreceptoren als sekundäre Sinneszellen kennzeichnen können. Auswendig wissen, in welchen Nerven Geschmacksfasern verlaufen. Zwei Stationen aus der Geschmacksbahn auswendig wissen. Die vier Grundempfindungen des Geschmacks (Geschmacksqualitäten) auswendig wissen. In Auswahlfragen erkennen, welchen Grundempfindungen eine Auswahl von Reizstoffen zuzuordnen ist. In Auswahlfragen die relative Lage der Wahrnehmungsschwellen von Saccharin, Trauben- und Rohrzucker zueinander erkennen. Mit eigenen Worten erklären, von welchen Reizparametern die Stärke der Geschmacksempfindung abhängig ist. In Auswahlfragen erkennen, von welchen Zungenbereichen die vier Grundempfindungen jeweils besonders empfindlich vermittelt werden.

22.1 Die Oberfläche der menschlichen Zunge ist von einer Schleimhaut bedeckt, die feine Erhebungen ausbildet, die als P a p i l l e n bezeichnet werden. In Abb. 22-1, die eine schematische Darstellung der Zungenoberfläche zeigt, sind drei Typen von Papillen eingezeichnet: ...... papillen, ... papillen und ...... papillen.

Wall- — Blätter- — Pilz- (Reihenfolge beliebig)

22.2 Die verschiedenen Papillentypen sind nicht gleichmäßig über die Zungenoberfläche verteilt: Ein Typ findet sich verstreut über die ganze Oberfläche, nämlich die .... Die 1 — 3 mm großen, von oben gesehen runden Wallpapillen, beim Menschen nur 7 — 12, liegen an der Grenze .... (zur Zungenspitze/zum Zungengrund). Der dritte Typ, die ...., finden sich als dicht nebeneinanderliegende Falten am .... (hinteren/vorderen) Seitenrand der Zunge. Letztere sind bei Kindern gut entwickelt, bei Erwachsenen jedoch meist weitgehend rückgebildet.

Pilzpapillen — zum Zungengrund — Blätterpapillen — hinteren

22.3 Die genannten Papillen sind die Träger der eigentlichen Geschmacksorgane, die auf Grund ihrer Form als G e s c h m a c k s k n o s p e n bezeichnet werden (in Abb. 22-3 rot eingezeichnet). Bei den Wall- und den Blätterpapillen liegen zahlreiche Geschmacksknospen .... (in den Seitenwänden/auf der Oberfläche) der Papillen, während sie bei den ...... -papillen auf der Oberfläche des bis zu 1 mm breiten Pilzhuts liegen.

in den Seitenwänden — Pilz

Neben den drei Papillentypen, die Geschmacksorgane tragen, findet sich auf der menschlichen Zunge ein dichter Rasen von Fadenpapillen. Da sie frei von Geschmacksknospen sind, sind sie in Abb. 22-1 nicht eingezeichnet worden.

22.4 Auf Grund ihrer Form bezeichnet man die in den Wänden der Zungenpapillen liegenden Geschmacksorgane als .... Jedes derartige Geschmacksorgan ist etwa 70μ (70/1000 mm) hoch und hat einen Durchmesser von etwa 40μ. Der Mensch besitzt etwa 2000 Geschmacksknospen. Etwa die Hälfte davon findet sich auf den großen Papillen nahe dem Zungengrund, die als ...... bezeichnet werden. Jede Geschmacksknospe enthält 40 bis 60 individuelle Zellen.

Geschmacksknospen — Wallpapillen

22.5 Im Bindegewebe unterhalb der Wall- und Blätterpapillen sind Drüsen eingebettet, deren Ausführungsgänge in den Vertiefungen zwischen Papille und Wall bzw. zwischen den Papillen ausmünden (Abb. 22-3). Wie in der Abb. angegeben, werden sie als ...... -drüsen bezeichnet, denn ihr

Sekret hat die Aufgabe, Speiseteilchen und Mikroorganismen .... (fort/an)-zuschwemmen. Außerdem wird durch das Sekret dieser Drüsen die Konzentration an Reizstoffen im Bereich der Geschmacksknospen herabgesetzt.

Spül — fort

22.6 Es wurde schon erwähnt, daß jede Geschmacksknospe etwa .... (50/150) individuelle Zellen besitzt. Sie gehören 3 verschiedenen Zelltypen an (Abb. 22-6): am häufigsten kommen die ...... -zellen vor. Parallel zu diesen liegen die ...... -zellen (leicht punktiert in der Abb.) und an der Basis der Geschmacksknospen finden sich die ...... -zellen.

50 — Sinnes — Stütz — Basal

22.7 Die Sinneszellen entsenden, wie Abb. 22-6 zeigt, keine ableitenden Fortsätze. Vielmehr treten afferente Fasern an sie heran. Es handelt sich somit um sekundäre Sinneszellen. Die afferenten Fasern enden an den ...... -zellen unter Ausbildung von ....

Sinnes — Synapsen

22.8 In die vereinfachte Darstellung der Abb. 22-6 sind nur zwei ...... Fasern eingetragen. In Wirklichkeit treten etwa 50 Fasern in jede ...... ein. Die Fasern verzweigen sich innerhalb der Geschmacksknospen.

afferente — Geschmacksknospe

22.9 Reizstoffe, die auf die Zungenoberfläche gelangen, können, wie Abb. 22-6 erkennen läßt, durch einen ...... in den mit Flüssigkeit gefüllten Raum über der Geschmacksknospe gelangen und damit die Membran der Mikrovilli, die von den ...... -zellen ausgehen, erreichen.

Porus — Sinnes

Es ist bemerkenswert, daß die Lebensdauer der Sinneszellen in den Geschmacksknospen gering ist. Es findet ein dauernder Austausch der Sinneszellen statt. Die einzelne Sinneszelle wird im Durchschnitt bereits nach 10 Tagen durch eine nachrückende Zelle ersetzt. Der Ablauf dieser Zellmauser läßt sich dadurch verfolgen, daß man die Zellkerne mit radioaktivem H^3-Thymidin markiert, und den Verbleib der so gekennzeichneten Zellkerne zu einem späteren Zeitpunkt kontrolliert. Dabei ist zu erkennen, daß die ausscheidenden Sinneszellen durch nachwachsende Abkömmlinge von Basalzellen ersetzt werden. Dieser Befund schafft ein

Problem, dessen Bedeutung Ihnen im folgenden noch deutlicher werden wird. Beim Austausch der Sinneszellen müssen nämlich die Verknüpfungen zwischen diesen und den afferenten Fasern gelöst und aufs neue hergestellt werden. Da aber nicht vorausgesetzt werden kann, daß die Empfindlichkeit der Sinneszellen für die verschiedenen Reizstoffe gleich ist, ist zu fragen, ob der Wechsel der Sinneszellen nicht auch eine Änderung des Informationsprogramms zur Folge hat, das über die afferenten Fasern an das Zentralnervensystem weitergegeben wird.

22.10 Wir hatten gesehen, daß von den Geschmacksknospen jeweils etwa 50 .... Fasern fortführen. Die Fasern ziehen nun nicht in einem gemeinsamen Nerven zum Hirn; vielmehr verteilen sie sich auf zwei Hirnnerven: den Nervus facialis, den 7. Hirnnerven, und den Nervus glossopharyngeus, den 9. Hirnnerven. Das Einzugsgebiet dieser beiden Nerven läßt sich weitgehend gegeneinander abgrenzen. Wie aus Abb. 22-1 zu ersehen ist, ziehen die Fasern von den im hinteren Zungenbereich gelegenen .... - und ...... -papillen überwiegend im Nervus ...... zum Gehirn. Die Fasern aus dem vorderen Teil der Zunge ziehen in die Chorda tympani, einen Ast des Nervus ....

afferente — Wall — Blätter — glossopharyngeus — facialis

22.11 Die Geschmacksfasern, die über den 7. Hirnnerven, den Nervus .... und den 9. Hirnnerven, den Nervus ...... ins Hirn eintreten, sammeln sich auf jeder Körperseite im Tractus solitarius. Dieser Faserzug führt beiderseits zum Nucleus tractus solitarii, einer Nervenzellgruppe, die im verlängerten Mark (Medulla oblongata) gelegen ist. Hier werden die über die afferenten Fasern einlaufenden Erregungen auf ein 2. Neuron übertragen.

facialis — glossopharyngeus

22.12 Von dem im .... gelegenen Nucleus tractus solitarii ziehen die Axone der 2. ...... in den ventralen Thalamus, einen Teil des Zwischenhirns. Von hier wird über ein weiteres Neuron die Verbindung mit der Großhirnrinde hergestellt.

verlängerten Mark (oder Medulla oblongata) — Neurone

22.13 In der Geschmacksbahn, ausgehend von den ...... bis zur Großhirnrinde, sind demnach die folgenden Hirnregionen als Schaltstellen festzuhalten: für den Übergang vom 1. auf das 2. Neuron der ...., für den Übergang vom 2. auf das 3. Neuron der ....

Geschmacksknospen (oder Sinneszellen) — Nucleus tractus solitarii — ventrale Thalamus

Unter natürlichen Bedingungen, z. B. bei der Nahrungsaufnahme, gelangen komplexe Reize, die mehrere Modalitäten übergreifen, in den Mundraum. Da die Mundhöhle offen mit dem Nasenraum in Verbindung steht, können Geruchsstoffe zu den Geruchsreceptoren der Nase diffundieren und entsprechende Empfindungen verursachen. Außerdem können die in der Schleimhaut der Zunge und des Mundraums liegenden Thermoreceptoren, Mechanoreceptoren und Schmerzfasern gereizt werden. Die naive „Geschmacks"-empfindung ist somit in Wirklichkeit eine zusammengesetzte Empfindung: echte Geschmacksempfindungen werden überlagert von Geruchsempfindungen, sowie von Sinneseindrücken der Wärme bzw. Kälte, des Druckes und gegebenenfalls des Schmerzes.

22.14 Während es schwierig ist, die vielfältigen Geruchsreize in Gruppen verwandter Reizstoffe, die als Geruchsqualitäten gelten können, zu ordnen, lassen sich für den Geschmackssinn 4 Grundempfindungen deutlich gegeneinander abgrenzen. Diese Geschmacks- ...... sind: süß, sauer, salzig und bitter.

qualitäten

Außer den vier Grundqualitäten lassen sich noch zwei Nebenqualitäten, alkalisch und metallisch, abgrenzen. Die Empfindung alkalisch oder auch seifig wird bei Reizung mit Pottasche (= Kaliumkarbonat) hervorgerufen. Manche Metalle und Metallsalze haben einen spezifischen, von den Grundqualitäten deutlich verschiedenen „metallischen" Geschmack.

22.15 Für jede der vier Grundqualitäten des Geschmacks, nämlich ......, ..., ... und ...... , kann eine Reihe von Stoffen als Beispiel genannt werden, wie aus der folgenden Tabelle hervorgeht.

süß — sauer — salzig — bitter (Reihenfolge beliebig)

süß	sauer	salzig	bitter
Glukose Saccharose Saccharin d-Leucin Beryllium- chlorid	Salzsäure Essigsäure Zitronensäure Weinsäure	Kochsalz Ammonium- chlorid Magnesium- chlorid Natriumfluorid	Chininsulfat Nikotin Coffein l-Leucin Magnesiumsulfat (= „Bittersalz")

Allerdings ist es bisher kaum möglich, aus physikalischen oder chemischen Eigenschaften von Stoffen ihre Zugehörigkeit zu einer Geschmacksqualität zwingend abzuleiten. Lediglich beim saueren Geschmack läßt sich sagen, daß H^+-Ionen das

Zustandekommen der Empfindung bedingen. Bei einem Vergleich von gleichartig schmeckenden Substanzen fällt auf, daß diese chemisch sehr verschiedenartig gebaut sein können; andererseits können sich optische Isomere geschmacklich deutlich unterscheiden: einige Aminosäuren schmecken in der d-Form süß, in der l-Form aber bitter (z. B. Leucin).

22.16 Es liegt auf der Hand, daß unter natürlichen Bedingungen komplexe Reize wirken, die mehrere ...... umfassen und daß somit Mischgeschmäcke empfunden werden.

Qualitäten

22.17 Die Wahrnehmungsschwellen für die einzelnen Qualitäten liegen bei unterschiedlichen Konzentrationen. Wie der Schwellenwert für Chininsulfat (Schwellenkonzentration 0,000 008 molar = 0,006 g/l) erkennen läßt, werden ...... schmeckende Stoffe schon bei sehr niedrigen Konzentrationen wahrgenommen. Die Wahrnehmungsschwelle für Saccharin liegt bei 0,000 023 Mol/l (= 0,0055 g/l), für Traubenzucker bei 0,08 Mol/l und für Rohrzucker bei 0,01 Mol/l (= 14,41 g/l bzw. 3,42 g/l). Diese Daten sind kennzeichnend; sie lassen erkennen, daß die Schwellen für Mono- und Disaccharide erheblich ...... (über/unter) denen für synthetische .... -stoffe liegen. Wie aus den Schwellenwerten für Essigsäure (0,0018 n = 0,108 g/l) und Kochsalz (0,01 Mol/l = 0,585 g/l) hervorgeht, liegen die Schwellen für ...... und ...... schmeckende Stoffe etwa in der gleichen Größenordnung wie für die genannten Saccharide. Die Lage der Schwelle bei Säuren spiegelt annähernd den Dissoziationsgrad wider.

bitter — über — Süß — sauer — salzig

Die Aussagekraft von genau angegebenen Schwellenwerten ist jedoch beschränkt, weil für die meisten Stoffe eine erhebliche individuelle Variabilität in den Schwellen festgestellt worden ist. Es entspräche den Gegebenheiten mehr, von Schwellenbereichen zu reden.

22.18 Aus den eben genannten Schwellenwerten für Trauben- und Rohrzucker läßt sich ableiten, daß eine Traubenzuckerlösung im Vergleich zu einer Rohrzuckerlösung ...... (stärker/schwächer) konzentriert sein muß, um als gleich süß empfunden zu werden. Versuche mit überschwelligen Testlösungen verschiedener Konzentrationen bestätigen diese Voraussage.

stärker

Es ist zu fragen, von welchen Parametern die Stärke der Geschmacksempfindung abhängt. Eine Antwort läßt sich besonders klar entwickeln, wenn die Frage in einer spezielleren Form gestellt wird, nämlich danach, unter welchen Bedingungen ein Reiz überschwellig wird, also zu einer Empfindung führt.

22.19 Die beiden folgenden Ausdrücke geben Auskunft darüber, unter welchen Bedingungen der Reizsituation die Empfindungsschwelle überschritten wird:

$$C\,A^n = k \quad (1)$$

$$t\,C^n = k \quad (2)$$

Dabei steht C für die Konzentration der Schmeckstofflösung, A für die Größe des gereizten Areals auf der Zunge und t für die Dauer der Reizwirkung. Die Exponenten n sind reizstoffspezifische Größen, k gibt an, daß die Produkte konstant sind. Dem ersten Ausdruck ist demnach zu entnehmen, daß der Effekt der Verdünnung einer Reizstofflösung kompensiert werden kann durch Reizung einer ...... (größeren/kleineren) Fläche der Zungenoberfläche, d. h. einer entsprechend ...... Zahl von Receptoren. Dieser Effekt dürfte auf räumliche Bahnung zurückzuführen sein. Der zweite Ausdruck gibt an, daß die zur Überschreitung der Schwelle notwendige Dauer der Reizeinwirkung verkürzt werden kann, wenn die ...... zunimmt.

größeren — größeren — Konzentration

22.20 Für die Stärke der Geschmacksempfindung ist außer den eben erläuterten Parametern ......, ... und ...... auch die Temperatur der Reizstofflösung von Bedeutung.

Konzentration — Reizdauer — Größe der gereizten Fläche (Reihenfolge beliebig)

22.21 Weiter ist zu berücksichtigen, daß der Geschmackssinn eine deutliche Adaptation zeigt. Das bedeutet, daß bei lang andauernden Reizen die Empfindungsstärke ...... (zu-/abnimmt). Im adaptierten Zustand liegt die Wahrnehmungsschwelle dementsprechend ...... als im nicht adaptierten Zustand.

abnimmt — höher

22.22 Bei einer Untersuchung der Adaptation muß natürlich berücksichtigt werden, daß auch die Sekretion der Spüldrüsen zu einer ...... (Verminderung/Erhöhung) der Empfindungsstärke führen kann, da durch sie die .... des Reizstoffes an den Geschmacksorganen ...... wird.

Verminderung — Konzentration — vermindert

22.23 Es stellt sich die Frage, ob die ...... (Anzahl) Grundqualitäten den morphologisch unterschiedenen ...... (Anzahl) Typen von Geschmackspapillen spezifisch zugeordnet werden können. Das ist streng genommen nicht der Fall, jedoch läßt sich zeigen, daß die verschiedenen Regionen der menschlichen Zunge für die genannten Qualitäten unterschiedlich empfindlich sind.

vier — drei

22.24 Wie die rote Kreuzschraffur in Abb. 22-1 angibt, wird die Empfindung süß von der Zungen- ...... besonders empfindlich vermittelt. Der mittlere Bereich der äußeren Zungenränder (waagerechte Schraffur) spricht auf ...... Reize am stärksten an. In einem Areal am Zungenrand, das diese beiden Bereiche zum Teil überlagert (Schrägschraffur), sind ...... Reizstoffe besonders wirksam. Hingegen wird am Zungengrund im Bereich der Wallpapillen besonders empfindlich die Empfindung ...... vermittelt.

spitze — sauere — salzige — bitter

22.25 Dementsprechend wird bei Verletzungen des Nervus glossopharyngeus, der, wie wir gesehen haben (Abb. 22-1), Fasern vom ...... (vorderen/ hinteren) Zungenbereich führt, die Fähigkeit, ... Stoffe festzustellen, vermindert. Umgekehrt bleibt bei einem Ausfall des Nervus facialis nur die Wahrnehmungsfähigkeit ...... unbeeinträchtigt.

hinteren — bittere — bitter

Mit den folgenden Fragen können Sie nachprüfen, inwieweit Sie wesentliche Zusammenhänge aus dieser Lektion beherrschen:

22.26 Skizzieren Sie den Aufbau einer Geschmacksknospe und tragen Sie die afferenten Fasern ein.

Abb. 22-6, Inhalt der Lernschritte 22.4, 22.6, 22.8

22.27 Schreiben Sie aus dem Gedächtnis die von den Geschmacksorganen fortführenden Nerven und zwei nachgeordnete Stationen aus der Geschmacksbahn nieder.

Nervus facialis, Nervus glossopharyngeus, Nucleus tractus solitarii, ventraler Thalamus

22.28 Welche Qualitäten sind folgenden Reizstoffen zuzuordnen: 1. Coffein, 2. Magnesiumchlorid, 3. Zitronensäure, 4. Glucose, 5. Nikotin, 6. Weinsäure und 7. Chininsulfat.

a) süß
b) sauer
c) salzig
d) bitter

1 = d, 2 = c, 3 = b, 4 = a, 5 = d, 6 = b, 7 = d

22.29 Wie hoch muß die Konzentration einer Rohrzuckerlösung im Vergleich zu einer Traubenzuckerlösung einerseits und einer Saccharinlösung andererseits sein, um als gleich süß empfunden zu werden?

a) stärker bzw. schwächer
b) in beiden Fällen stärker
c) schwächer bzw. stärker
d) in beiden Fällen schwächer

c

22.30 Auf welche Reizqualität sprechen die Zungenspitze (1) bzw. das Areal vor dem Zungengrund (2) am stärksten an?

a) süße Reize
b) sauere Reize
c) salzige Reize
d) bittere Reize

(1) a — (2) d

Lektion 23: Objektive Geschmacksphysiologie

In der vorigen Lektion war gezeigt worden, daß sich die Geschmacksempfindungen vier Grundqualitäten zuordnen lassen. In dieser Lektion wird erläutert, daß diese Fähigkeit zur Unterscheidung auf der Spezifität von Acceptormolekülen beruhen dürfte. Es überrascht zunächst, festzustellen, daß sich diese Spezifität keineswegs in der Antwort der einzelnen Sinneszelle und der einzelnen afferenten Faser wiederfindet, doch läßt sich die Frage wie Qualität und Konzentration codiert werden, leicht beantworten, wenn die Reaktionen zahlreicher Zellen bzw. Fasern berücksichtigt werden. Schließlich geht die Lektion auf die biologische Bedeutung des Geschmackssinnes ein.

Lernziele
In Auswahlfragen erkennen, worauf die abgestufte relative Spezifität der Geschmacksfasern beruht. Mit eigenen Worten erklären, wie Art und Konzentration eines Reizstoffes durch die Geschmacksreceptoren codiert werden. Mit eigenen Worten erklären, worin der Primärprozeß bei der Geschmacksreizung besteht. In Auswahlfragen die Merkmale der selektiven Blockierung von Geschmacksqualitäten erkennen. Zwei Beispiele für die Auslösung von Reflexen durch von Geschmacksreceptoren ausgehende Erregungen auswendig wissen.

23.1 Während sich auf der Zungenoberfläche Bereiche maximaler Empfindlichkeit für die 4 Grund- ...... (reize/qualitäten/modalitäten) des Geschmacks abgrenzen lassen, ist weder eine durchgängige spezifische Empfindlichkeit der einzelnen Sinneszellen innerhalb der Geschmacksknospen noch der von diesen fortführenden .... gegeben.

qualitäten — afferenten Fasern

23.2 Abb. 23-2 zeigt für 4 afferente Fasern (a-d) die Veränderung der Impulsfrequenz bei Reizung mit Substanzen, die die 4 Grundqualitäten vertreten. Das Ergebnis bliebe prinzipiell gleich, wenn aus jedem Qualitätsbereich auch andere Stoffe getestet würden. Der Abbildung ist zu entnehmen, daß die Fasern jeweils auf Reize aus ...... (einer/mehr als einer) Qualitätsklasse reagieren.

mehr als einer

23.3 In den Beispielen a-d der Abb. 23-2 sind die Reizsubstanzen jeweils in denselben Konzentrationen auf die Zunge gebracht worden. Vergleichen wir die Reaktionen der 4 Fasern, dann wird deutlich, daß jede Faser zwar auf mehr als einen Reiz mit einer Erhöhung der Entladungsfrequenz antwortet, aber insofern abgestuft spezifisch reagiert, als die Frequenz auf die 4 Reize hin ...... (gleich/ungleich) stark zunimmt. Wir bezeichnen die jeweils typischen Muster der Erregungszunahme auch als Geschmacksprofile der Fasern.

ungleich

Im folgenden soll erörtert werden, worauf es beruht, daß die Geschmacksfasern nicht streng spezifisch, sondern nur mit abgestufter Spezifität reagieren. Weiter wird erläutert, wie Qualität und Konzentration eines Reizes codiert werden können.

23.4 Die Geschmacksfasern sind über Synapsen mit den ...... -zellen verbunden und werden durch diese aktiviert. Folglich kann angenommen werden, daß die Reaktion der Geschmacksfasern, die wir eben besprochen haben, die Reaktion der vorgeschalteten Sinneszellen wiedergibt, also die abgestufte Spezifität der Geschmacksfasern auf einer ...... (abgestuften relativen/absoluten) Spezifität der einzelnen Sinneszellen beruht. Ableitungen von einzelnen Sinneszellen haben dies in der Tat erwiesen.

Sinnes — abgestuften relativen

23.5 Wir hatten anhand von Abb. 22-6 festgestellt, daß die afferenten Fasern innerhalb der Geschmacksknospen ...... (unverzweigt/nach Verzweigung) enden. Dementsprechend können auf jede Faser die Erregungen von ...... (einer/mehr als einer) Sinneszelle übertragen werden.

nach Verzweigung — mehr als einer

23.6 Eine Geschmacksfaser kann also von mehreren ...... -zellen einer Geschmacksknospe, von denen angenommen werden muß, daß sie sich hinsichtlich ihrer Spezifität unterscheiden, aktiviert werden. Abb. 23-6 zeigt, daß darüber hinaus Sinneszellen aus verschiedenen ...... (Geschmacksknospen/Papillen) mit Kollateralen ein und derselben afferenten Faser verbunden sind.

Sinnes — Papillen

23.7 Wie aus Abb. 23-6 hervorgeht, haben die Geschmacksfasern größere, sich überlappende Einzugsbereiche, die auch .... genannt werden.

receptive Felder

23.8 Dabei können auch einzelne Sinneszellen von mehreren verschiedenen Fasern innerviert werden. Sie gehören somit auch verschiedenen .... an.

receptiven Feldern

23.9 Je ein funktionelles und ein strukturelles Merkmal der Geschmacksorgane bedingen demnach die abgestufte relative Spezifität der Geschmacksfasern: 1. die fehlende ...... Spezifität der Sinneszellen und 2. die Verzweigung der Geschmacksfasern unter Ausbildung von ....

absolute — receptiven Feldern

23.10 Wir hatten aus Abb. 23-2 die abgestufte relative Spezifität der Geschmacksfasern abgeleitet. Die Impulsfrequenz einer afferenten Faser ändert sich demnach in Abhängigkeit von der ...... eines Reizes. Andererseits variiert die Impulsfrequenz auch in Abhängigkeit von der Konzentration des Reizstoffes.

Qualität

23.11 Im Hinblick auf die Codierung einer Reizsituation ergibt sich aus der Tatsache, daß die Entladungsfrequenz der afferenten Fasern von .... und .... eines Reizstoffes abhängig ist, daß aus der Aktivität einer einzelnen Faser .... (durchaus/keineswegs) eindeutige Information über diese beiden Reizparameter entnommen werden kann.

Qualität — Konzentration (Reihenfolge beliebig) — keineswegs

23.12 Wir erhalten aber Auskunft über die genannten Merkmale der Reizsituation, also ...... und ......, wenn wir die Aktivität zweier oder mehrerer Fasern gleichzeitig registrieren. Vergleichen wir die unterschiedlichen Impulsfrequenzen der Fasern, also ihr relatives Erregungsniveau, dann ergibt sich für jede ...... ein charakteristisches Entladungsmuster. Aus der Impulsfrequenz jeder einzelnen Faser kann dann auf die ...... der Reizsubstanz geschlossen werden.

Qualität — Konzentration (Reihenfolge beliebig) — Qualität — Konzentration

Es ist eine interessante Feststellung der subjektiven Geschmacksphysiologie, daß sich bei vielen Salzen die Empfindung in Abhängigkeit von der Konzentration auch hinsichtlich der Qualität ändert; 0,02-0,03 molare Kochsalzlösungen schmekken süß, 0,04 molar und stärker konzentrierte Lösungen salzig. Dieses Phänomen wird verständlich, wenn man berücksichtigt, daß Neurone der Geschmacksbahn ein breites Spektrum von Empfindlichkeitsunterschieden für die einzelnen Qualitäten aufweisen.
In den letzten Lernschritten haben wir festgestellt, daß die Merkmale einer Reizsituation dadurch codiert werden, daß sich jeweils komplexe aber charakteristische Erregungsmuster über einer großen Zahl gleichzeitig aber unterschiedlich reagierender Neurone ausbilden. Dieses Ergebnis erhalten wir durch eine Analyse der Aktivität von Receptoren bzw. afferenten Fasern, die wir mit elektrophysiologischer Methodik registrieren können. Es ist aber noch weitgehend unklar, was beim Eintreffen von Molekülen eines Geschmacksstoffes an der Membran der Sinneszelle geschieht, und wie, ausgehend von diesem Primärprozeß, die registrierbare Reaktion der Zelle zustandekommt.

23.13 Voraussetzung für die Aktivierung eines Geschmacksreceptors ist, daß eine Wechselwirkung zwischen Molekülen eines Geschmacksstoffes und speziell differenzierten Stellen in der ...... (Membran/afferenten Faser), den Acceptormolekülen, stattfindet. Dieser Vorgang wird auch als Primärprozeß bezeichnet.

Membran

23.14 Es wird angenommen, daß der Primärprozeß, also die Wechselwirkung zwischen ...... und ......, mit einem Adsorptionsvorgang beginnt.

Geschmacksstoffmolekül — Acceptormolekül (Reihenfolge beliebig)

23.15 Bei der Adsorption eines Geschmacksstoffmoleküls an das ...... dürfte dieses, wahrscheinlich ein Proteinmolekül, seine Struktur ändern. Diese Strukturänderung oder Konformationsänderung des ...... könnte wiederum zu Permeabilitätsänderungen der umliegenden Membranbereiche führen. Über einen cellulären Verstärkermechanismus kommt es schließlich zur Ausbildung eines Receptorpotentials.

Acceptormolekül — Acceptormoleküls

23.16 Die Annahme, daß die Reizstoffmoleküle an der ...... der Sinneszelle mit spezifischen Acceptormolekülen in Wechelswirkung treten, wird durch die Beobachtung bestätigt, daß bestimmte Pflanzenstoffe und Pharmaka wie die Gymnemasäure aus der indischen Pflanze Gymnema sylvestre und z. B. Cocain die Geschmacksempfindungen für einzelne Qualitäten selektiv blockieren. Gymnemasäure besetzt offensichtlich die ...... für süß schmeckende Substanzen: Nach Applikation dieses Stoffes bleiben ...... schmeckende Reizsubstanzen unwirksam.

Membran — Acceptormoleküle — süß

Welche biologische Bedeutung hat der Geschmackssinn? Die auf der Zunge gelegenen Geschmacksknospen reagieren auf Reize, die von Quellen ausgehen, die innerhalb oder unmittelbar vor der Mundhöhle liegen. Somit dient der Geschmackssinn der Nahorientierung. Das gilt generell für die höheren Wirbeltiere. Bei den Fischen hingegen kann der Geschmackssinn auch zur Fernorientierung beitragen. Geschmacksstoffe können im Wasser, das die Tiere umgibt, auch von weit entfernt gelegenen Ursprungsorten zu den Geschmacksknospen gelangen, die bei den Fischen auf der gesamten Körperoberfläche vorkommen können. Außer der Bedeutung für die Nahorientierung hat der Geschmackssinn beim Menschen die wichtige Funktion, Reflexe auszulösen.

23.17 Über Erregungen, die von den Geschmacksreceptoren ausgehen, werden mehrere Reflexe ausgelöst. So wird die bereits erwähnte Spülung der Zunge durch Sekretabgabe aus den ...... -drüsen, die an den ...... und ...... -papillen ausmünden (vgl. Abb. 22-3), reflektorisch unter dem Einfluß der Geschmacksknospen geregelt.

Spül — Wall — Blätter

23.18 Einer reflektorischen Regelung unterliegt nicht nur die ...... -abgabe aus den Spüldrüsen der Zunge. Auch die Sekretation des Speichels wird bei entsprechender Reizung der ...... -receptoren reflektorisch in Gang gesetzt. Bei der reflektorischen Sekretion von Speichel variiert dessen Zusammensetzung in Abhängigkeit von dem Reizmuster, das auf die Sinneszellen einwirkt.

Sekret — Geschmacks

23.19 Weiterhin wird die Sekretion des Magensaftes durch Geschmacksreize beeinflußt. Schließlich läßt sich auch beim Erbrechen eine Mitwirkung des Geschmackssinnes nachweisen. Das heißt, daß Würgereflexe als

.... -reflexe bei der Nahrungsaufnahme durch .... der Geschmacksorgane ausgelöst werden können.

Schutz — Reizung

Anhand der folgenden Fragen können Sie kontrollieren, ob Sie wesentliche Inhalte dieser Lektion beherrschen.

23.20 In welcher Weise reagieren die von den Geschmacksknospen fortführenden afferenten Fasern:
a) jeweils auf Substanzen der gleichen Qualität gleich stark
b) jeweils auf Substanzen der gleichen Qualität verschieden stark
c) jeweils auf Substanzen mehrerer Qualitäten gleich stark
d) jeweils auf Substanzen mehrerer Qualitäten verschieden stark

d

23.21 Worauf beruht die abgestufte Spezifität einzelner Geschmacksfasern?
a) auf der fehlenden absoluten Spezifität der Sinneszellen
b) auf der Verzweigung der Fasern und Ausbildung von receptiven Feldern
c) auf der Überlappung der receptiven Felder

a, b

23.22 Erklären Sie mit eigenen Worten, was man unter dem Primärprozeß versteht und worin er beim Geschmackssinn bestehen dürfte.

Inhalt der Lernschritte 23.13-23.15

23.23 Welche von den folgenden Reaktionen können über Erregung von Geschmacksreceptoren reflektorisch ausgelöst werden?
a) Husten
b) Spüldrüsensekretion
c) Speichelsekretion
d) Tränenfluß
e) Würgen

b, c, e

G Physiologie des Geruchs (Altner)

Lektion 24: Riechschleimhaut, periphere Mechanismen der Geruchsreception

Die Lektion führt in die Physiologie des Geruchssinnes ein. Zunächst werden morphologische Merkmale des Riechorgans und sein cellulärer Aufbau besprochen. Wir werden uns dann der Schwierigkeiten bewußt, die große Mannigfaltigkeit der Duftstoffe entsprechend den Sinneseindrücken, die sie auslösen, in Qualitäten zu ordnen. Auch die Untersuchung einzelner Riechsinneszellen löst dieses Problem nicht; diese reagieren nicht spezifisch auf verwandte Stoffe. Es läßt sich aber aussagen, wie die wesentlichen Parameter einer olfaktorischen Reizsituation, nämlich Art des Duftstoffes und Konzentration codiert werden. Weit weniger gut wissen wir über die Art der Wechselwirkung zwischen den Duftstoffmolekülen und der Membran der Sinneszellen Bescheid. Dieses Problem ist aber von allgemeiner Bedeutung: Nicht nur kann für den Geschmackssinn die gleiche Frage gestellt werden, auch der Wirkung von Überträgerstoffen an Synapsen dürften ähnliche Mechanismen zugrunde liegen (siehe „Neurophysiologie programmiert", Lektion 12, Taschenbuch „Grundriß der Neurophysiologie", Kapitel 7).

Lernziele

Auswendig wissen, wie viele Conchen in den Nasenräumen ausgebildet sind und welche Ausdehung das Riechepithel auf diesen hat. Auswendig wissen, welche Zellformen in der Regio olfactoria und in der Regio respiratoria vorkommen. Mit eigenen Worten die Riechzellen als primäre Sinneszellen kennzeichnen können. In Auswahlfragen erkennen, aus welchen Zellelementen die Schleimschicht über der Riechschleimhaut stammt. Vier Beispiele für Duftklassen auswendig wissen. In Auswahlfragen erkennen, daß die Wechselwirkung zwischen Duftstoff und Riechzellen beim Primärprozeß an Acceptormolekülen in der Membran des Receptors stattfindet. In Auswahlfragen erkennen, was eine partielle Anosmie ist. Mit eigenen Worten erläutern können, wie Art und Konzentration eines Duftstoffes codiert werden. In Auswahlfragen erkennen, in welcher Größenordnung die Schwellenempfindlichkeit eines einzelnen Geruchsreceptors liegt.

24.1 Die Nasenhöhle wird durch eine Scheidewand in einen linken und einen rechten Raum untergliedert. Die freie Oberfläche der beiden Räume wird, wie Abb. 24-1 zeigt, vergrößert durch Wülste, ... genannt, die von den Außenwänden in den Innenraum vorspringen. Beim Menschen sind ...... (Zahl) übereinanderliegende ...... ausgebildet.

Conchen — drei — Conchen

24.2 Die gesamte Nasenhöhle ist mit Schleimhaut ausgekleidet, doch beschränkt sich das Vorkommen von Riechsinneszellen auf einen kleinen

Bereich, der in Abb. 24-1 rot eingetragen ist und als .... bezeichnet wird.

Regio olfactoria

24.3 Die Regio olfactoria erstreckt sich über die ganze ...... Conche und bildet Inseln auf der ...... Conche. Außerdem findet sich Riechepithel in den benachbarten Bereichen der Nasenscheidewand.

obere — mittleren

24.4 Der Bereich der Nasenschleimhaut, der keine Riechzellen enthält, wird, wie Abb. 24-1 zu entnehmen ist, als .... bezeichnet. Die Schleimhaut dieser Region ist ein zweireihiges Flimmerepithel, in dem Schleim produzierende Becherzellen häufig vorkommen.

Regio respiratoria

In der Schleimhaut der Nasenscheidewand sind beim menschlichen Fetus blind endigende Schläuche zu beobachten. Es handelt sich dabei um Rudimente des Jacobsonschen Organs, das bei vielen Amphibien, Reptilien und Säugetieren ein zusätzliches, zum Teil sogar sehr wesentliches Riechorgan darstellt. Beim Menschen ist es zurückgebildet.

24.5 Abb. 24-5 zeigt, daß die Riechschleimhaut ein mehrreihiges Epithel ist, in dem zwei Zellformen vorherrschen, ... und .... Außerdem sind, ähnlich wie in den Geschmacksknospen (vgl. Lektion 22) Basalzellen vorhanden, die zu Riechzellen auswachsen können, also unausgereifte Riechzellen darstellen.

Riechzellen — Stützzellen (Reihenfolge beliebig)

24.6 Die Riechzellen laufen, wie Abb. 24-5 zu entnehmen ist, basal in einen ableitenden Fortsatz, das ......, aus und sind dadurch als primäre Sinneszellen gekennzeichnet. Die Axone, die sich unter dem Sinnesepithel in umfangreichen Bündeln sammeln, werden auch .... genannt.

Axon — Fila olfactoria

24.7 Apikal tragen die Riechzellen als Fortsätze ...... , die in einer Schleimschicht liegen, die das Riechepithel bedeckt. Diese Schleimschicht stammt aus drei Quellen: 1. den ...... Drüsen, 2. aus den Becherzellen der Regio ...... (s. 24.4) und 3. aus den Stützzellen des Riechepithels, die ebenfalls zur Synthese von Schleimsubstanzen befähigt sind.

Cilien — Bowmanschen — respiratoria

24.8 Moleküle eines Duftstoffes, die mit der Membran einer Riechzelle in Wechselwirkung treten sollen, müssen also durch eine ...... diffundieren, bevor sie an die Membran der ...... als den am weitesten peripher gelegenen Teil der Riechzellen gelangen.

Schleimschicht — Cilien

Geruchsempfindungen werden allerdings nicht ausschließlich durch die Riechzellen der Regio olfactoria vermittelt. In der Regio respiratoria finden sich neben den genannten Zellelementen auch sensible Fasern des 5. Hirnnerven, des Nervus trigeminus. Diese freien Nervenendigungen reagieren auch auf Duftstoffe. Daher bleibt auch nach völliger Durchtrennung der Fila olfactoria, z. B. nach Unfällen, ein gewisses Riechvermögen erhalten.
Die tägliche Erfahrung zeigt, daß der Mensch Tausende verschiedener Duftstoffe geruchlich unterscheiden kann. Anders als beim Geschmackssinn gelingt es beim Geruchssinn nicht, die Duftstoffe deutlich gegeneinander abgrenzbaren Grundempfindungen zuzuordnen. Allen Versuchen, solche Geruchsqualitäten zu definieren, haftet etwas Willkürliches an. Auch die objektive Riechphysiologie kann keine Kriterien für eine klare Abgrenzung von Geruchsqualitäten nennen.

24.9 Im Unterschied zur Geschmacksphysiologie gelingt es der subjektiven Riechphysiologie nicht, Geruchsqualitäten scharf gegeneinander abzugrenzen. Aus praktischen Erwägungen werden dennoch eine Reihe von Qualitäten als D u f t k l a s s e n oder P r i m ä r g e r ü c h e definiert, von denen im folgenden einige mit jeweils zwei chemisch reinen Duftstoffen als Beispielen genannt sind:

blumig:	α-Ionen, β-Phenyläthylalkohol,
ätherisch:	1,2-Dichloräthan, Benzylacetat,
moschusartig:	Ringketone (C_{15-17}), z. B. Zibeton, Muscon,
kampferartig:	1,8-Cineol, Kampfer,
schweißig:	Isovaleriansäure, Buttersäure,
faulig:	Schwefelwasserstoff, Äthylmercaptan,
stechend:	Ameisensäure, Essigsäure

24.10 Bei natürlich vorkommenden Düften, deren Geruch den Bezeichnungen für die oben zusammengestellten ...... entspricht, z. B. Blütendüften, Schweißgerüchen, dem Geruch faulenden Fleisches, handelt es sich in der Regel um Duftgemische, in denen entsprechende Komponenten vorherrschen.

Duftklassen (oder: Primärgerüche)

24.11 Wie der oben gegebenen Übersicht zu entnehmen ist, sind die als Beispiele für eine Duftklasse genannten Stoffe ...... (immer/vielfach nicht) chemisch verwandt und von Angehörigen anderer Klassen verschieden.

vielfach nicht

24.12 In Europa werden bei 0,1-1% der Menschen spezifische Geruchsblindheiten festgestellt. Bei diesen partiellen Anosmien, die zum Teil erheblich sind, wird jeweils eine kleinere Anzahl ähnlich riechender Substanzen, z. B. bestimmte Moschusdüfte, nur mehr bei sehr hoher Konzentration gerochen. Demnach ist die Schwelle für diese Substanzen spezifisch erhöht. Das Vorkommen von solchen partiellen Anosmien spricht ...... (dafür/dagegen), daß eine Abgrenzung von Duftqualitäten in gewissem Umfang möglich ist.

dafür

24.13 Ähnlich wie beim Geschmackssinn wissen wir sehr wenig über den Primärprozeß beim Riechen, also die Wechselwirkung zwischen den Molekülen eines Duftstoffes und den dafür speziell ausgebildeten Molekülen in der Membran der ......-zelle, den Acceptormolekülen.

Riech

24.14 Schon angesichts der großen Zahl von Duftstoffen ist es äußerst unwahrscheinlich, daß für jeden Duftstoff in der Membran der Sinneszelle ein eigenes ...... vorhanden ist. Vielmehr ist anzunehmen, daß jeweils mehrere verwandte ...... mit einem gemeinsamen ...... reagieren.

Acceptormolekül — Duftstoffe — Acceptormolekül

24.15 Für die Annahme von Acceptormolekülen, die mit ...... (einem/mehr als einem) Duftstoff in Wechselwirkung treten können, spricht auch das oben erwähnte Phänomen der spezifischen Schwellenerhöhung im Fall einer .... Dennoch muß die Codierung ein individuelles Erkennen der Duftstoffe gewährleisten.

mehr als einem — partiellen Anosmie

Auskunft darüber, wie die Parameter der Reizsituation, insbesondere die Art des Duftstoffes und seine Konzentration codiert werden, läßt sich am ehesten von der Registrierung der Antworten einzelner Riechzellen erwarten. Beim Geschmackssinn (siehe Lektion 23) haben derartige Untersuchungen gezeigt, daß sich jeweils komplexe aber charakteristische Erregungsmuster über einer großen Anzahl gleichzeitig aber unterschiedlich reagierender Zellen ausbilden. Diese variierenden Muster enthalten die Information über die jeweils herrschende Reizsituation. Über die Reaktionsspektren einzelner Riechzellen wissen wir hingegen sehr wenig, weil bisher nur in wenigen Fällen derartige Registrierungen gelungen sind.

24.16 Ableitungen von einzelnen Riechzellen zeigen, daß diese individuelle Reaktionsspektren aufweisen. Jede einzelne Zelle reagiert also auf zahlreiche Stoffe; die Auswahl der Stoffe aber ist von Zelle zu Zelle ...... (gleich/verschieden). Die Stärke der Antwort einer Zelle auf die einzelnen Stoffe ist bei gleicher Konzentration abgestuft.

verschieden

24.17 Wie beim Geschmackssinn enthält also die Antwort einer einzelnen Sinneszelle ...... (eindeutige/keine eindeutige) Information über Art und Konzentration eines vorhandenen Duftstoffes.

keine eindeutige

24.18 Geruchsreize werden dementsprechend in der Weise durch die ...... codiert, daß bei gegebener Konzentration jedem Duftstoff ein bestimmtes Erregungsmuster entspricht. Das relative Erregungsniveau zahlreicher Receptoren enthält also Information über die Art des Duftstoffes.

Riechzellen (oder entsprechend)

24.19 Bei der Erörterung der Codierung waren wir davon ausgegangen, daß die Impulsfrequenzen als Antwort einer Riechzelle auf Reizung mit verschiedenen Duftstoffen derselben Konzentration ...... (gleich/verschieden) hoch sind. Eine Erhöhung der Konzentration führt meist zu einer Zunahme der .... Manche Duftstoffe führen zu einer Hemmung der Aktivität der Sinneszelle. In solchen Fällen nimmt die ...... bei einer Erhöhung der Konzentration ab.

verschieden — Impulsfrequenz (oder entsprechend) — Impulsfrequenz (oder entsprechend)

24.20 Es ist nun zu fragen, bei welcher minimalen Konzentration eines Duftstoffes Aktionspotentiale an einer Riechzelle ausgelöst werden, also der

Reiz die ...... -konzentration überschritten hat. Bei wirbellosen Tieren ist es gelungen, nachzuweisen, daß im Extremfall ein einziges auf die Membran einer Sinneszelle auftreffenden Molekül eines Duftstoffes ausreicht, ein fortgeleitetes ...... -potential auszulösen. Es besteht kein Grund, für die Riechzellen von Wirbeltieren (und damit des Menschen) grundsätzlich andere Verhältnisse anzunehmen.

Schwellen — Aktions

Mit Hilfe der folgenden Fragen können Sie kontrollieren, ob Sie die wesentlichen Fakten aus dieser Lektion beherrschen:

24.21 Wie viele Conchen sind beim erwachsenen Menschen in jedem Nasenraum ausgebildet (A) und auf welche erstreckt sich die Regio olfactoria (B)?

A
a) drei bis vier
b) drei
c) mehr als drei
d) zwei
e) ein bis zwei

B
a) auf alle
b) auf die oberste
c) auf die unterste
d) auf die beiden oberen
e) auf die beiden unteren

A: b, B: d

24.22 Welche von den folgenden Zelltypen finden sich in der Regio olfactoria der Nase?

a) Riechzellen
b) Becherzellen
c) Stützzellen
d) Basalzellen

a, c, d

24.23 Wodurch sind die Riechzellen als p r i m ä r e Sinneszellen gekennzeichnet?

a) durch den Besitz von Cilien
b) durch das fortführende Axon
c) durch die Fähigkeit auf Duftstoffe zu reagieren

b

24.24 Schreiben Sie aus dem Gedächtnis die Bezeichnungen für 4 Duftklassen nieder.

Inhalt von Lernschritt 24.9

24.25 Was versteht man unter einer partiellen Anosmie?

a) die Zerstörung der Regio olfactoria
b) eine Schwellenerhöhung für eine kleinere Anzahl verwandter Düfte
c) eine generelle Schwellenerhöhung für Geruchsempfindungen
d) eine herabgesetzte Empfindlichkeit für Moschusdüfte

b

24.26 Erklären Sie mit eigenen Worten, warum aus der Impulsfrequenz einer einzelnen Riechzelle keine Information über die Art eines Duftstoffes und seine Konzentration zu entnehmen ist.

Inhalt der Lernschritte 24.16-24.19

Lektion 25: Subjektive Riechphysiologie, zentrale Verbindungen

Diese Lektion behandelt Fragen der subjektiven Riechphysiologie. Insbesondere wird die Frage der Schwellen für die Geruchsempfindung und der Zunahme der Empfindungsstärke in Abhängigkeit von der Reizintensität im Vergleich zu anderen Modalitäten behandelt. Der Vorgang der Adaptation dürfte insbesondere auf der Wirkung zentraler Mechanismen beruhen. Für deren Verständnis ist es nützlich, die celluläre Organisation des Riechlappens des Gehirns zu kennen: es fällt auf, daß nachgeordnete Zentren schon nahe der Peripherie auf dem Niveau des 2. Neurons eine efferente Kontrolle ausüben.

Lernschritte

Mit eigenen Worten die Wahrnehmungs- und Erkennungsschwelle definieren können. In Auswahlfragen erkennen, in welcher Größenordnung der Exponent der Stevensschen Potenzfunktion für Geruchsempfindungen liegt. Mit eigenen Worten erläutern können, daß aus der geringen Größe des Exponenten der Stevensschen Potenzfunktion für Geruchsempfindungen im Vergleich zu anderen Sinnesmodalitäten hervorgeht, daß die relative Empfindungsstärke beim Geruchssinn langsamer zunimmt als bei diesen Modalitäten. In Auswahlfragen erkennen, wie die Größe der Adaptation der Geruchsempfindung meßbar ist. Drei Schichten des Bulbus olfactorius auswendig wissen. Auswendig wissen, in welcher Größenordnung die Konvergenz von den Riechzellen zu den Mitralzellen liegt. Zwei Komponenten des Tractus olfactorius auswendig wissen. In Auswahlfragen erkennen, über welche Elemente im Bulbus olfactorius eine efferente Kontrolle ausgeübt wird. Mit eigenen Worten die Bedeutung der Verbindung des Riechorgans mit dem Hypothalamus kennzeichnen können.

In der vorigen Lektion war besprochen worden, daß einzelne Riechzellen bereits auf eines oder wenige Moleküle, die auf die Membran auftreffen, reagieren können. Anhand der Schwellen für die Geruchswahrnehmung läßt sich zeigen, daß diese Angabe auch für den Menschen zutrifft.

25.1 Steigt die Konzentration eines Duftstoffes bis eine Geruchsempfindung ausgelöst wird, ist die W a h r n e h m u n g s s c h w e l l e überschritten. Unmittelbar oberhalb dieser Schwelle ist allerdings in der Regel keine Aussage über die Art des Duftstoffes möglich. Es wird nur wahrgenommen, d a ß „etwas riecht".

25.2 Steigt die Konzentration eines Duftstoffes über die Wahrnehmungsschwelle hinaus weiter, wird die E r k e n n u n g s s c h w e l l e überschritten.

Oberhalb der ...... -schwelle wird der typische Geruch eines Duftstoffes erkannt: der Duftstoff kann spezifisch angesprochen werden.

Erkennungs

25.3 Für viele Stoffe ist die menschliche Nase sehr empfindlich. Die schweißig riechende Buttersäure wird schon bei einer Konzentration von $2{,}4 \cdot 10^{12}$ Molekülen/l Luft, das entspricht einer Verdünnung von $1:10^{10}$, wahrgenommen. Die Wahrnehmungsschwelle für das unangenehme knoblauchartig-faulig riechende Butylmercaptan liegt bei 10^{10} Molekülen/l Luft ($1 : 2{,}68 \cdot 10^{12}$), also noch ...... (höher/niedriger). Wir entnehmen den Werten zugleich, daß die Lage der ...... -werte stoffspezifisch verschieden ist.

niedriger — Schwellen

25.4 Ausgehend von dem Wert für die ...... kann bei Kenntnis der Zahl der Receptoren ausgerechnet werden, wie viele Moleküle Duftstoff pro Riechzelle vorhanden sein müssen, damit es zu einer Empfindung kommt. Für das genannte Butylmercaptan ergibt sich dabei ein Wert von höchstens 8 Molekülen.

Wahrnehmungsschwelle

Noch wesentlich niedrigere Schwellenwerte als für den Menschen sind für zahlreiche Wirbeltiere festgestellt worden. Vom Hund ist die erstaunliche Riechschärfe allgemein bekannt. Aale sind sogar in der Lage, β Phenyläthylalkohol bei einer Konzentration festzustellen, die einer Lösung von 1 ml dieses Duftstoffes in einer Wassermenge vom 58fachen Volumen des Bodensees entspricht. Eine noch höhere Leistungsfähigkeit des Geruchssinns ist bei einem Schmetterling, dem Seidenspinner, nachgewiesen worden: 200 000 Moleküle des Sexuallockstoffes dieser Tierart in einem Liter Luft ($= 2{,}7 \cdot 10^{22}$ Moleküle) reichen aus, um ein Männchen zur Reaktion, einem charakteristischen Schwirren, zu veranlassen.

25.5 Bei überschwelligen Reizen folgt die Empfindungsstärke der Reizintensität, also der .... des Duftstoffes gemäß der Stevensschen Potenzfunktion (vgl. Lektion 5).

Konzentration

25.6 Die Empfindungsstärke bei Geruchsreizen E ergibt sich also gemäß der .... aus der Gleichung:

$$E = k\,(C - C_o)^n$$

Dabei sind k und n Konstanten, C ist die jeweilige Duftstoffkonzentration. C_0 die Schwellenkonzentration. Bei doppelt logarithmischer Darstellung ergibt sich, wie Abb. 25-6 zeigt, eine Gerade.

Stevensschen Potenzfunktion

25.7 Die Steigerung (Steilheit) der Geraden in Abb. 25-6 ist ein Maß für das Anwachsen der Empfindungsstärke im Vergleich zur Zunahme der .... Sie wird in der Gleichung angegeben durch die Größe der Konstanten ....

Konzentration — n

25.8 Für den Geruchssinn liegt n bei 0,5-0,6. Im Vergleich zu anderen Sinnesmodalitäten ist die Steigung der Geraden entsprechend der Größe des Exponenten eher gering. Das bedeutet, daß die relative Empfindungsstärke beim Geruchssinn ...... (schneller/langsamer) ansteigt als bei diesen Modalitäten.

langsamer

25.9 Reize von längerer Dauer führen zu einer Minderung der Empfindungsstärke: es findet Adaptation statt. Bei lang anhaltenden Reizen hoher Intensität kann vollständige Adaptation eintreten, d. h. die ...... verschwindet vollständig. Die Adaptation ist meßbar an der ...... (Erhöhung/Erniedrigung) der Schwelle nach einem vorangegangenen Reiz.

Geruchsempfindung — Erhöhung

25.10 Wie wir in der vorigen Lektion gesehen haben (vgl. Abb. 24-1) ziehen die ...... der Riechzellen als Fila olfactoria zum Riechlappen des Endhirns, der als .... bezeichnet wird.

Axone — Bulbus olfactorius

25.11 Das Schema Abb. 25-11 zeigt, daß die cellulären Elemente im .... in Schichten angeordnet sind. Von der Peripherie zentralwärts fortschreitend werden unterschieden: 1. die Schicht der ...... , 2. Die Schicht der ...... , 3. die ...... Schicht, 4. die Schicht der ...... , 5. die ...... Schicht und 6. die Schicht der ....

Bulbus olfactorius — Fila olfactoria — Glomeruli — äußere plexiforme — Mitralzellen — innere plexiforme — Körnerzellen

25.12 Abb. 25-11 läßt klar erkennen, daß die auffallend großen .... -zellen das 2. Neuron in der Riechbahn darstellen. Die Synapsen zwischen den Fila olfactoria und den Dendriten dieser Zellen liegen in den ...... Zwischen den Glomeruli liegen die periglomerulären Zellen, an deren Dendriten ebenfalls Axone von Riechsinneszellen endigen.

Mitral — Glomeruli

25.13 Zahlreiche .... konvergieren jeweils auf eine Mitralzelle. Das Verhältnis liegt in der Größenordnung von 1000 : 1.

Fila olfactoria

25.14 Die Axone der Mitralzellen bilden den Tractus olfactorius. Über Fasern dieser Bahn werden unter anderem Verbindungen mit dem Bulbus olfactorius der anderen Körperseite, mit der Hippocampusformation und mit dem Hypothalamus hergestellt.

25.15 Während die genannten Fasern des .... zentripetale Fasern sind, sind die in Abb. 25-11 rot eingezeichneten ...... Fasern, die ebenfalls im Tractus olfactorius verlaufen, zentrifugal.

Tractus olfactorius — efferenten

25.16 Die in Abb. 25-11 rot eingezeichneten ...... Fasern sind über die ...... -zellen und die ...... Zellen mit den ...... -zellen verbunden. Sie sind dementsprechend in der Lage, die über die Fila olfactoria einlaufenden Erregungen auf dem Niveau der .... -zellen zu modifizieren.

efferenten — Körner — periglomerulären — Mitral — Mitral

Die schematische Darstellung der Abb. 25-11 gibt nur einen sehr vereinfachten Überblick über die komplizierten Verbindungen im Bulbus olfactorius. Sie läßt aber erkennen, daß zwischen Mitral- und Körnerzellen dendro-dendritische Kontakte ausgebildet sind, die einen Informationsfluß in entgegengesetzte Richtungen vermitteln: von den Mitralzellen zu den Körnerzellen wie auch umgekehrt von diesen zu den Mitralzellen. Ebensolche Kontakte sind auch zwischen den periglomerulären Zellen und den Mitralzellen ausgebildet.

25.17 Der Erregungseinstrom vom Riechepithel kann also durch eine efferente Kontrolle verändert werden. Diese von nachgeordneten Zentren sowie vom Bulbus olfactorius der anderen Körperseite (s.o.!) ausgeübten Einflüsse wirken, wie wir gesehen haben, über .... Fasern auf die .... zellen.

efferente oder zentrifugale — Mitral-

25.18 Außerdem sind die Mitralzellen, wie das vereinfachte Schema der Abb. 25.-11 zeigt, untereinander über die periglomerulären Zellen als Schaltneurone in der Schicht der .... verbunden. Damit ist eine laterale Beeinflussung der Aktivität der .... zellen möglich.

Glomeruli — Mitral-

25.19 Wie schon erwähnt, führt ein Teil der Fasern des Tractus olfactorius zum Zwischenhirn, und zwar zum .... Diese Verbindung ist insofern wichtig, als vom Hypothalamus aus wesentliche vegetative Funktionen gesteuert werden. Für verschiedene Säugetiere ist gesichert, daß Erregungen, die vom Riechorgan ausgehend über den Hypothalamus laufen, zur Steuerung des Fortpflanzungsgeschehens beitragen.

Hypothalamus

Die biologische Bedeutung des Geruchssinnes bei Säugetieren geht über die eben erwähnte Mitwirkung bei der Steuerung des Fortpflanzungsgeschehens und die offensichtliche Bedeutung für den Nahrungserwerb weit hinaus. So können Duftstoffe in den wechselseitigen Beziehungen von Gruppen und Individuen eine wichtige Funktion als Signale übernehmen. Die Gruppenzugehörigkeit eines Individuums kann durch ein „Duftabzeichen" ebenso mitgeteilt werden wie ein Revierinhaber das von ihm besetzte Territorium mit Hilfe von Duftmarken abgrenzen kann. Beim Menschen tritt der Geruchssinn gegenüber anderen Sinnen zurück, wird aber in der Regel hinsichtlich seiner Bedeutung eher unterschätzt. Die vertraute Redewendung, jemanden „nicht riechen können", gibt einen Hinweis darauf, daß emotionale Einstellungen unter Einfluß des Geruchssinnes stehen. Die erwähnten Verbindungen des Riechorgans mit dem limbischen System (Hippocampus) sprechen für die Richtigkeit einer solchen Annahme. Bekannter ist, daß beim Menschen durch manche unangenehme Gerüche Schutzreflexe, wie z. B. Nies- und Würgereflex ausgelöst werden. Stechend riechende Substanzen, wie z. B. Ammoniak, können reflektorisch Atemstillstand verursachen.
Anhand der folgenden Fragen können Sie feststellen, inwieweit Ihnen wesentliche Zusammenhänge aus dieser Lektion klar geworden sind:

25.20 Welche Schwelle liegt bei höheren Konzentrationswerten: die Wahrnehmungsschwelle (a) oder die Erkennungsschwelle (b)

b

25.21 Erklären Sie mit eigenen Worten, was die Angabe besagt, daß der Exponent der Stevensschen Potenzfunktion für den Geruchssinn niedriger liegt als für den Temperatursinn.

Inhalt von Lernschritt 25.8

25.22 Woran ist die Größe der Adaptation der Geruchsempfindung abzulesen?

a) von einer höheren Empfindlichkeit gegenüber Duftstoffen
b) an einem Ansteigen der Wahrnehmungsschwelle
c) an einem Absinken der Erkennungsschwelle

b

25.23 Schreiben Sie aus dem Gedächtnis die Bezeichnungen von 3 Schichten aus dem Bulbus olfactorius nieder.

Inhalt von Lernschritt 25.11

25.24 Über welche Elemente wird im Bulbus olfactorius eine efferente Kontrolle ausgeübt?

a) Fila olfactoria
b) zentrifugale Fasern des Tractus olfactorius
c) Körnerzellen
d) periglomeruläre Zellen

b, c, d

Antwort zu 21.23: Beim Anfahren nach unten und beim Bremsen aus einer Fahrt nach oben: Erhöhung des Extensorentonus. Beim Anfahren nach oben bzw. beim Bremsen aus einer Fahrt nach unten: Verminderung des Streckertonus. D. h. also, Sie strecken die Beine bzw. federn im Knie ab.

Sachverzeichnis

Titel des Lehrbuches: SCHMIDT, R. F.: **Sinnesphysiologie programmiert**

Was können wir bei der nächsten Auflage besser machen?

Zur inhaltlichen und formalen Verbesserung unserer Lehrbücher bitten wir um Ihre Mithilfe. Wir würden uns deshalb freuen, wenn Sie uns die nachstehenden Fragen beantworten könnten.

---

1. Finden Sie ein Kapitel besonders gut dargestellt? Wenn ja, welches und warum? ....

....

....

2. Welches Kapitel hat Ihnen am wenigsten gefallen. Warum? ....

....

....

3. Bringen Sie bitte dort ein X an, wo Sie es für angebracht halten.

	Vorteilhaft	Angemessen	Nicht angemessen
Preis des Buches	....	....	....
Umfang	....	....	....
Aufmachung	....	....	....
Abbildungen	....	....	....
Tabellen und Schemata	....	....	....
Register	....	....	....

	Sehr wenige	Wenige	Viele	Sehr viele
Druckfehler	....	....	....	....
Sachfehler	....	....	....	....

4. Spezielle Vorschläge zur Verbesserung dieses Textes (u. a. auch zur Vermeidung von Druck- und Sachfehlern) ....

....

....

....

....

....

....

bitte wenden!

5. Bitte teilen Sie uns mit, auf welchen Fachgebieten Ihrer Meinung nach moderne Lehrbücher fehlen. Dazu folgende kurze Charakterisierung unserer eigenen Werke:

Fragensammlungen	=	Examensfragen zur Vorbereitung auf Prüfungen
Basistexte	=	vermitteln nach der neuen Approbationsordnung das für das Examen wichtige Stoffgebiet
Kurzlehrbücher	=	zur Vertiefung des Basiswissens gedacht; für den sorgfältigen Studenten
Lehrbücher	=	Umfassende Darstellungen eines Fachgebietes; zum Nachschlagen spezieller Informationen

Fachgebiet	Fragen-sammlungen	Basistexte	Kurz-lehrbücher	Lehrbücher
....	....	....	....	....
....	....	....	....	....
....	....	....	....	....
....	....	....	....	....
....	....	....	....	....
....	....	....	....	....
....	....	....	....	....
....	....	....	....	....
....	....	....	....	....
....	....	....	....	....

Bei Rücksendung werden Sie automatisch in unsere Adressenliste aufgenommen.

Name ....

Adresse ....

....

Fachstudium ....

Semester ....

Ärztliche Vorprüfung ....

Datum/Unterschrift ....

Wir danken Ihnen für die Beantwortung der Fragen und bitten um Einsendung des Blattes an:

Prof. Dr. W. F. Angermeier
Springer-Verlag
6900 Heidelberg 1
Neuenheimer Landstraße 28

Lehrbücher

Medizin

Eine Auswahl

Vorklinik

Appel: Chemisches Grundpraktikum für Studierende mit Chemie als Nebenfach. 2. Auflage 1973. DM 12,80

Bresch/Hausmann: Klassische u. molekulare Genetik. 3. Auflage. 1972 DM 38,–

Ganong: Medizinische Physiologie. 2. Auflage 1972. DM 38,– Kurzlehrbuch

Grosser/Ortmann: Grundriß der Entwicklungsgeschichte des Menschen. 7. Auflage. 1970 DM 28,– Kurzlehrbuch

Keidel: Sinnesphysiologie 1971 (HT 97) DM 14,80

Michler/Benedum: Einführung in die medizinische Fachsprache 1972. DM 28,–

Penrose: Einführung in die Humangenetik 2. Auflage. 1973 (HT 4) DM 12,80

Neurophysiologie programmiert Hrsg. R. F. Schmidt. 1971 DM 38,–

Grundriß der Neurophysiologie Hrsg. R. F. Schmidt 2. Auflage. 1972. (HT 96) DM 14,80 Basistext

Schneider: Einführung in die Physiologie des Menschen. 16. Auflage 1971. DM 59,60

Sidman/Sidman: Neuroanatomie programmiert Band 1. 1971. DM 48,–

Sloane/York: Biochemisches Arbeitsbuch. 1972. DM 19,80

Triepel/Herrlinger/Faller: Wörterbuch der anatomischen Fachbegriffe 28. Auflage. 1972. DM 14,80

Examens-Fragen Physiologie. 2. Auflage 1973. DM 16,–
Examens-Fragen Anatomie. 2. Auflage 1973. DM 16,–
(zusammen mit J. F. Lehmanns Verlag, München)

Klinik

Allgemeine und spezielle Chirurgie. Hrsg. Allgöwer 2. Auflage. 1973. DM 48,– Kurzlehrbuch

Anschütz: Die körperliche Untersuchung. 1973 (HT 94) DM 14,80 Basistext

Bäßler/Fekl/Lang: Grundbegriffe der Ernährungslehre. 1973 (HT 119) DM 14,80 Basistext

Bandmann/Fregert: Epicutantestung 1973. DM 12,80 Kliniktaschenbuch

Bleuler: Lehrbuch der Psychiatrie 12. Auflage. 1972. DM 78,–

Boenninghaus: Hals-Nasen-Ohrenheilkunde für Medizinstudenten 2. Auflage. 1972 (HT 76) DM 14,80 Basistext

Bühlmann/Froesch: Pathophysiologie. 1972 (HT 101) DM 14,80 Basistext

Doerr/Quadbeck: Allgemeine Pathologie 2. Auflage. 1973 (HT 68) DM 6,80

Doerr: Spezielle pathologische Anatomie I 1970 (HT 69) DM 6,80

Doerr: Spezielle pathologische Anatomie II 1970 (HT 70 a) DM 6,80

Doerr/Ule: Spezielle pathologische Anatomie III 1970 (HT 70 b) DM 6,80

Engelking/Leydhecker: Grundriß der Augenheilkunde. 16. Auflage 1972. DM 36,– Kurzlehrbuch

Froelich/Bishop: Die Gesprächsführung des Arztes 1973 (HT 128) DM 16,80

Gladtke/Hattingberg: Pharmakokinetik. 1973. DM 19,80

Greither: Dermatologie und Venerologie. 1972 (HT 113) DM 14,80 Basistext

Hamperl: Leichenöffnung Befund und Diagnose Neudruck der 4. Auflage 1972. DM 14,60

Hallen: Klinische Neurologie 1973 (HT 118) DM 16,80 Basistext

Humanbiologie Hrsg. von Autrum/Wolf 1973 (HT 121) DM 14,80

Idelberger: Lehrbuch der Orthopädie. 1970. DM 38,– Kurzlehrbuch

Innere Medizin. 3. Auflage Hrsg. Heilmeyer/Kühn
Teil 1: 1971. DM 58,–
Teil 2: 1971. DM 58,–

Jawetz/Melnick/Adelberg: Medizinische Mikrobiologie 3. Auflage. 1973. DM 48,– Kurzlehrbuch

Kaudewitz: Molekular- und Mikroben-Genetik 1973 (HT 115) DM 16,80

Kinderheilkunde Hrsg. von Harnack 2. Auflage. 1971. DM 36,– Kurzlehrbuch

Knörr/Beller/Lauritzen: Lehrbuch der Gynäkologie 1972. DM 38,– Kurzlehrbuch

Kursus: Radiologie und Strahlenschutz. Redaktion: Becker/Kuhn/Wenz/Willich 1972 (HT 112) DM 16,80 Basistext

Piekarski: Medizinische Parasitologie. 2. Auflage 1973. DM 48,–

Poeck: Neurologie 2. Auflage. 1972. DM 48,– Kurzlehrbuch

Rick: Klinische Chemie und Mikroskopie 1972. DM 24,80

Schulte/Tölle: Psychiatrie 1971. DM 28,– Kurzlehrbuch

Weitbrecht: Psychiatrie im Grundriß. 3. Auflage 1973. DM 56,–

Examens-Fragen Allgemeine Pathologie 1971. DM 8,–
Examens-Fragen Arbeitsmedizin 1973. DM 14,–
Examens-Fragen Dermatologie. 2. Auflage 1971. DM 5,–
Examens-Fragen Innere Medizin. 3. Auflage 1973. DM 14,–
Examens-Fragen Kinderheilkunde 1973. DM 12,–
Examens-Fragen Neurologie. 1973. DM 12,–
(zusammen mit J. F. Lehmanns Verlag, München)

HT = Heidelberger Taschenbücher

Springer-Verlag Berlin Heidelberg New York

München London Paris Sydney Tokyo Wien

Grundriß der Sinnesphysiologie

Herausgeber: R. F. Schmidt
Mit Beiträgen von H. Altner, J. Dudel, O.-J. Grüsser, R. Klinke, R. F. Schmidt
122 Abb., 109 Testfragen zur Selbstkontrolle. Etwa 280 Seiten. 1973
(Heidelberger Taschenbücher, Band 136)
DM 16,80; US $ 7.60
ISBN 3-540-06364-1
Basistext Medizin

Dieses Taschenbuch behandelt in knapper, aber anschaulicher Form die Sinnesphysiologie, soweit sie heute von Studenten der Medizin, Zoologie, Biologie und Psychologie gefordert wird. Es enthält in konventioneller Form den Lernstoff der bereits erschienenen „Sinnesphysiologie programmiert". Spezielle anatomische Kenntnisse werden nicht vorausgesetzt.
Inhaltsübersicht:
Allgemeine Sinnesphysiologie. – Somato-viscerale Sensibilität. – Physiologie des Sehens. – Physiologie des Hörens. – Physiologie des Gleichgewichtssinnes. – Physiologie des Geschmacks. – Physiologie des Geruchs. – Durst und Hunger: Allgemeinempfindungen.

W. D. Keidel
Sinnesphysiologie
Teil 1: **Allgemeine Sinnesphysiologie. Visuelles System**

158 Abb. XI, 229 Seiten. 1971
(Heidelberger Taschenbücher, Band 97)
DM 14,80; US $ 6.70
ISBN 3-540-05558-4

Die Darstellung der Sinnesphysiologie des Menschen wendet sich in gleicher Weise an interessierte Laien wie an Studenten der Medizin, Biologie und Psychologie. Der vorliegende 1. Teil enthält die allgemeinen Probleme der Informationsverarbeitung in Organismen und beschreibt die spezielle Physiologie des Sehens.
Inhaltsübersicht:
Einführung. – Allgemeine Sinnesphysiologie. – Spezielle Sinnesphysiologie des Auges: Antransportorgan. Transformationsorgan (Netzhaut).

Springer-Verlag
Berlin · Heidelberg · New York

Abbildungen zu

Sinnesphysiologie programmiert

Springer Verlag
Berlin Heidelberg New York 1973

2.12 Die Proportionalität der Reizstärke und der ...... der Aktionspotentiale in Abb. 2-8 B wird bei ...... (allen/einigen) Receptortypen gefunden (s. „Neurophysiologie programmiert", Abb. 28-35).

Frequenz — einigen

2.13 Proportionalität von Reizstärke und Frequenz der Aktionspotentiale kommt bei solchen Receptoren vor, bei denen die Reizamplitude einen beschränkten Umfang hat, z. B. bei Receptoren, die die Muskellänge feststellen. Hat der Reiz einen großen Amplitudenumfang, so z. B. bei der Lichtstärke, so nimmt die Frequenz der Aktionspotentiale mit steigendem Reiz ...... (steiler/weniger steil) zu.

2.14

Lösungen und Notizen

2.15

2.16

Abb. 0-0 Vorschlag zum praktischen Arbeiten

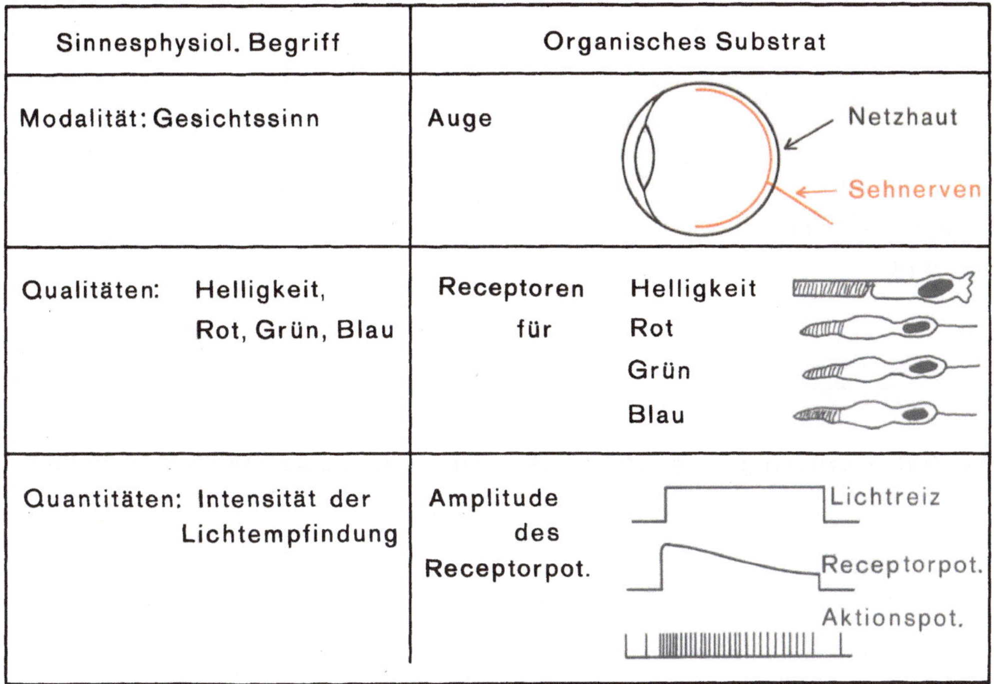

Abb. 1-11 Modalität, Qualität, Quantität und ihre organischen Substrate

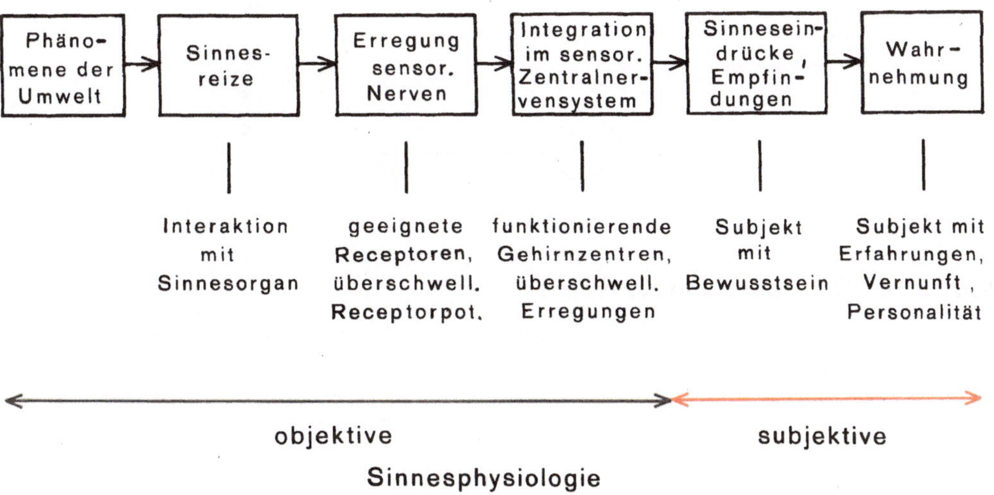

Abb. 1-18 Abbildungsverhältnisse in der Sinnesphysiologie

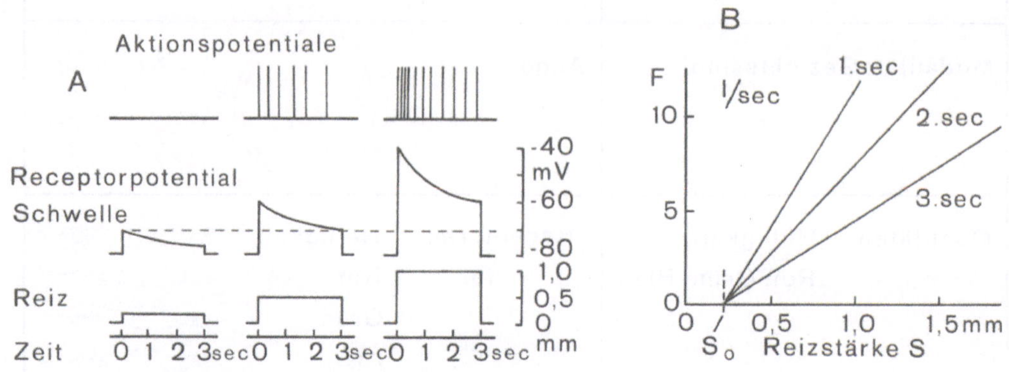

Abb. 2-8 Beziehungen von Reizstärke und Frequenz der Aktionspotentiale

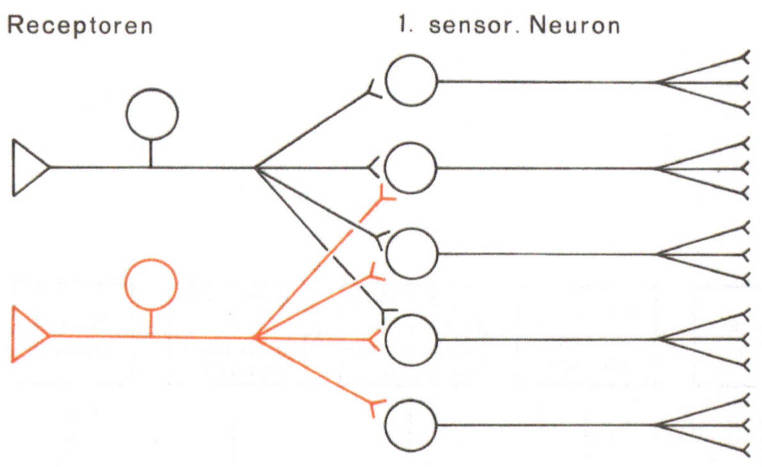

Abb. 2-16 Divergenz und Konvergenz

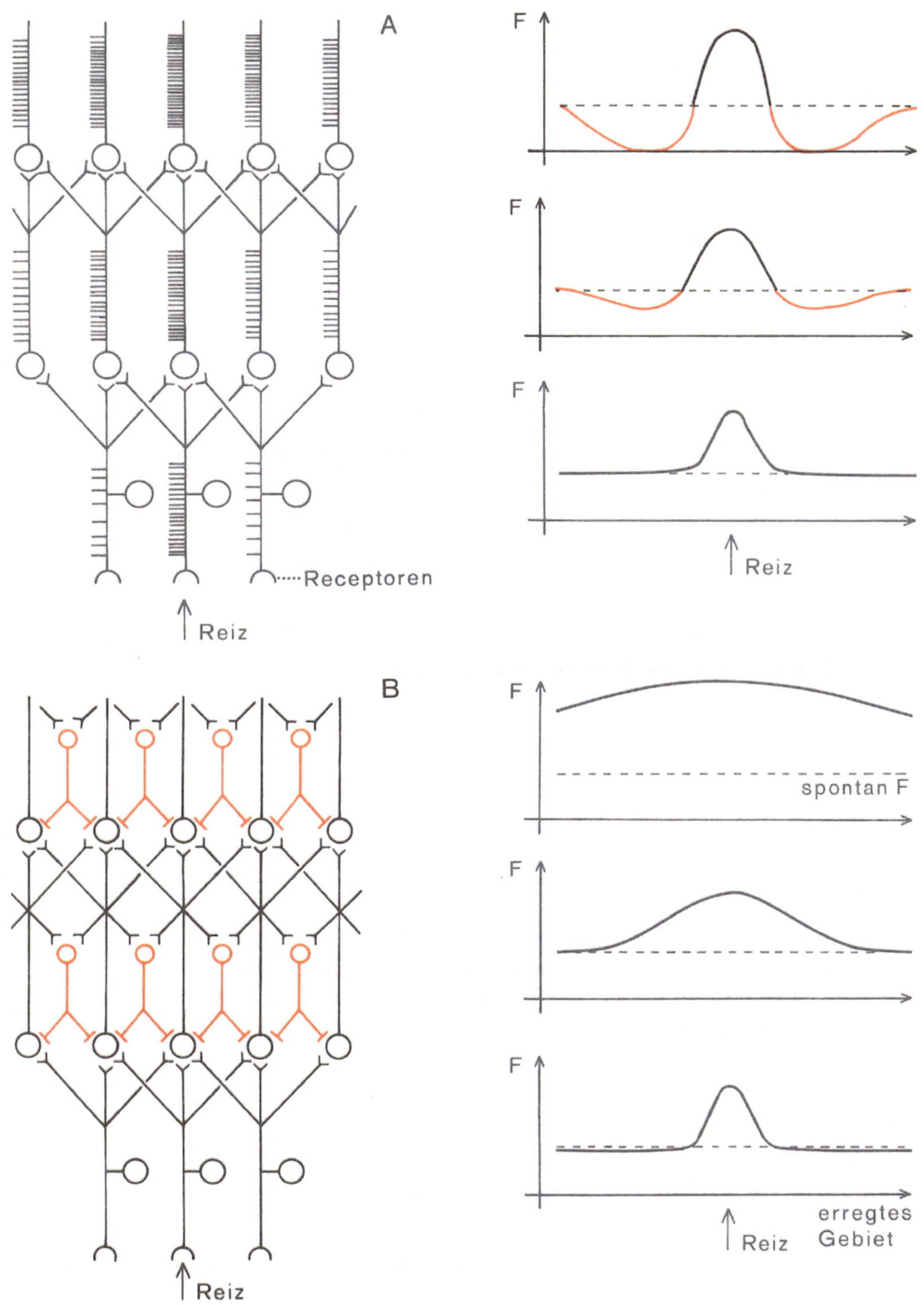

Abb. 2-26 Effekt der lateralen Hemmung

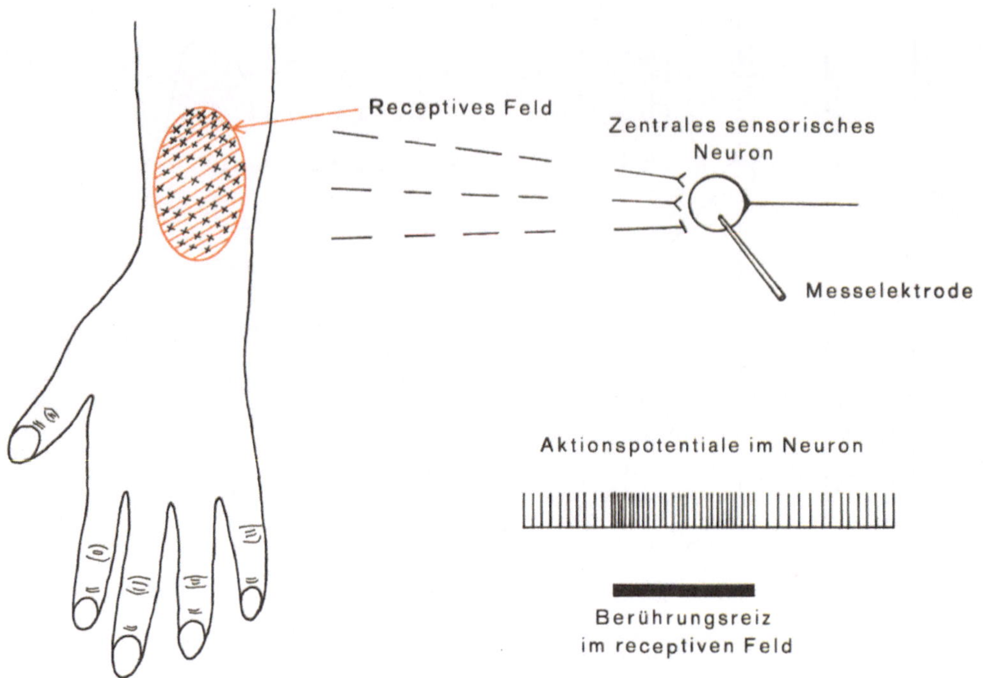

Abb. 3-2 Receptives Feld für Berührungsreize

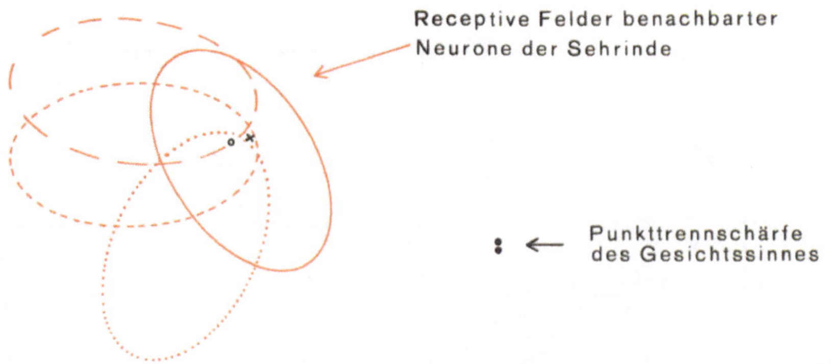

Abb. 3-5 Überlappung receptiver Felder.

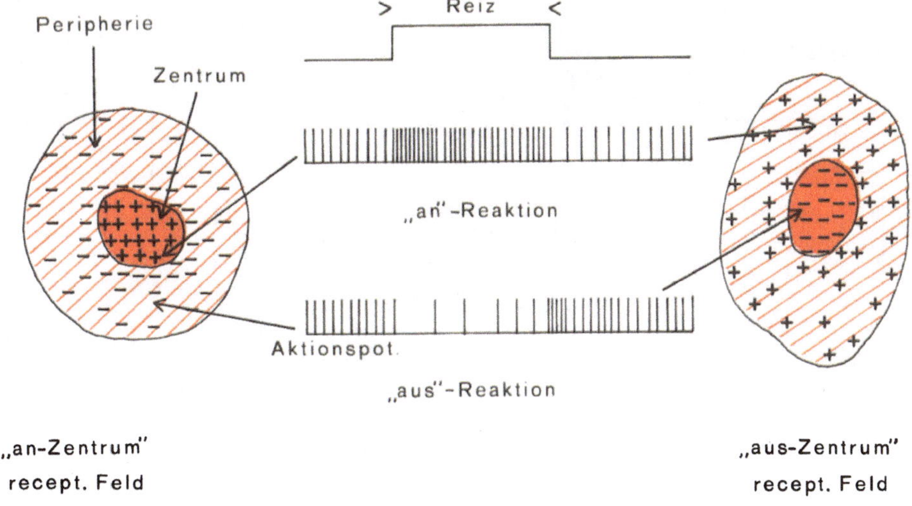

Abb. 3-10. Organisation der receptiven Felder

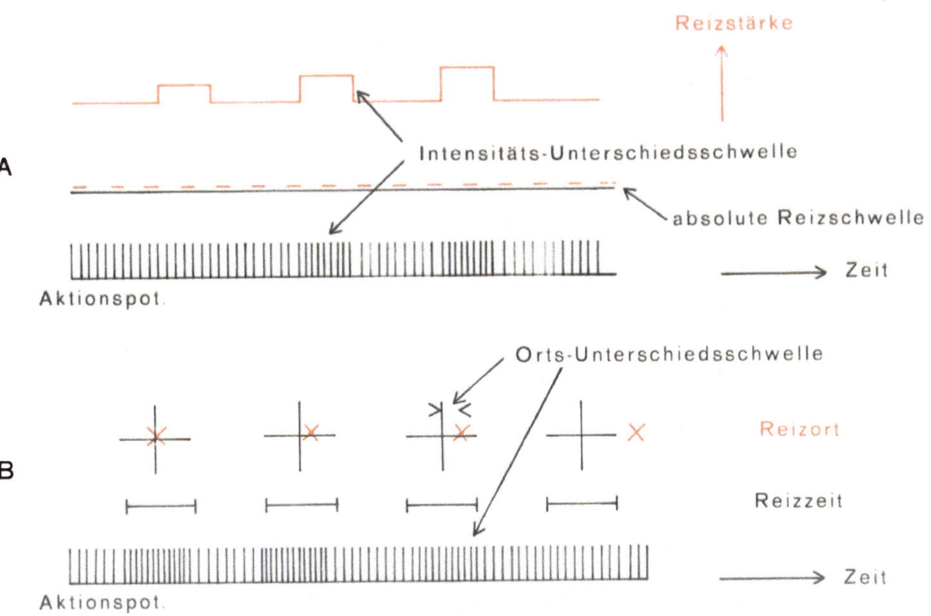

Abb. 3-20 Bestimmung von Unterschiedsschwellen

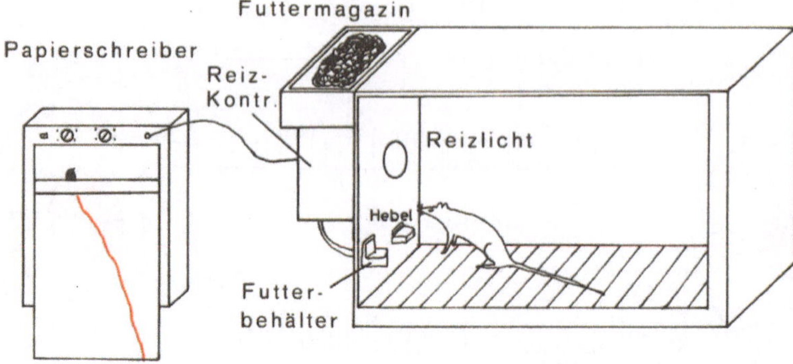

Abb. 4-9

Operante Konditionierung in 'Skinner Box'

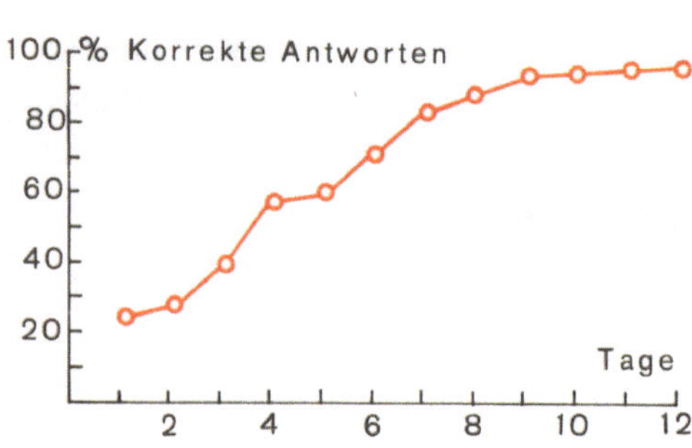

Abb. 4-13 Lernkurve bei operanter Konditionierung

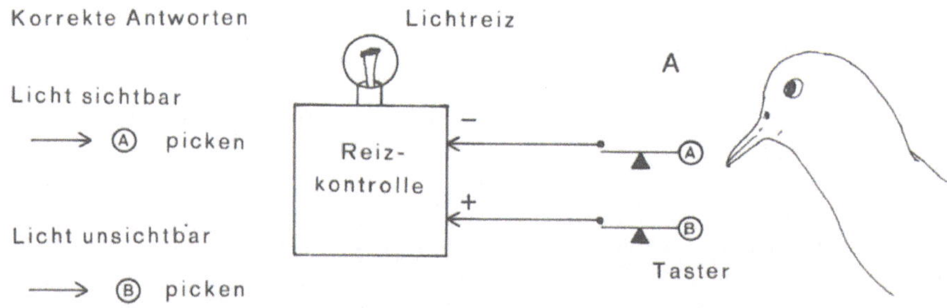

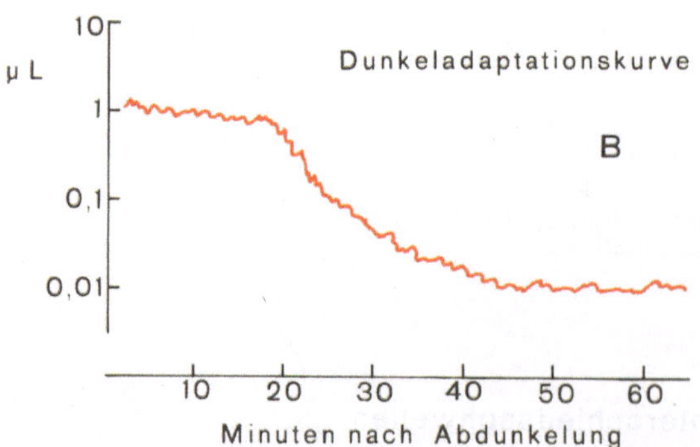

Abb. 4-16
Sehschwellenbestimmung im Verhaltensversuch

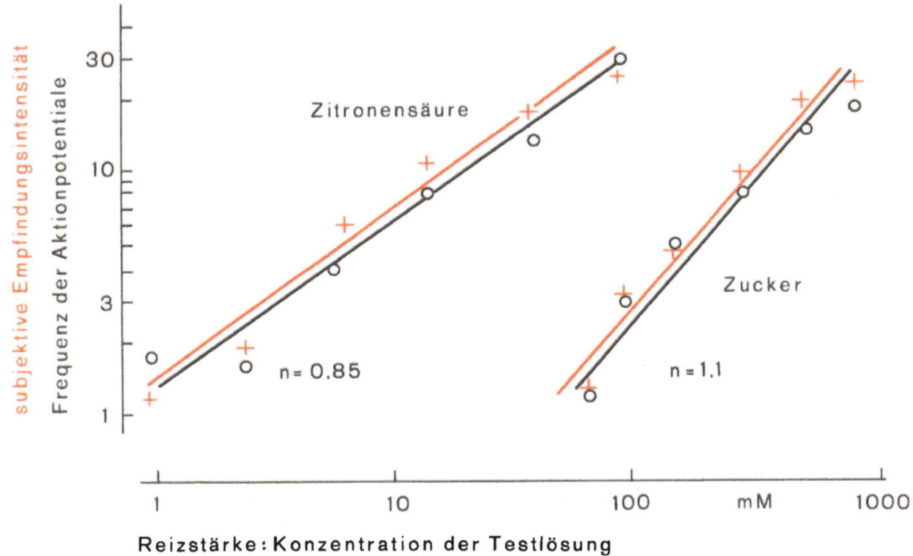

Abb. 5-9 Abhängigkeit derEmpfindungsintensität und der neuralen Antwort von der Reizstärke

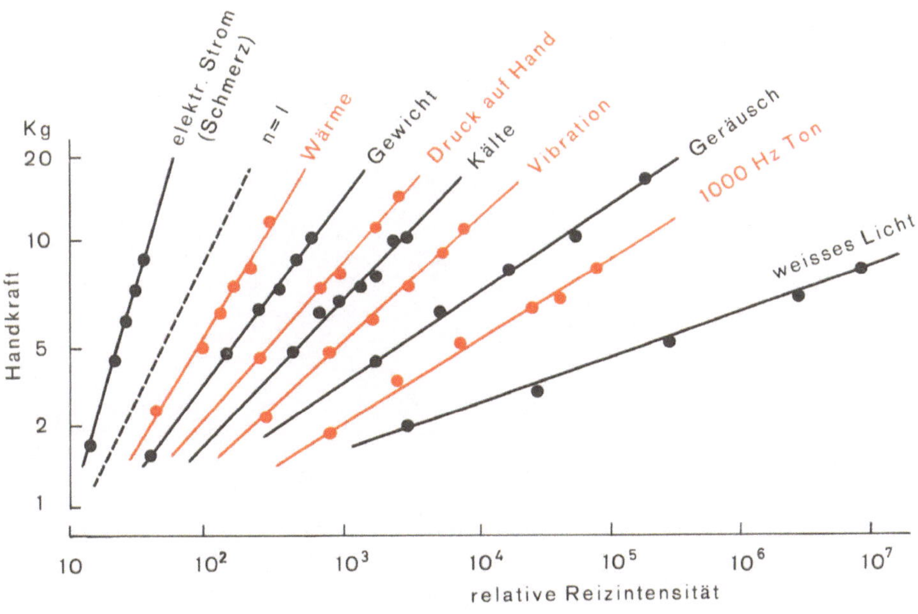

Abb. 5-15 Empfindungsintensität in Abhängigkeit von der Reizstärke

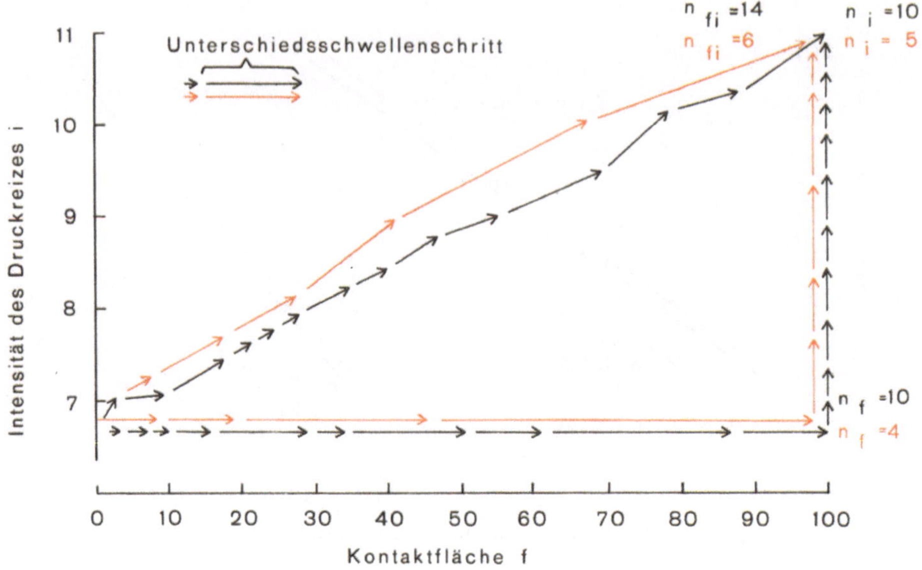

Abb. 5-25 Bestimmung der Zahl n der Unterschiedsschwellenschritte der erlebten Flächengrösse f und der Intensität i eines Druckreizes

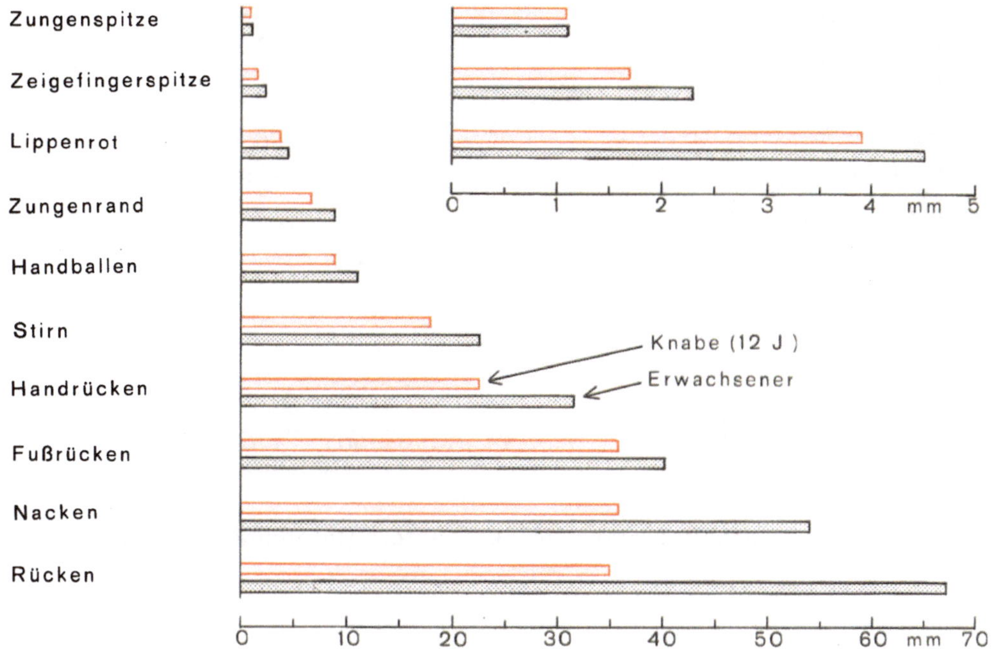

Abb. 6-7 Simultane Raumschwellen (nach Weber und Landois)

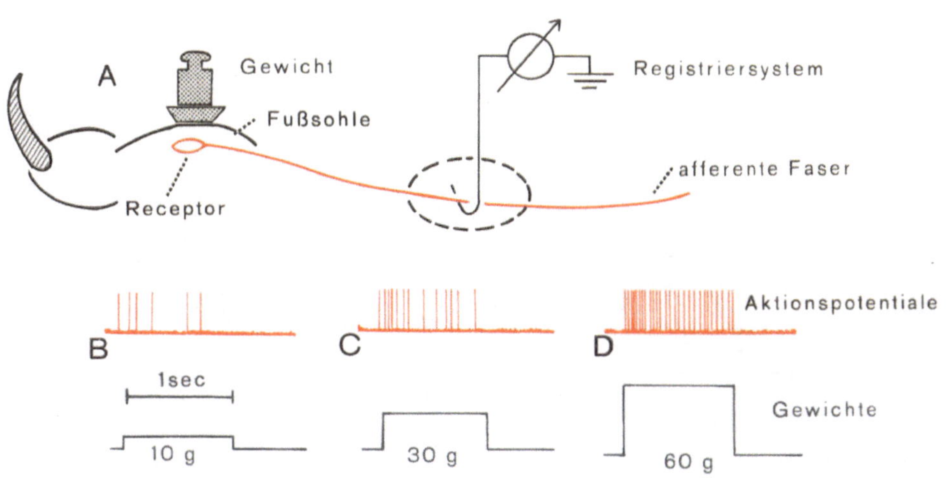

Abb. 6-10 A. Versuchsanordnung zur Registrierung der Aktivität von Hautreceptoren.

B-D. Aktionspotentialsalven eines Druckreceptors

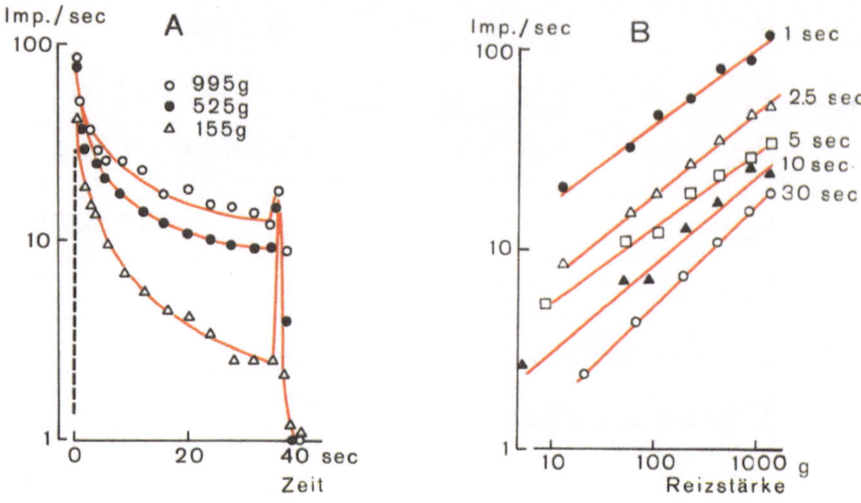

Abb. 6-13 Antwortverhalten eines Druckreceptors (Intensitätsdetektor)

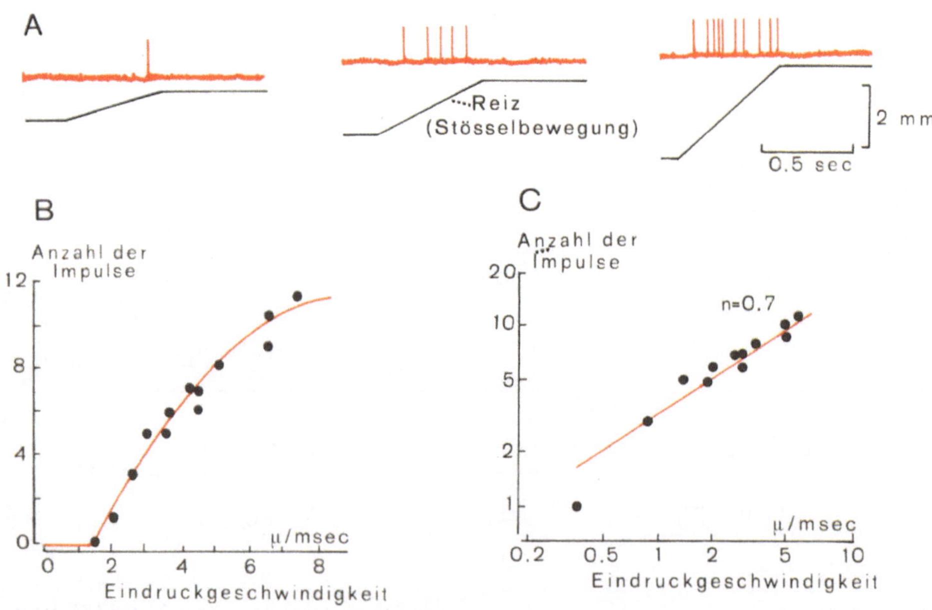

Abb. 6-17 Antwortverhalten eines mittelschnell adaptierenden Mechanoreceptors (Geschwindigkeitsdetektor)

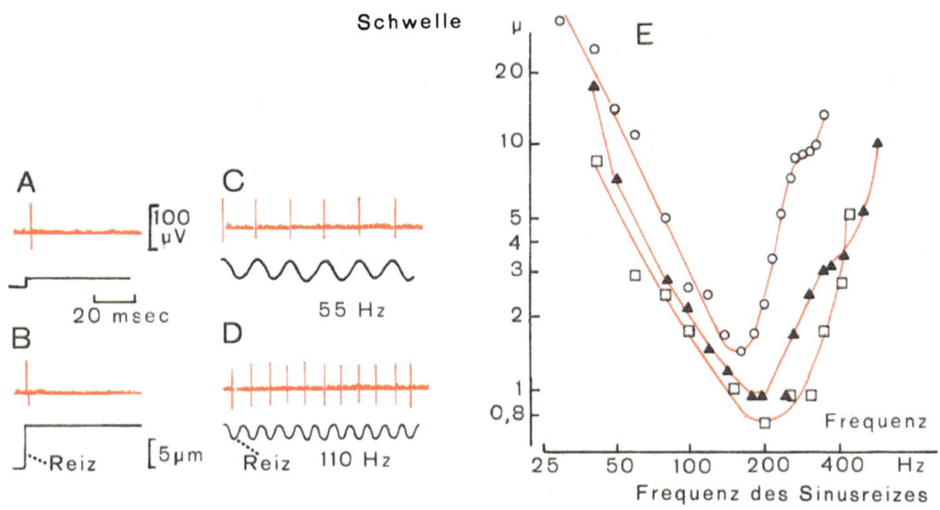

Abb. 6-20 Antwortverhalten eines Pacini-Körperchens (Beschleunigungsdetektor)

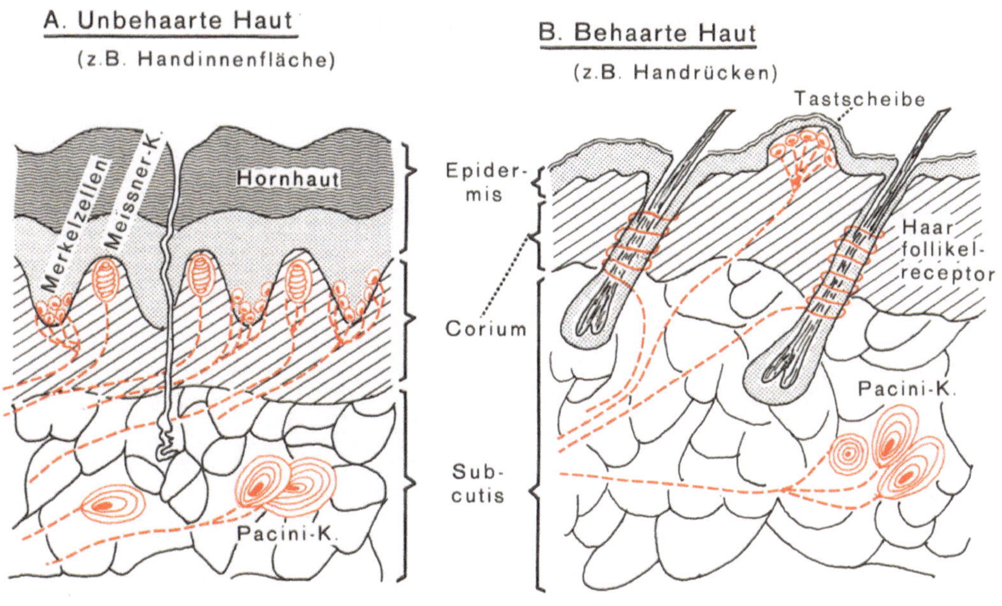

Abb. 6-24 Struktur und Lage von Mechanoreceptoren der Haut (schematisch)

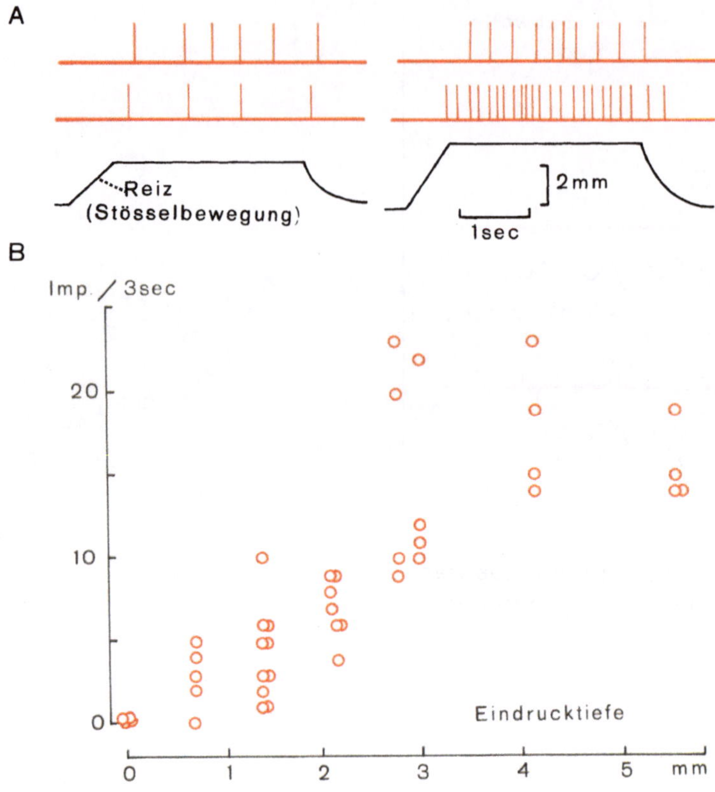

Abb. 6-36 Antwortverhalten von mechanosensitiven Einheiten der Haut mit Gruppe IV afferenten Fasern

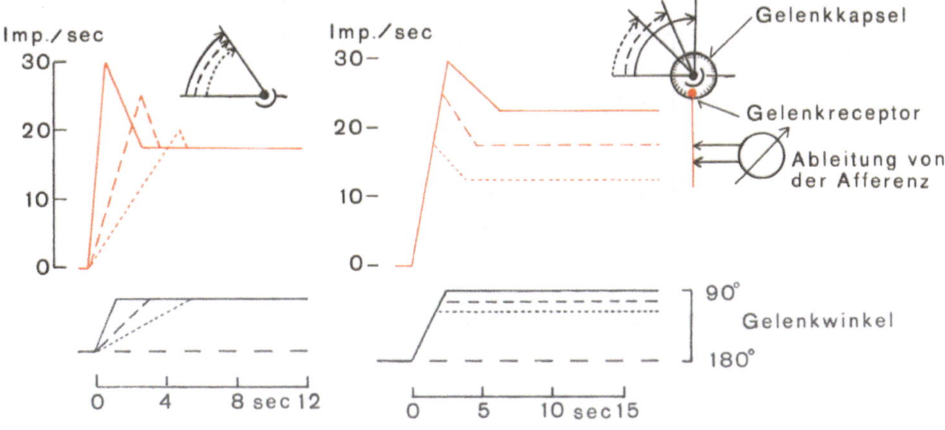

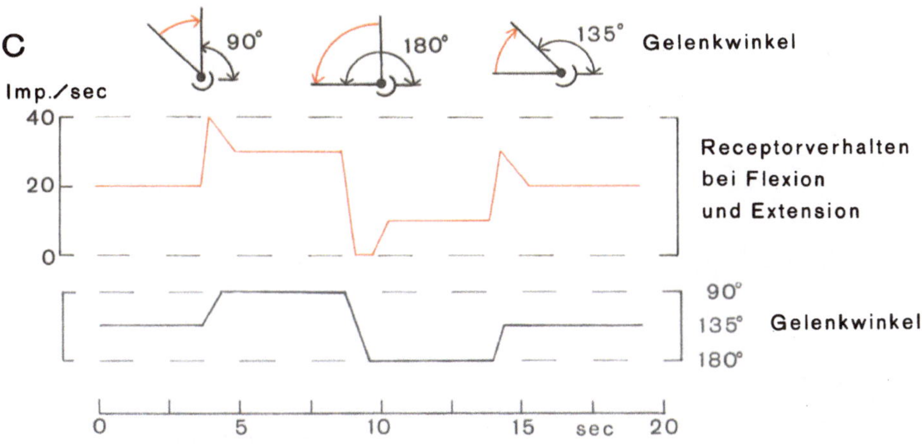

Abb. 7-13 Antwortverhalten von Gelenkreceptoren (schematisch, in Anlehnung an Boyd und Roberts)

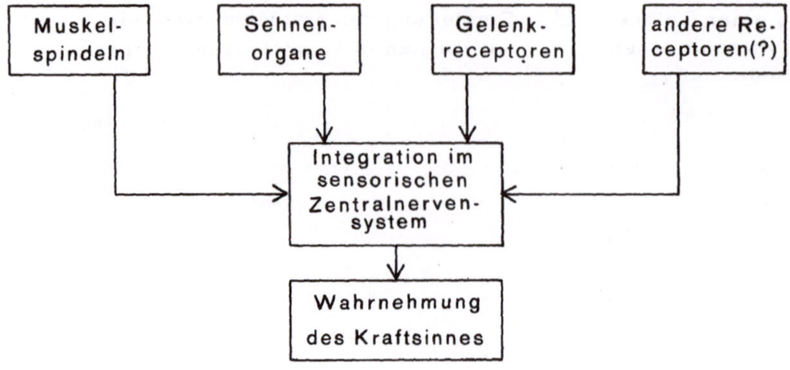

Abb.7-27 Receptoren des Kraftsinnes

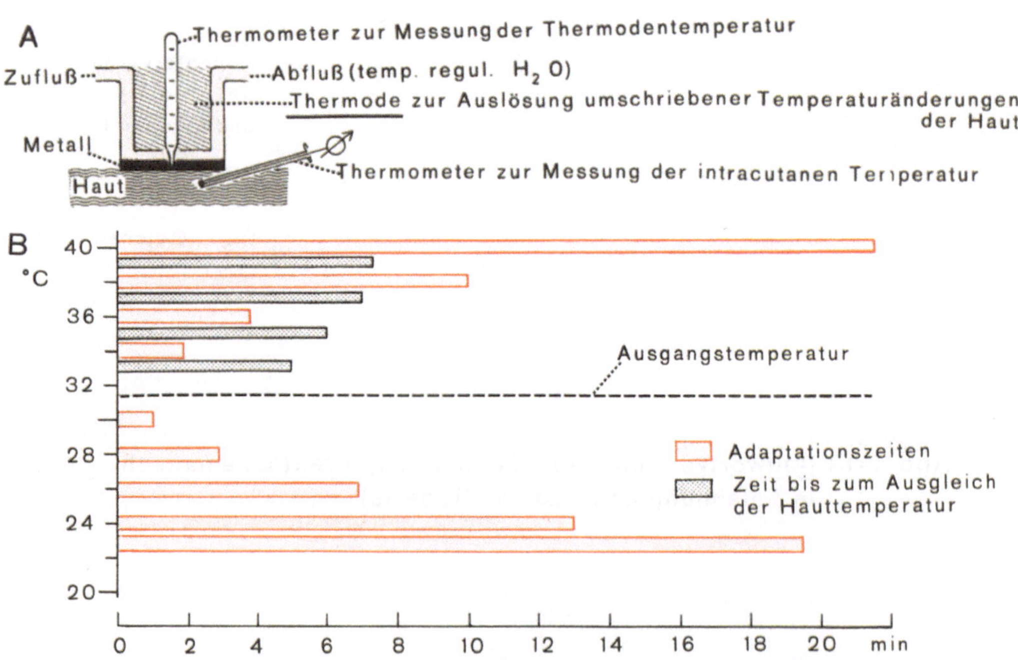

Abb.8-6 Adaptationszeit der Temperaturempfindung (Abszisse) bei Änderung der Hauttemp. von 31,5°C auf den in der Ordinate angegebenen Wert (nach Hensel)

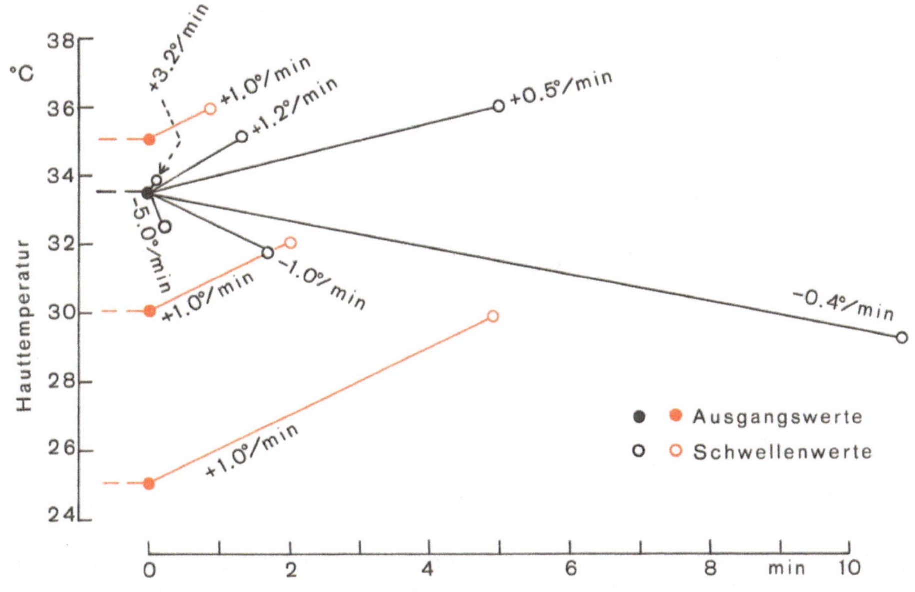

Abb.8-10 Temperaturschwellen in Abhängigkeit von der Geschwindigkeit der Temperaturänderung (schwarz) und in Abhängigkeit von der Ausgangstemperatur (rot). (Nach Hensel)

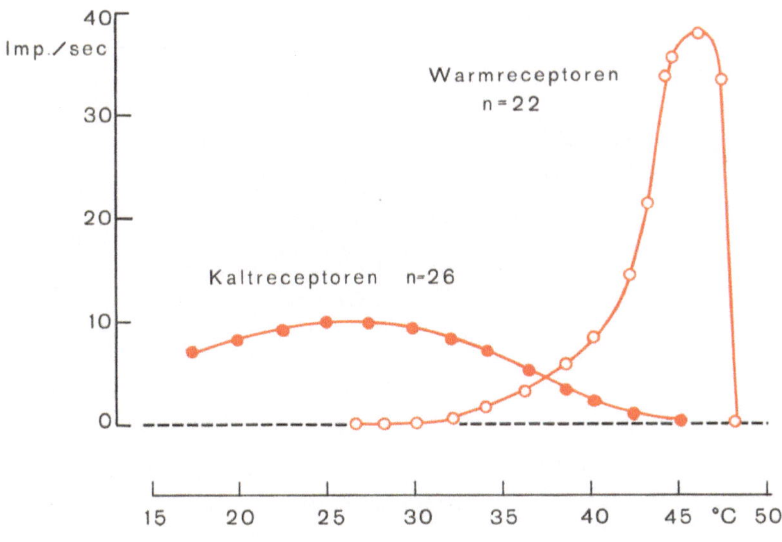

Abb.8-21 Antwortverhalten von Kalt- und Warmreceptoren bei konstanter Hauttemperatur (nach Hensel und Kenshalo)

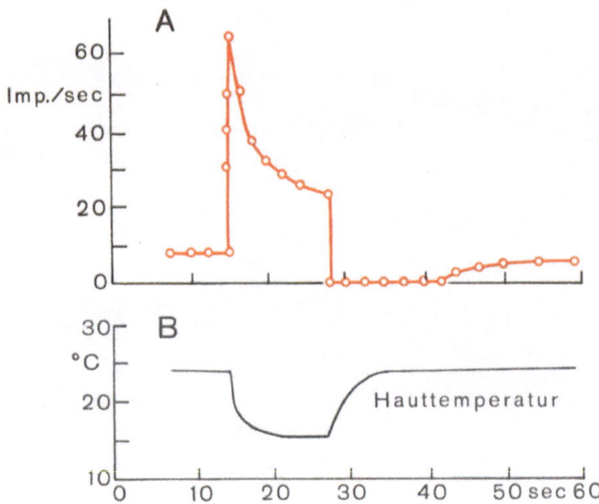

Abb. 8-25 Antwortverhalten eines menschlichen Kältereceptors während Abkühlung und Erwärmung (nach Hensel und Boman)

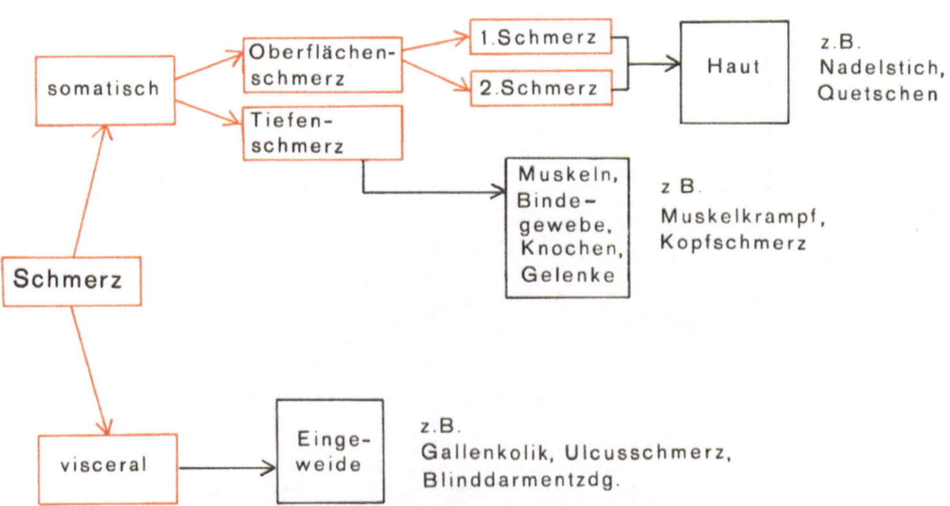

Abb. 9-1 Schmerzqualitäten (rote Kästchen), zugehörige Lokalisation (schwarze Kästchen) und Schmerzbeispiele

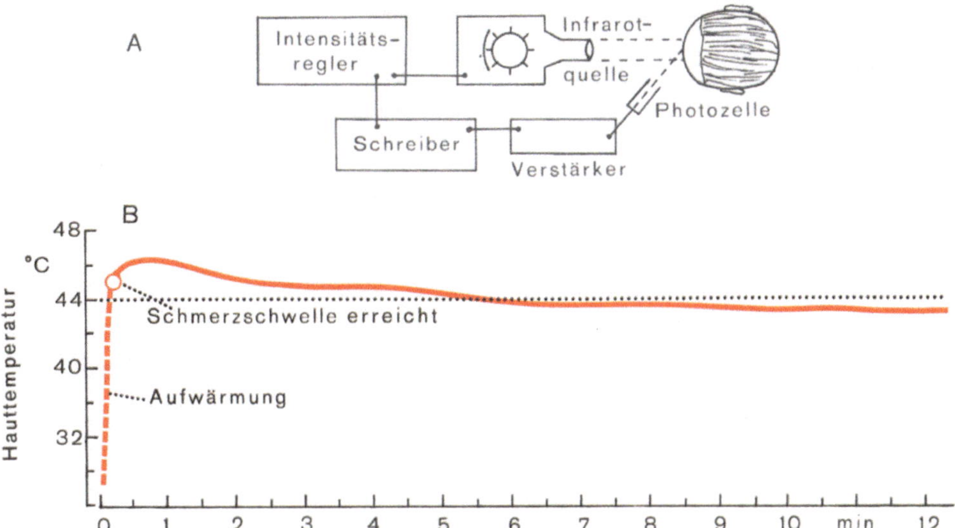

Abb. 9-10 Thermische Schmerzauslösung: Methode (A) und Verlauf der Schmerzschwelle (B,schematisch) bei längerer Reizdauer (nach Hardy)

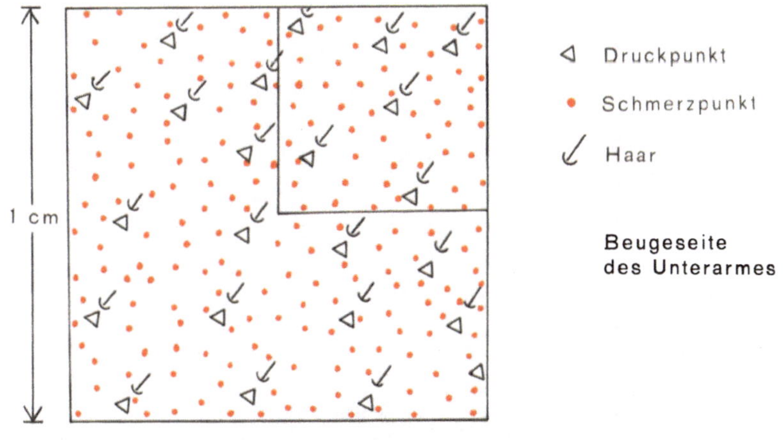

Abb. 9-16 Schmerz- und Druckpunkte auf der menschlichen Haut (nach Strughold)

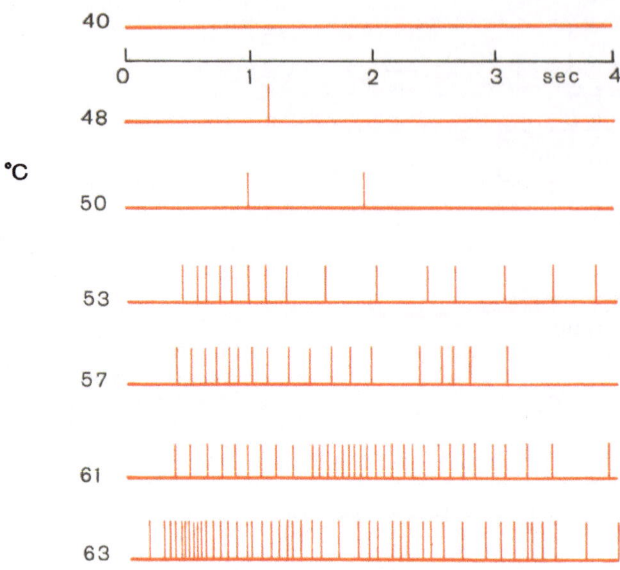

Abb. 9-21 Antwortverhalten eines Hitzereceptors (nach Iggo)

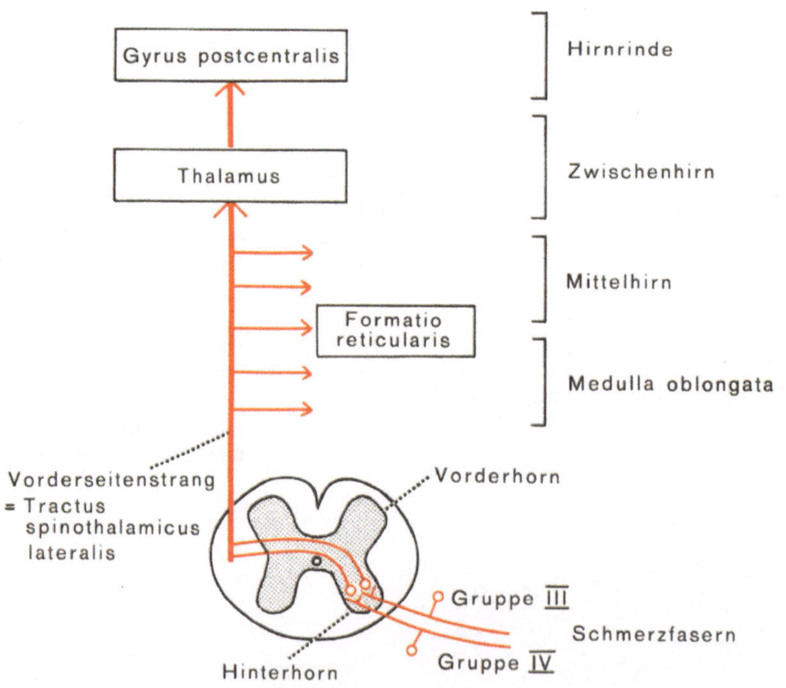

Abb. 9-26 Grobschematische Darstellung der zentralen Schmerzbahn

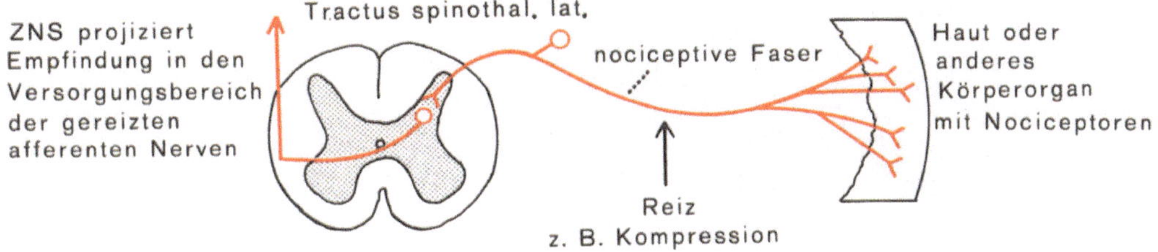

Abb. 10-4 Entstehung des projizierten Schmerzes

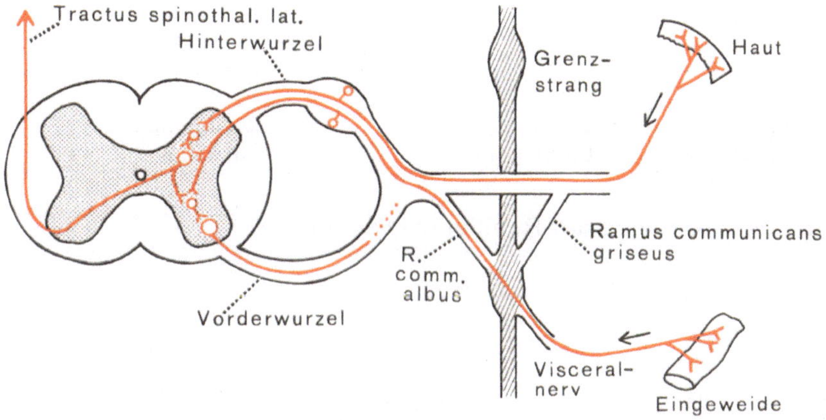

Abb. 10-9 Reflexweg für den übertragenen Schmerz

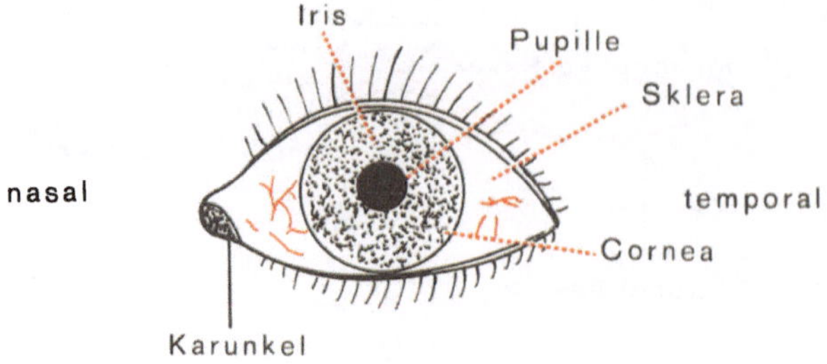

Abb. 11-1 Rechtes Auge im Spiegel

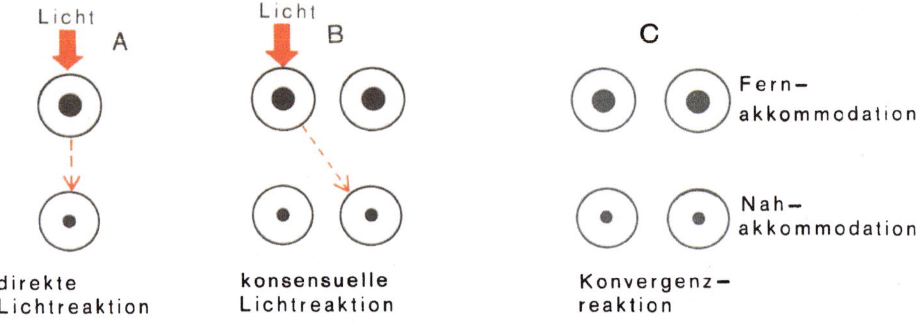

Abb. 11-5 Schema der Pupillenreaktionen

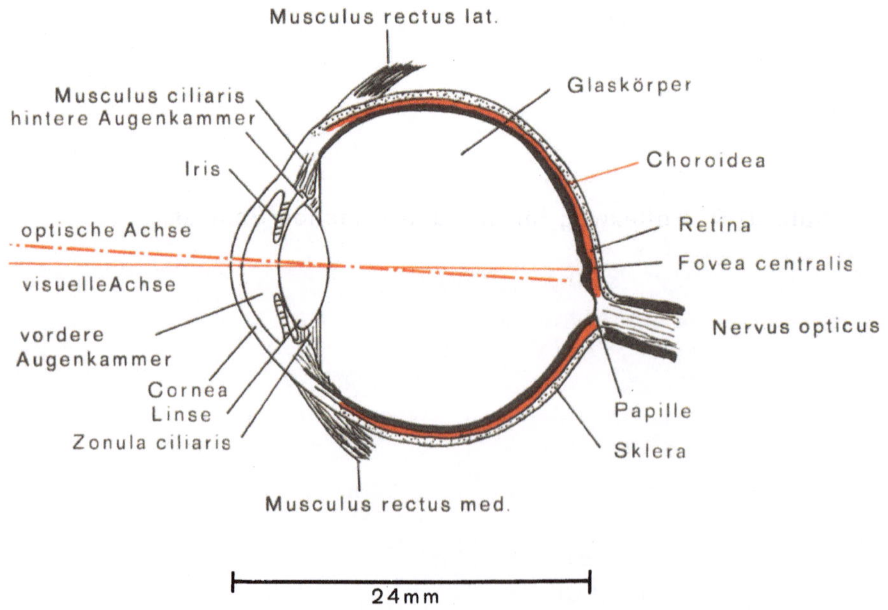

Abb. 11-11 Horizontalschnitt durch das Auge

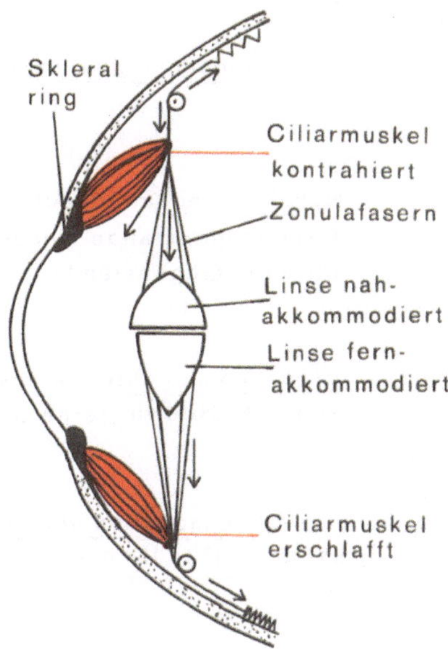

Abb. 11-13 Wirkungsweise des Ciliarmuskels, schematisiert

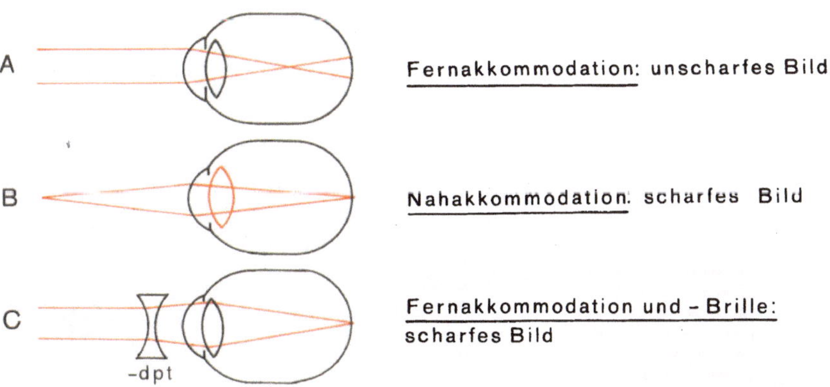

Abb. 11-24 Myopie (Kurzsichtigkeit)

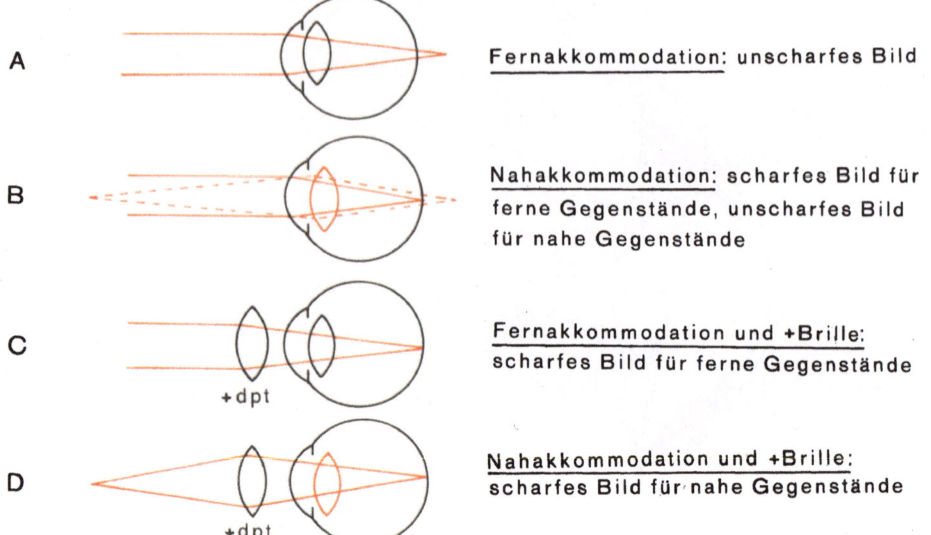

Abb.11-26 Hyperopie (Weitsichtigkeit)

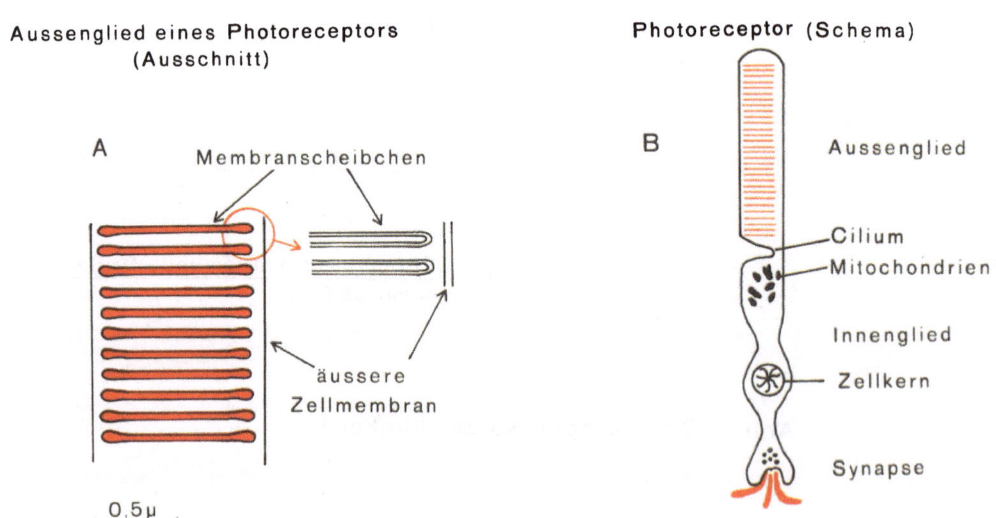

Abb. 12-1 Aufbau eines Säugetier-Photoreceptors, schematisch

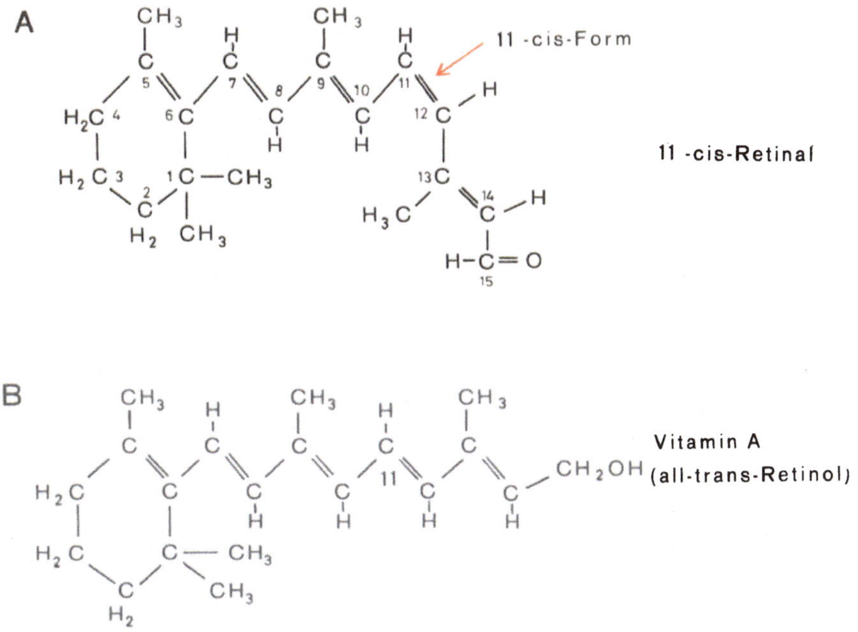

A

11-cis-Form

11-cis-Retinal

B

Vitamin A (all-trans-Retinol)

Abb. 12-3 Strukturformeln von 11-cis Retinal und Vitamin A

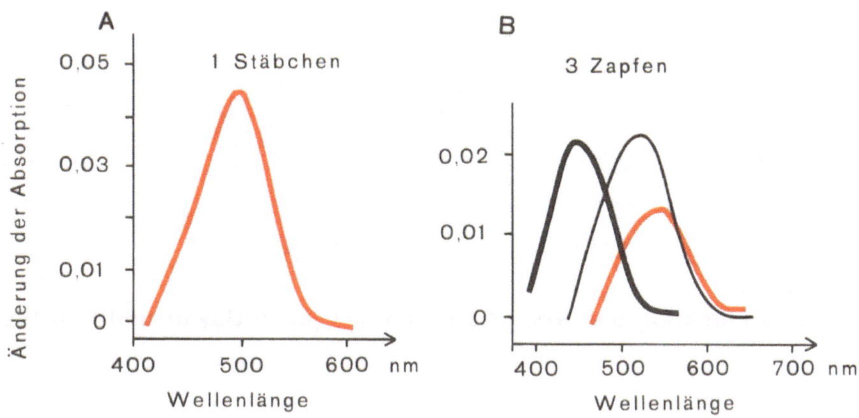

Abb. 12-4 Differenzspektren von Receptoren der menschlichen Retina (nach Brown und Wald)

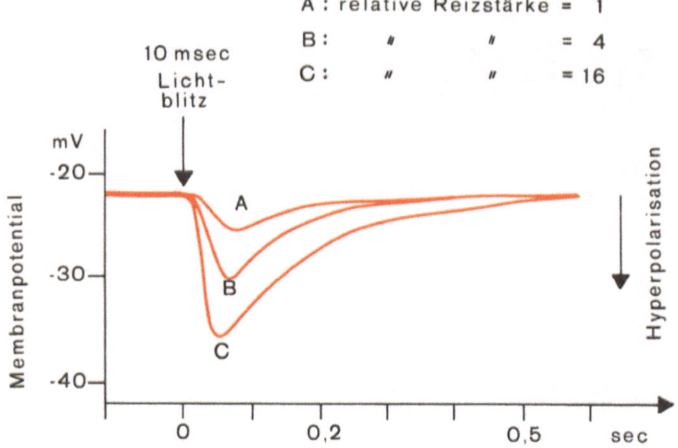

Abb. 12-13
Receptorpotential aus der Schildkrötenretina (nach Baylor und Fuortes)

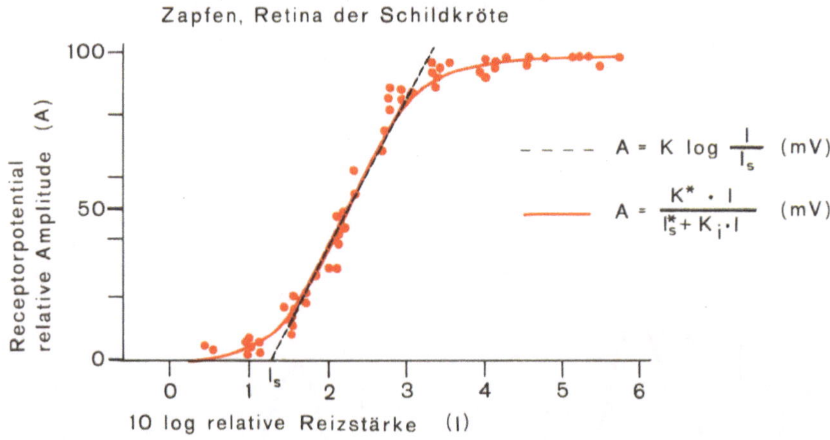

Abb. 12-14
Intensitätsfunktion des Receptorpotentials (nach Baylor und Fuortes)

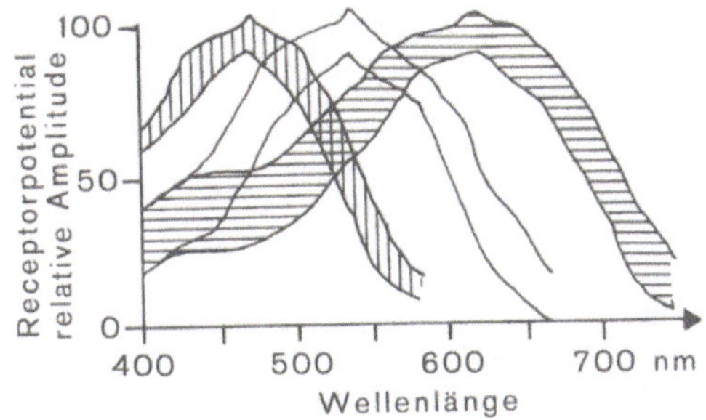

Abb. 12-15 Spektrale Empfindlichkeitskurven der drei Zapfentypen in der Fischretina (nach Tomita und Mitarb.)

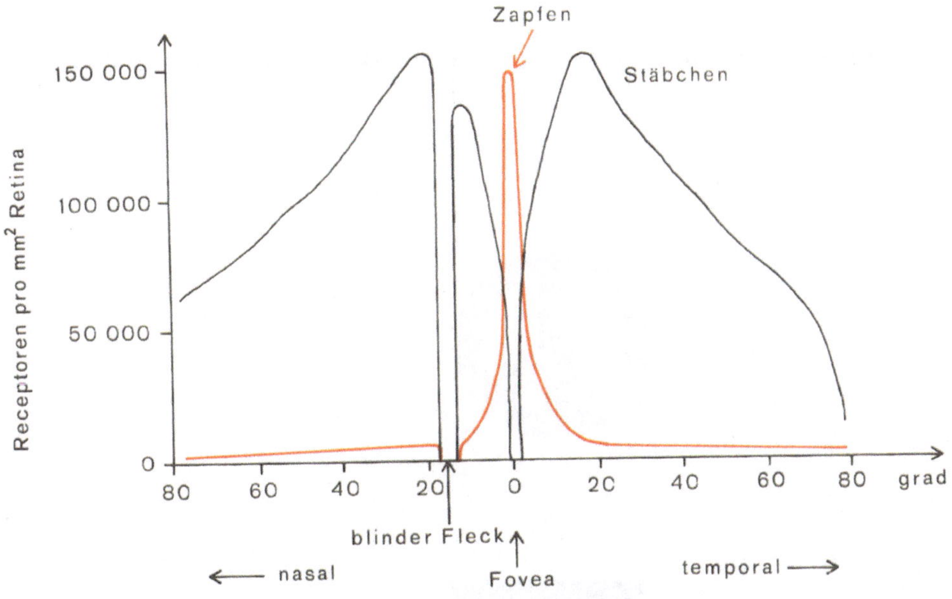

Abb.12-20 Verteilung von Stäbchen und Zapfen auf der Retina

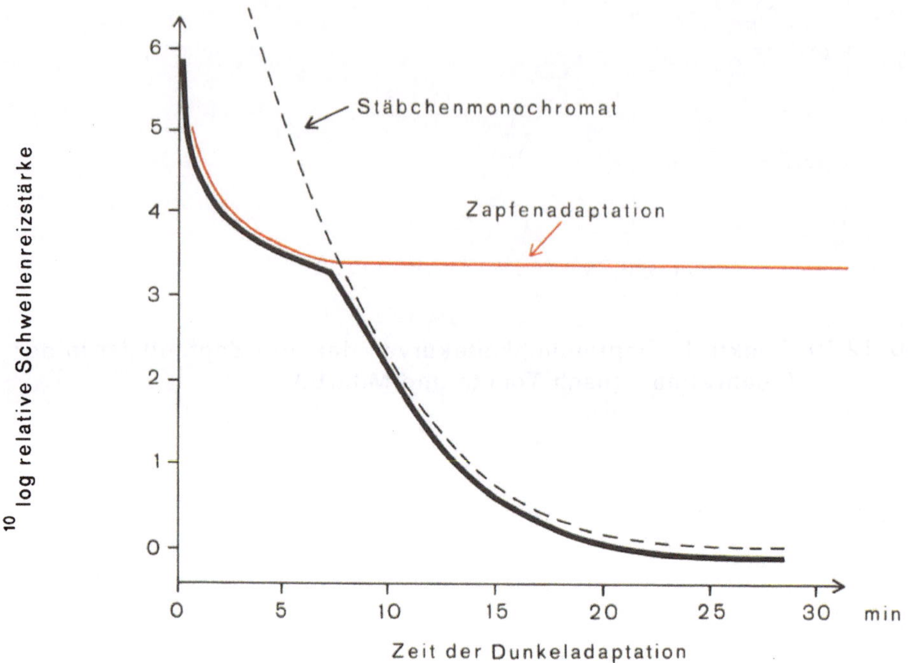

Abb. 12-24 Änderung der Schwellenreizstärke bei Dunkeladaptation

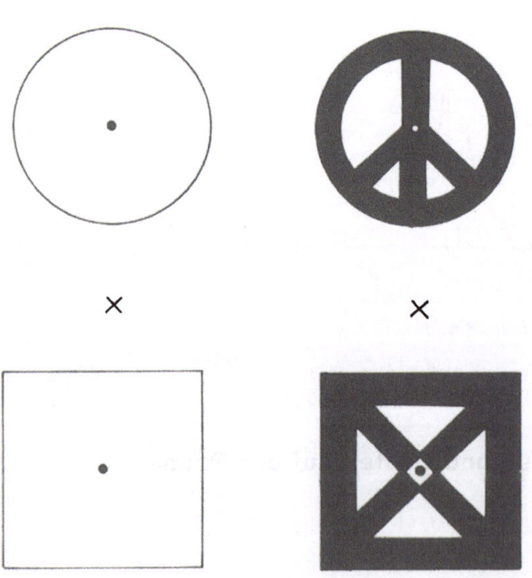

Abb. 12-30 Muster zur Auslösung von Nachbildern

Abb. 13-1
Aufbau der Primatennetzhaut (halbschematisch, nach Boycott und Dowling)

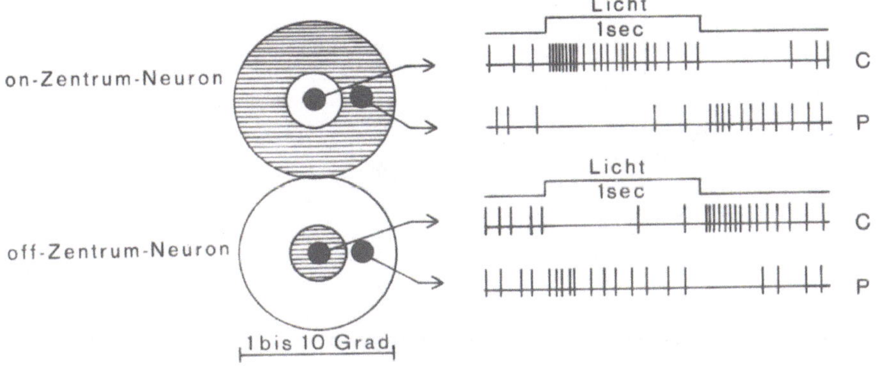

Abb. 13-7 Funktionelle Organisation retinaler receptiver Felder (nach Kuffler)

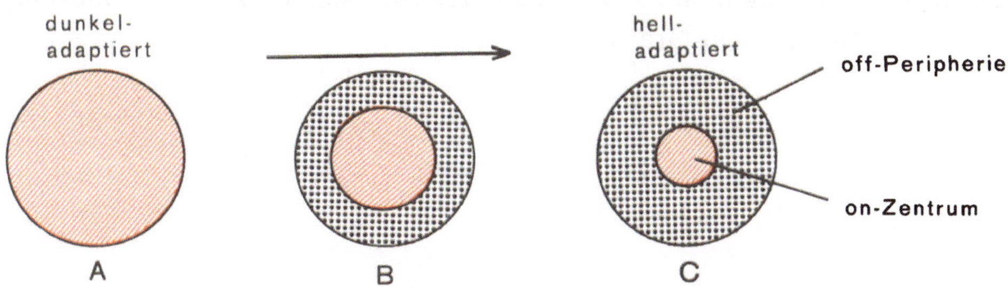

Abb. 13-9 Änderung der Größe des RF-Zentrums eines on-Zentrum Neurons bei verschiedener Lichtadaptation

Abb. 13-11 Simultankontrast

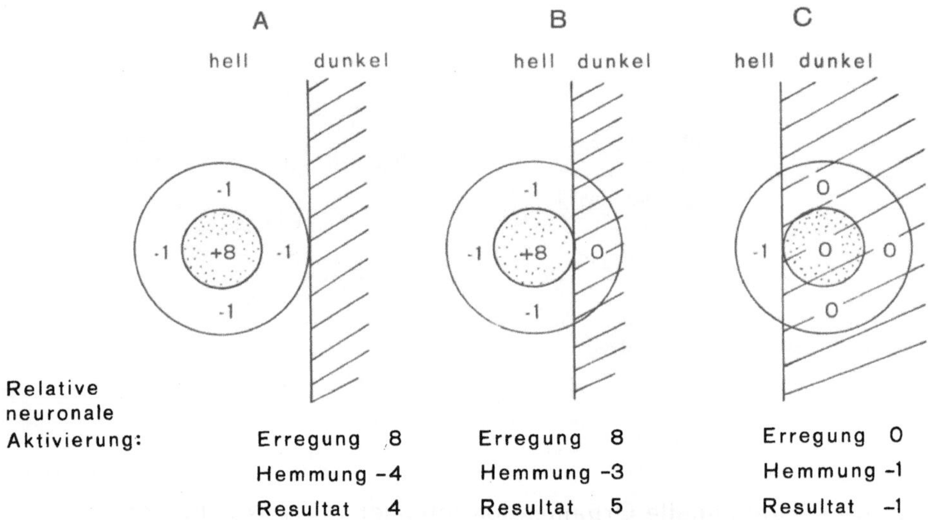

Abb. 13-12 Verschiedene Aktivierung eines retinalen on-Zentrum-Neurons durch Hell-Dunkel-Grenze

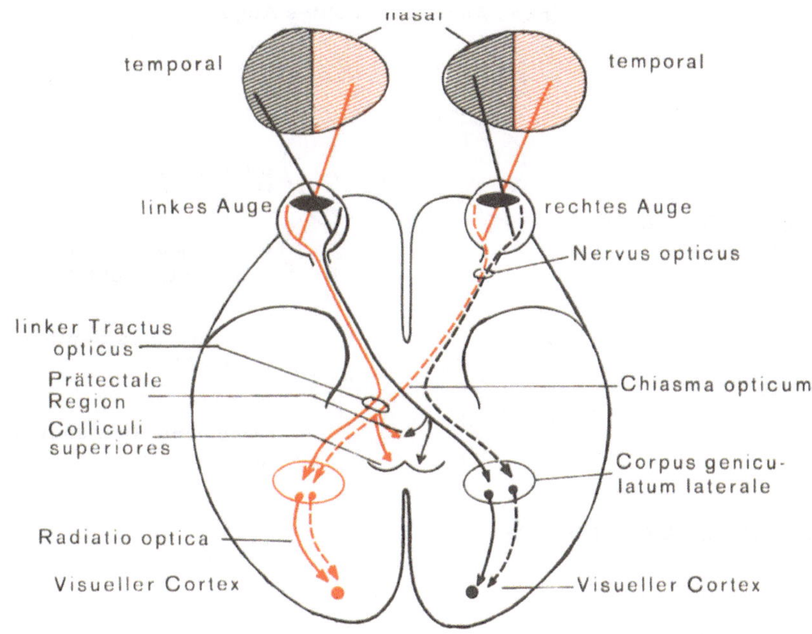

Abb. 13-13 Verlauf der Sehbahn

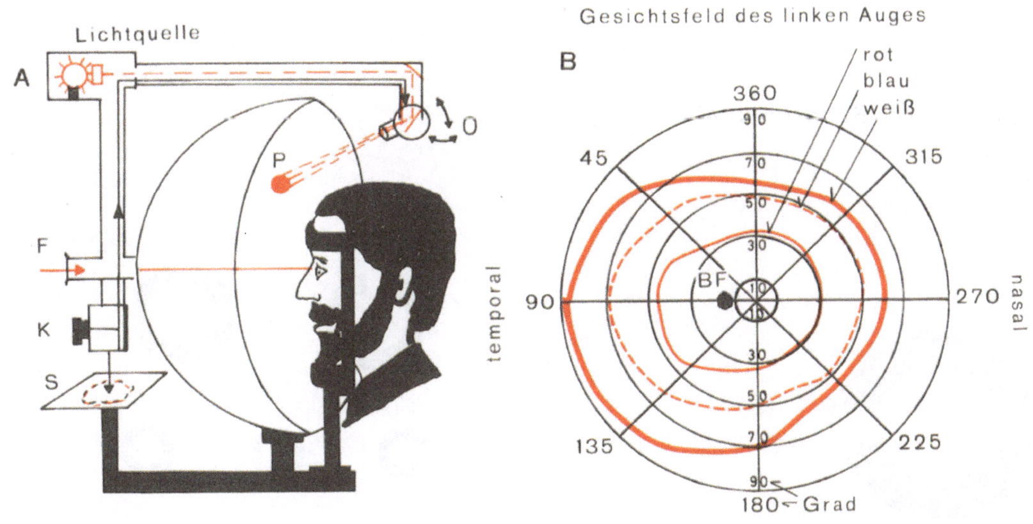

Abb. 13-19 Perimeter, schematisch und monoculares Gesichtsfeld

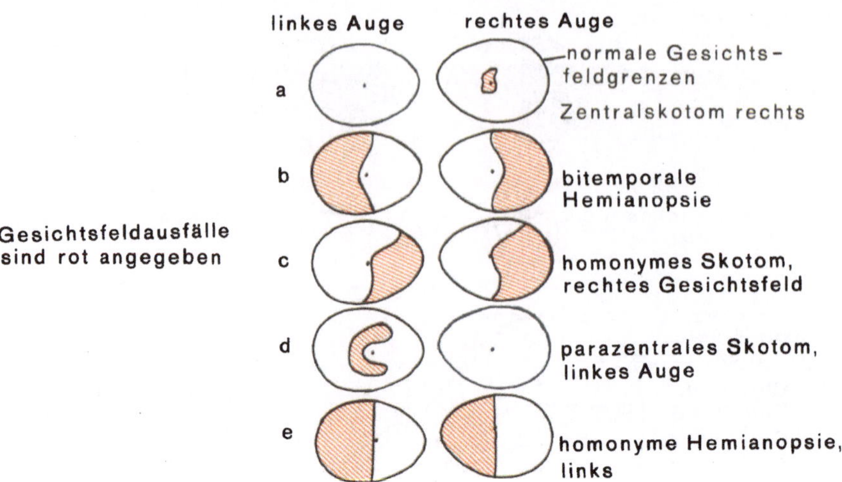

Abb. 13-20 Gesichtsfeldausfälle

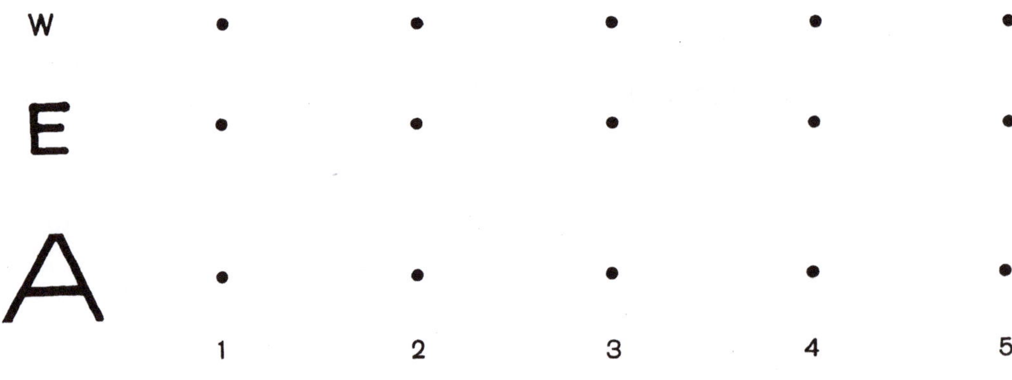

Abb. 13-24 Sehprobentafel

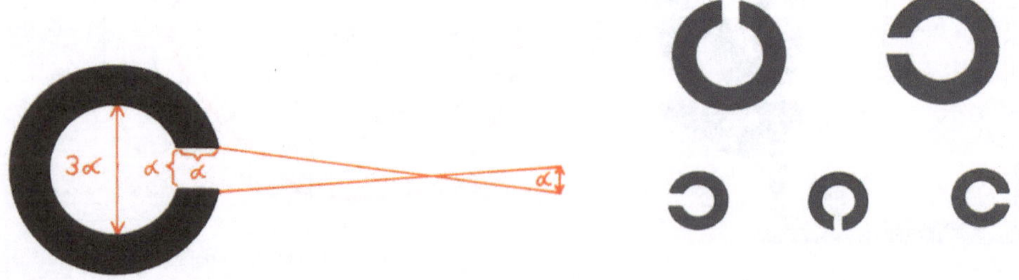

Abb. 13-25 Landolt-Ringe

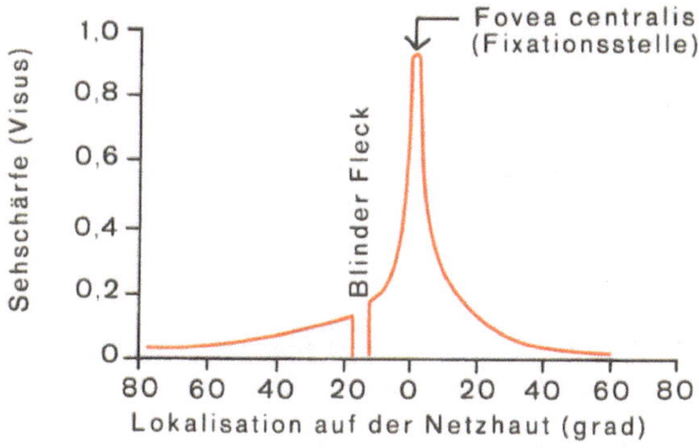

Abb. 13-27
Abhängigkeit der Sehschärfe von der Lokalisation auf der Netzhaut

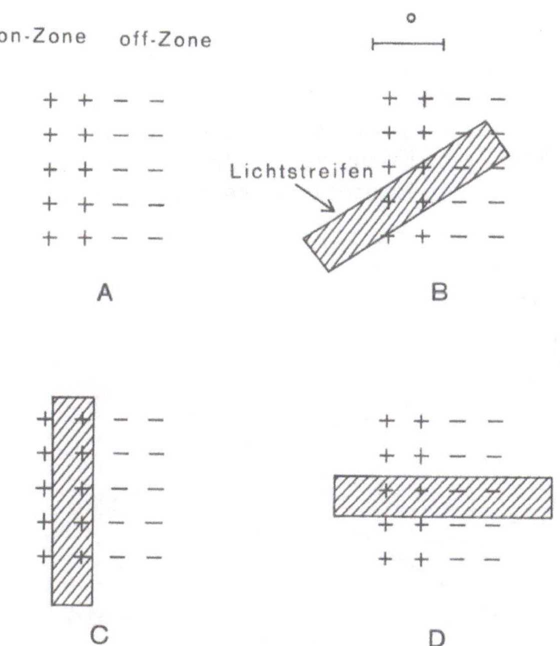

Abb.14-1
RF-Organisation eines Neurons im primären visuellen Cortex (nach Hubel und Wiesel)

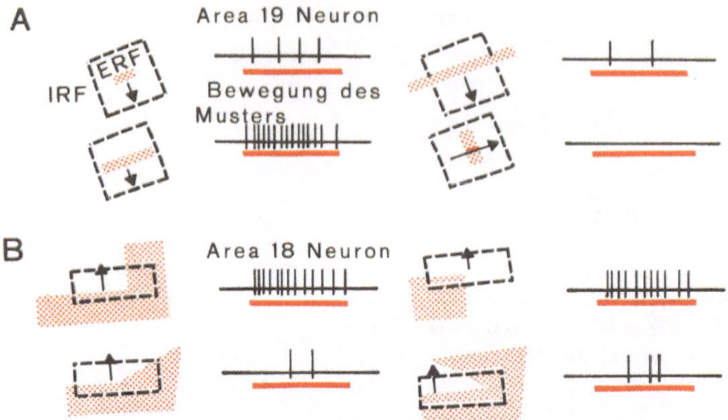

Abb. 14-3 Neurone des visuellen Cortex mit 'komplexen' und 'hyperkomplexen' receptiven Feldern

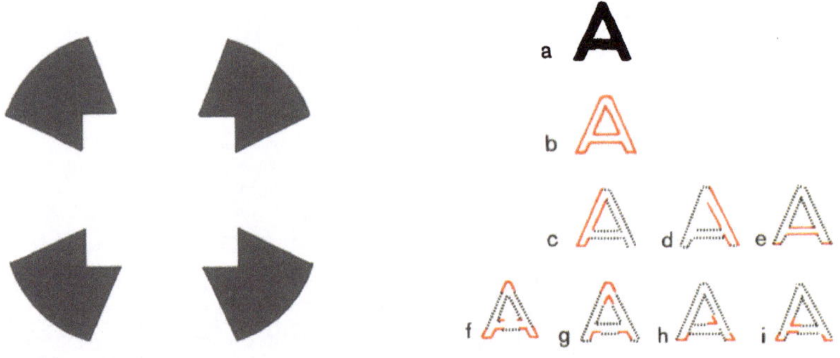

Abb. 14-5
Entstehung einer einfachen Gestalt aus Teilen

Abb. 14-6 Reizmuster (a) und räumliche Erregungsmuster in verschiedenen Neuronenklassen des visuellen Systems (b-i)

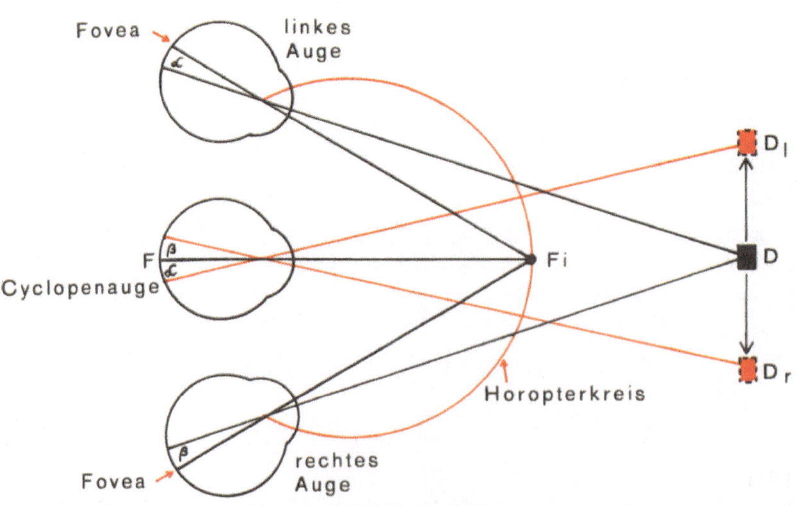

Abb. 14-13 Schema des Binokularsehens

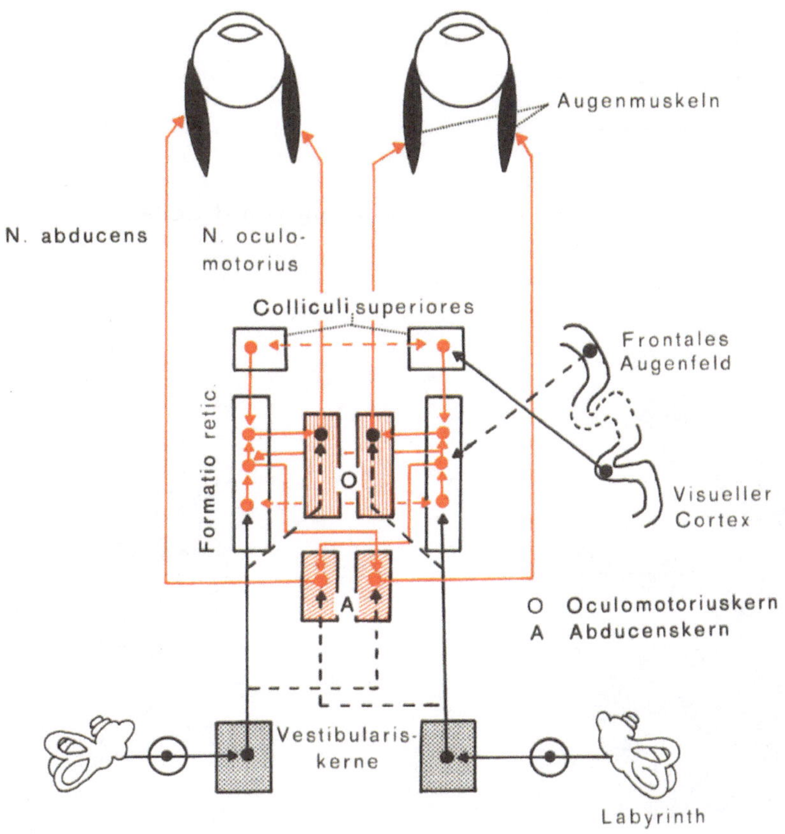

Abb.15-5 Schema der subcorticalen Zentren zur Steuerung der Blickmotorik (horizontale Augenbewegung)

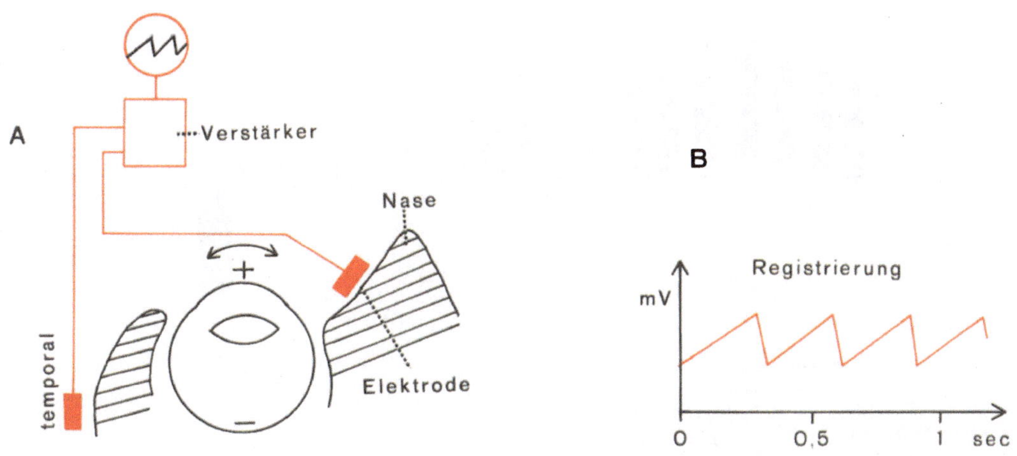

Abb. 15-9 Elektrooculographie, linkes Auge, Elektrodenlage und Registrierung

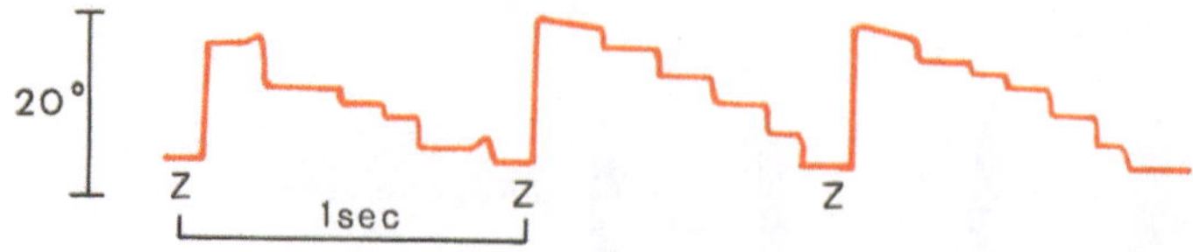

Abb. 15-10 Augenbewegungen beim Lesen von 3 Zeilen

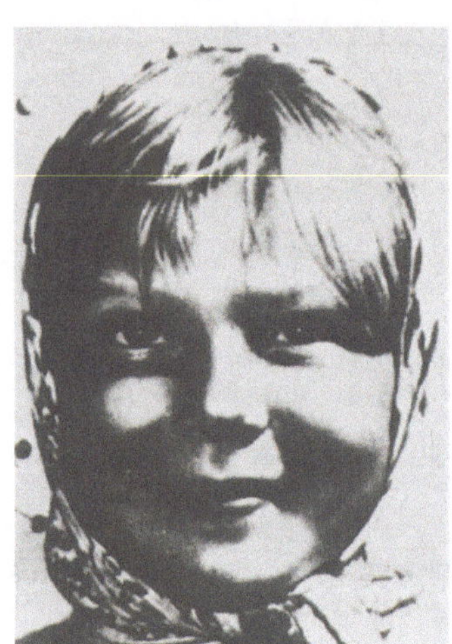

Abb. 15-13 Augenbewegungen beim Betrachten eines Gesichts (nach Yarbus 1965)

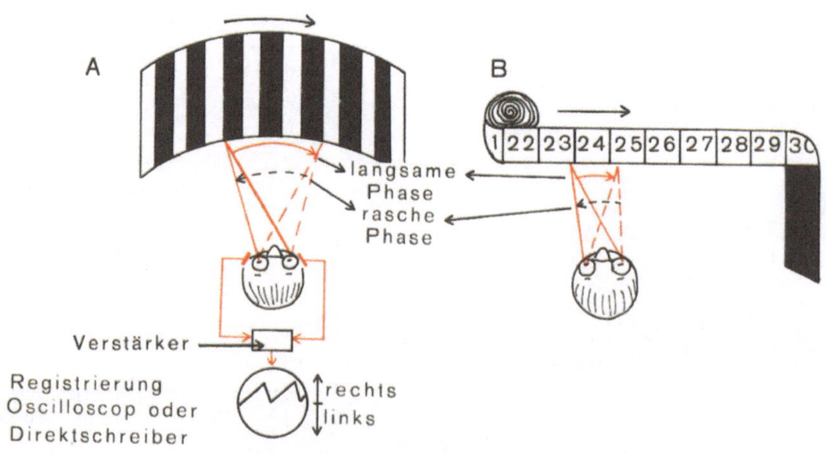

Abb. 15-22 Auslösung des optokinetischen Nystagmus

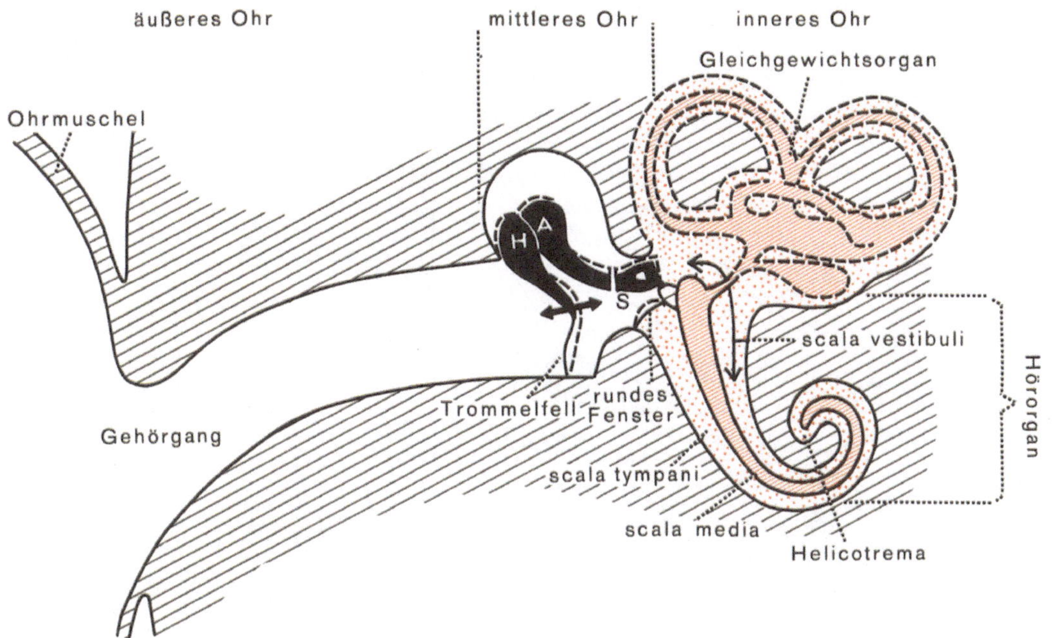

Abb. 16-1 Anatomisches Schema des Ohres

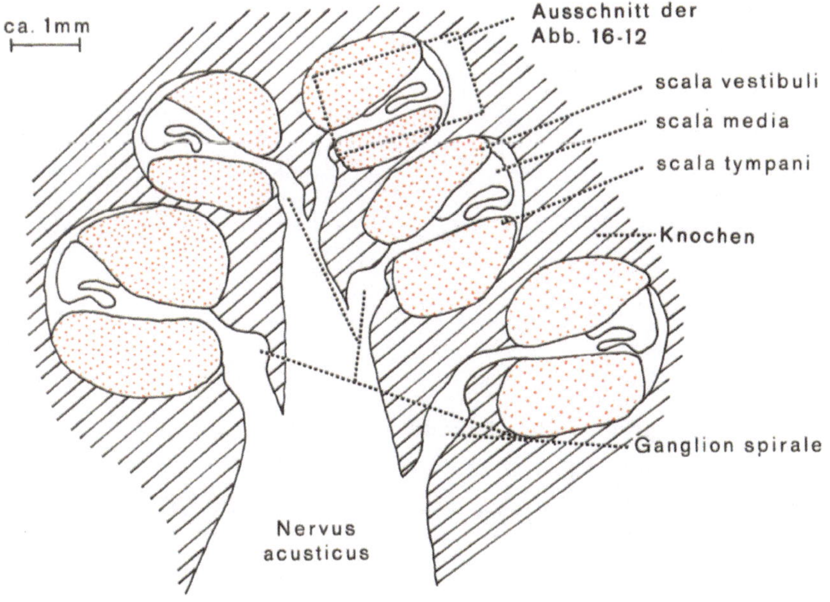

Abb. 16-5 Schnitt durch die Cochlea

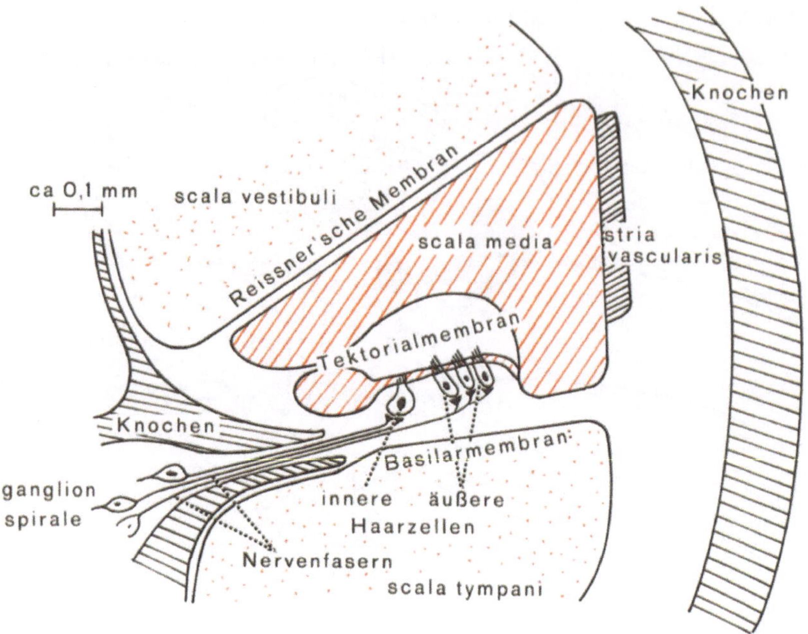

Abb. 16-12 (Ausschnitt aus Abb. 16-5) Schnitt durch den Ductus cochlearis

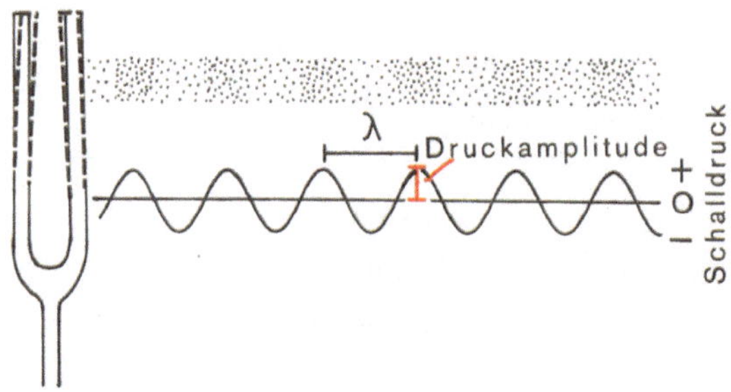

Abb. 17-1 Schallfeld

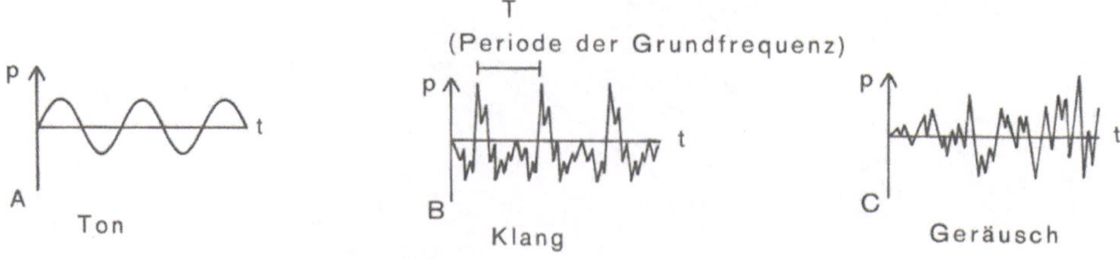

Abb. 17-10 Schallereignisse

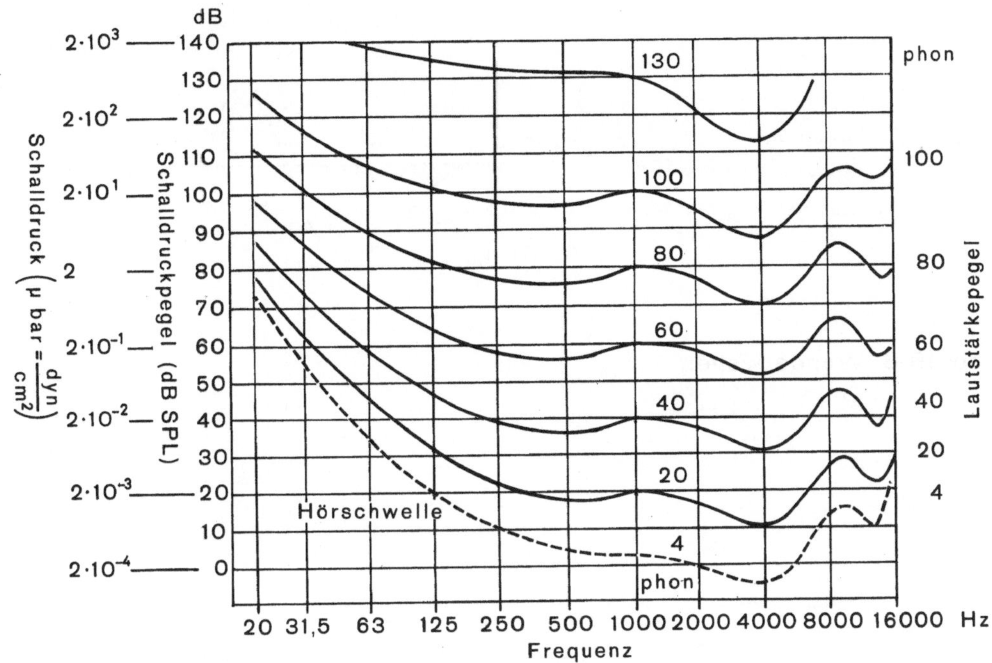

Abb. 17-12 Kurven gleicher Lautstärkepegel

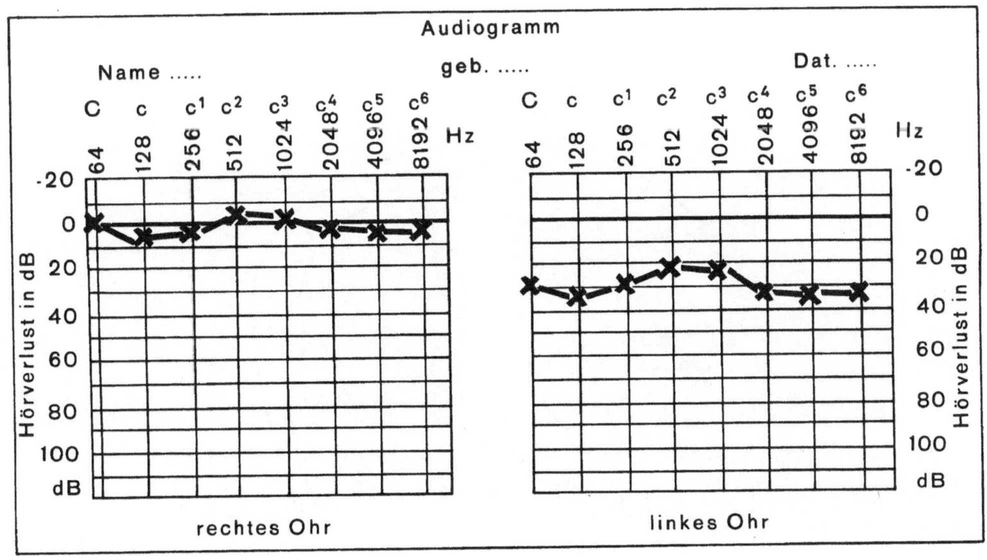

Abb. 17-24 Audiogramm

Maximum der
Wellenamplitude
scala vestibuli
Stapes
Basilar-
membran
scala tympani
Hüllkurve
der Wellen
Helicotrema

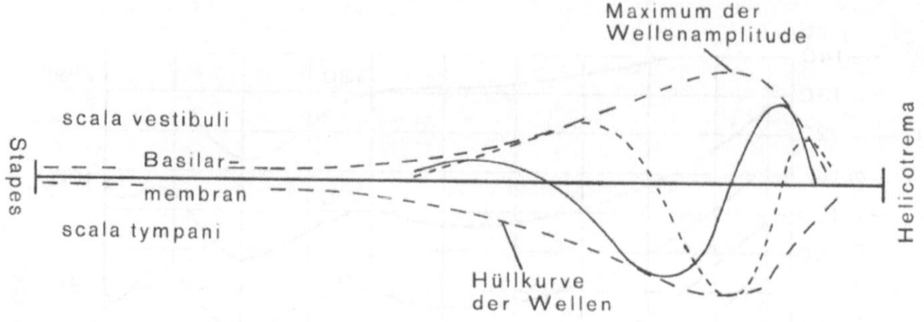

Abb. 18-8 Wanderwellen

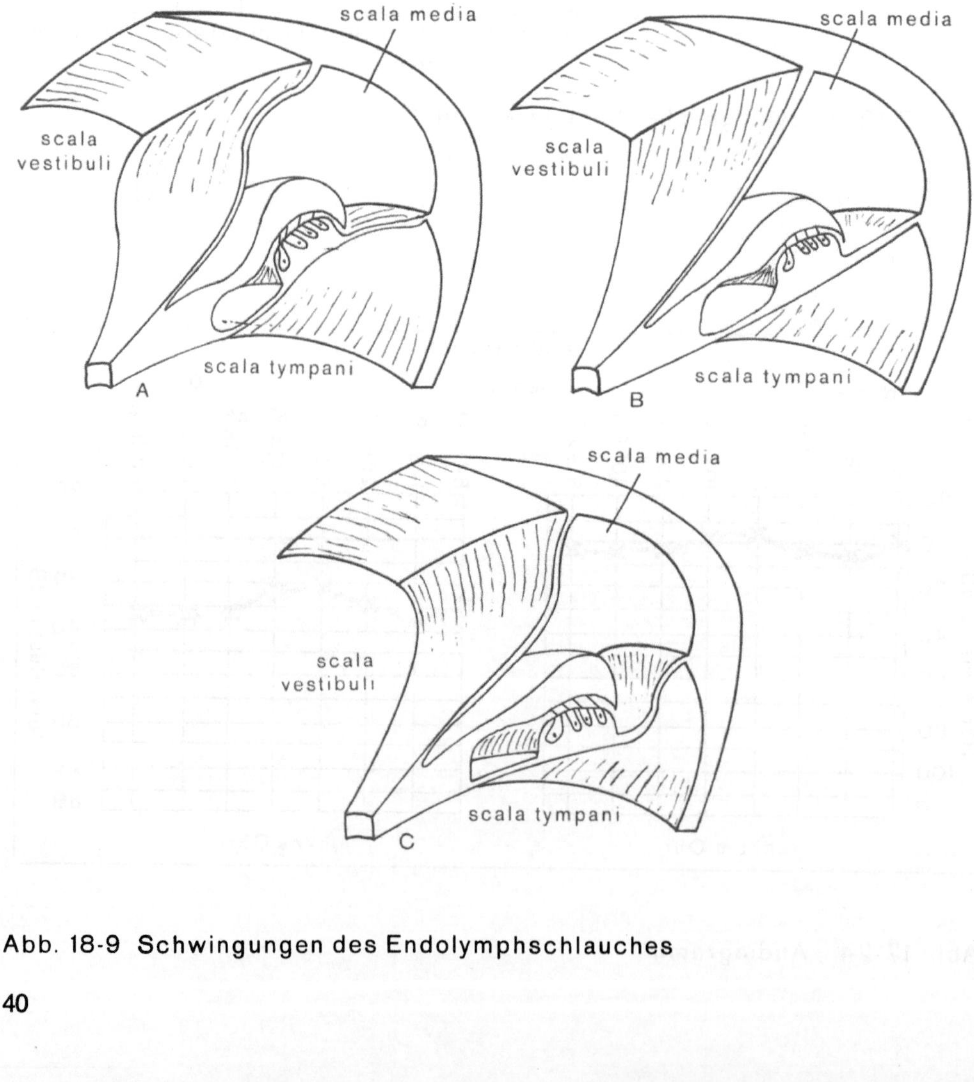

scala media
scala vestibuli
scala tympani
A
scala media
scala vestibuli
scala tympani
B
scala media
scala vestibuli
scala tympani
C

Abb. 18-9 Schwingungen des Endolymphschlauches

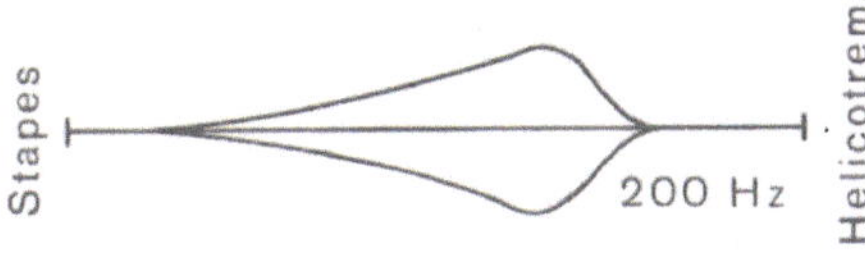

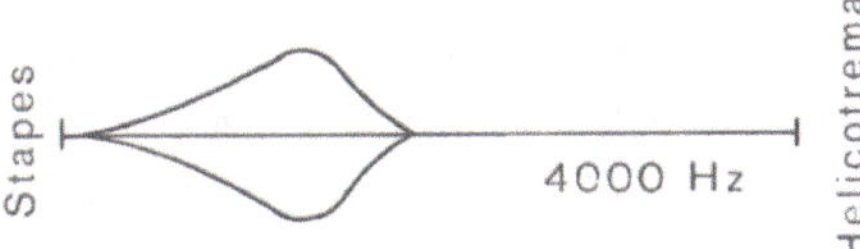

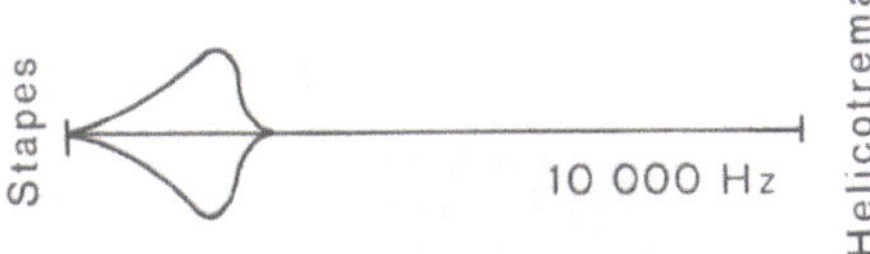

Abb. 18-11 Frequenzabbildung in der Cochlea

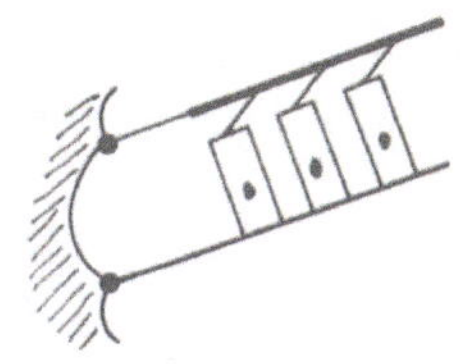

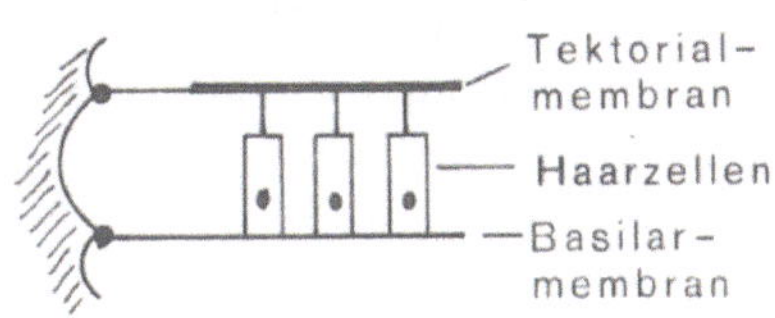

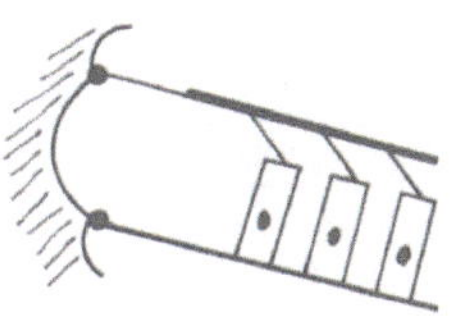

Abb. 18-15
Abscherung der Cilien bei Schwingungen der Basilarmembran

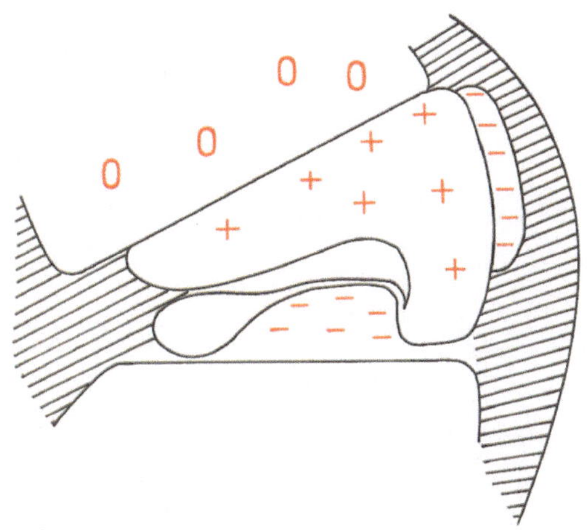

Abb. 18-16 Bestandspotentiale am Innenohr

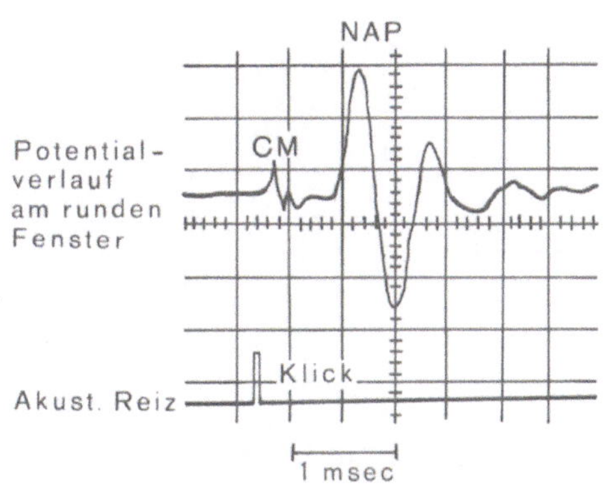

Abb. 18-20 Mikrophonpotential und Summenaktionspotential

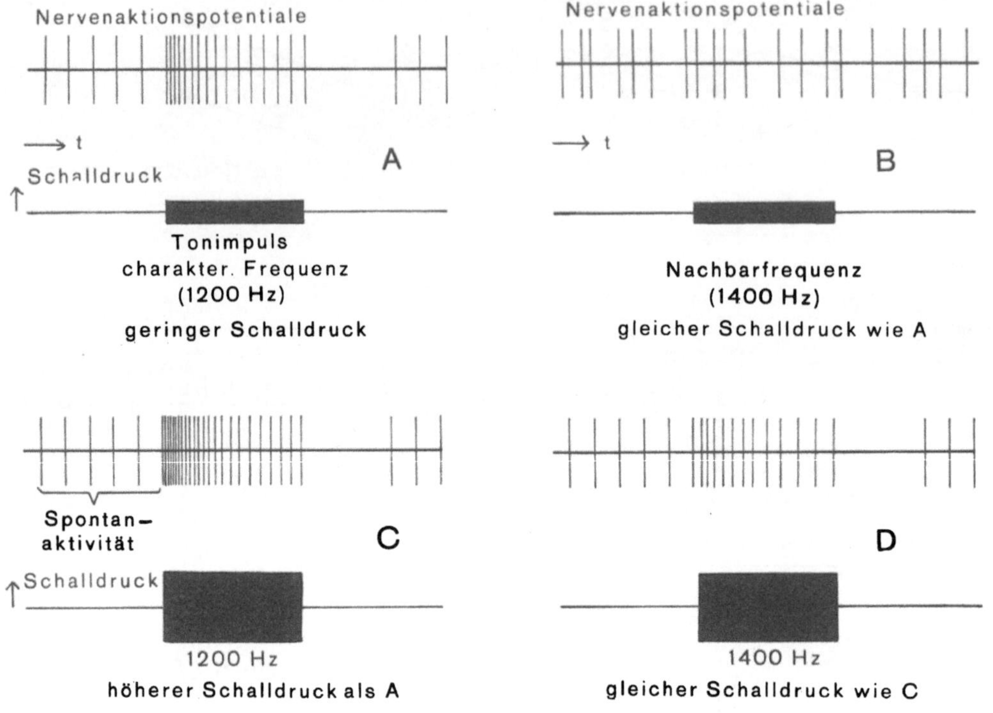

Abb. 19-2 Verhalten einer Faser des Nervus acusticus bei Schallreizen

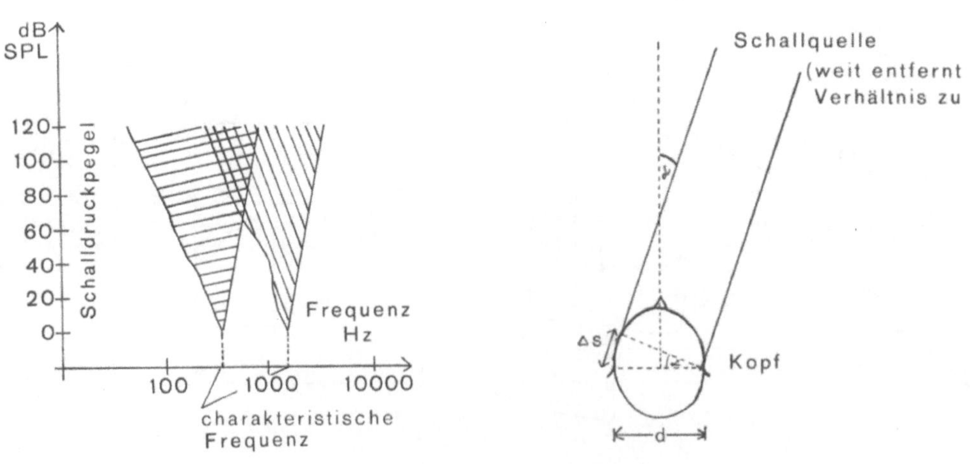

Abb. 19-3 Tuning Kurven

Abb. 19-18 Räumliches Hören

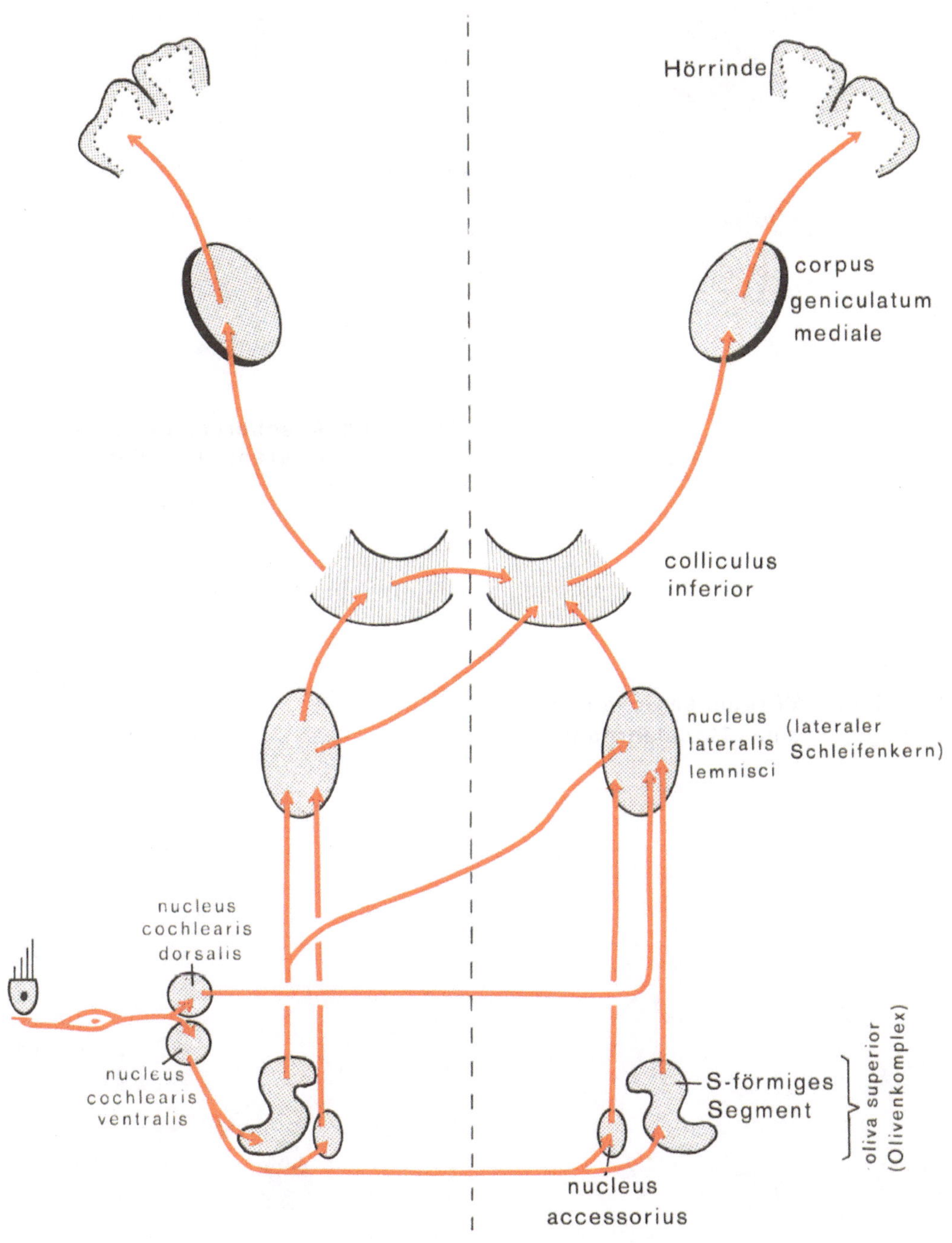

Abb. 19-8 Stark vereinfachtes Schema der Hörbahn

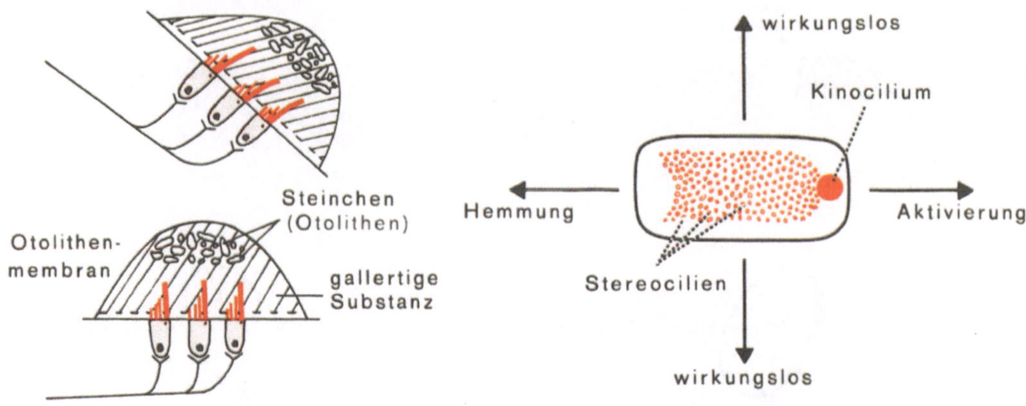

Abb. 20-4 Abscherung der Cilien und afferente Aktivität

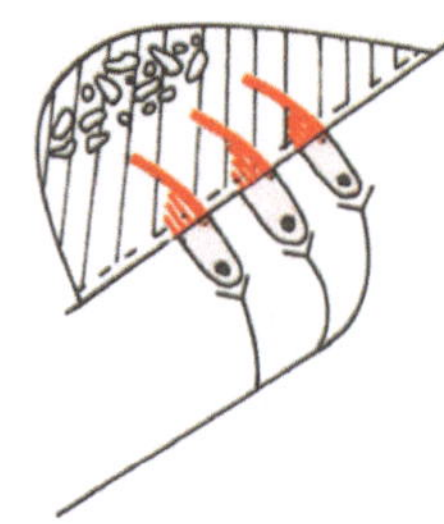

Abb. 20-3 Wirkungsmechanismus eines Maculaorgans

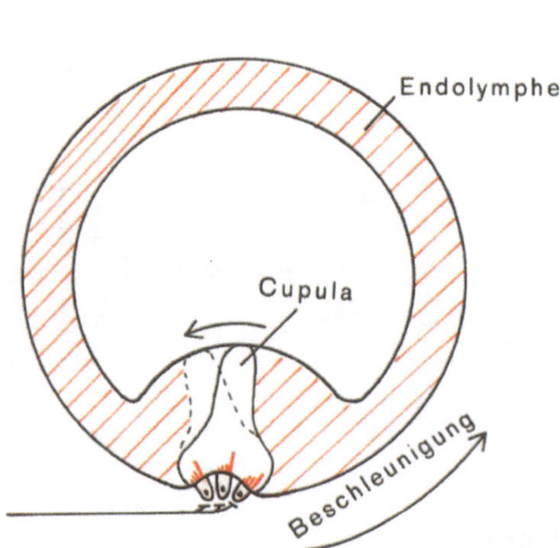

Abb. 20-9 Schema eines Bogenganges

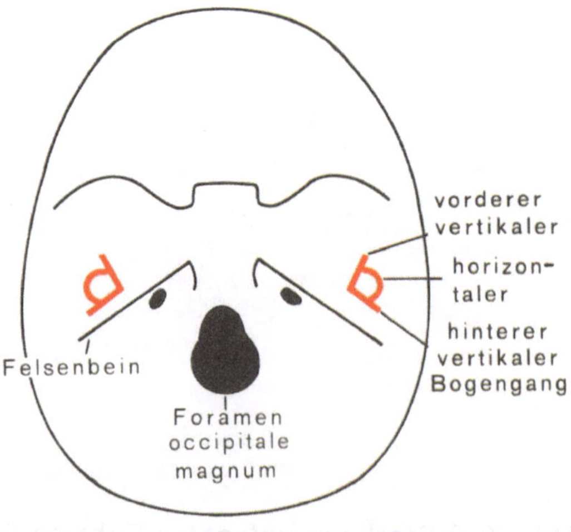

Abb. 20-13 Lage der Bogengänge im Schädel (Blick von oben auf die Schädelbasis)

Abb. 20-14
Schema des
vestibulären Labyrinths

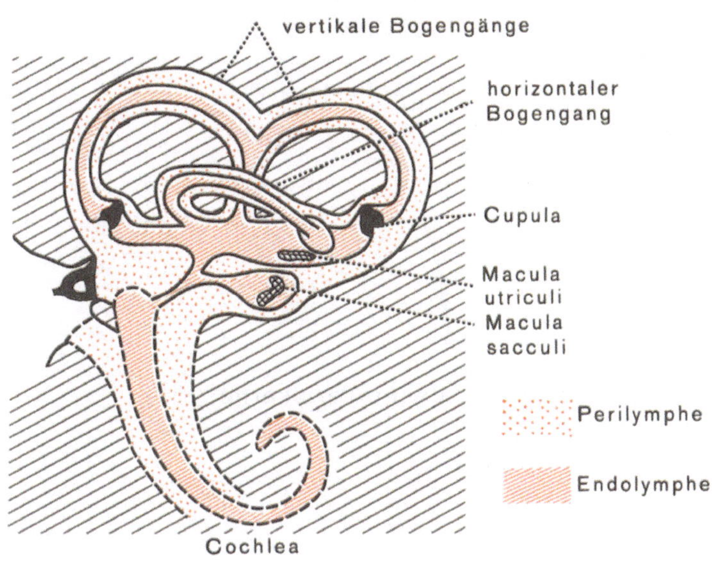

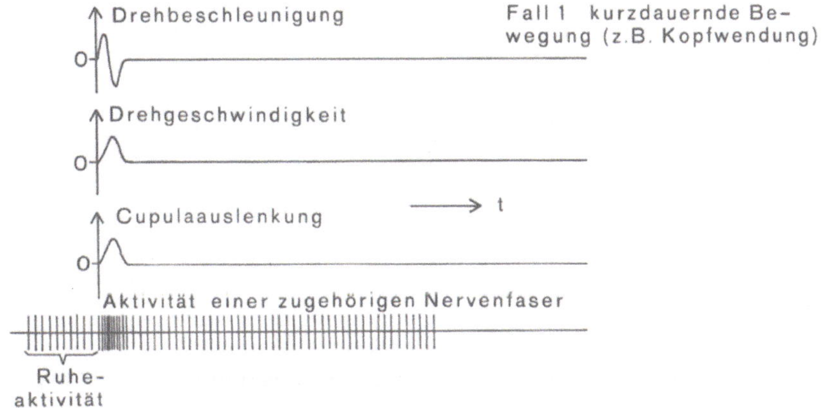

Abb. 20-16 Cupulaauslenkung bei kurzer Drehbewegung

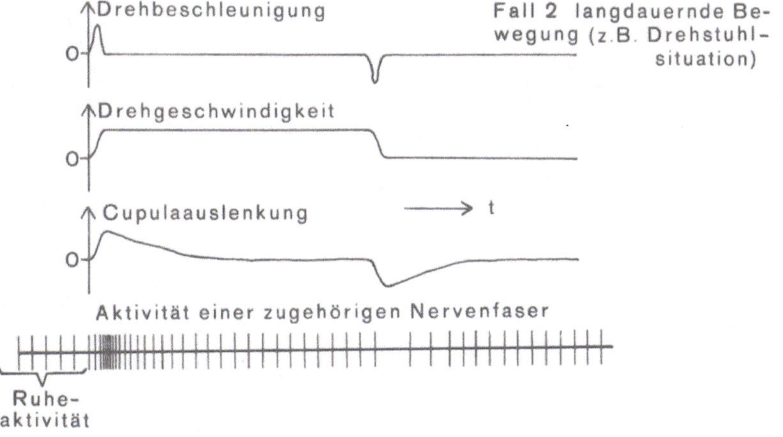

Abb. 20-17 Cupulaauslenkung bei langdauernden Drehbewegungen

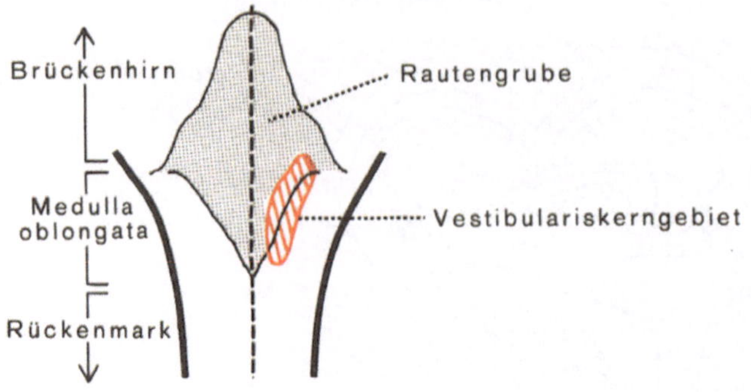

Abb. 21-2 Lage der Vestibulariskerne

Abb. 21-3 Schema eines Maculaorgans bei verschiedenen Körperstellungen

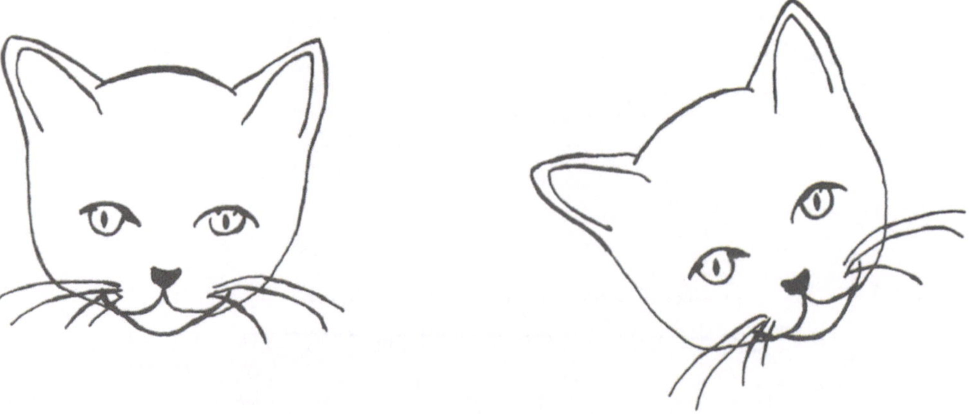

Abb. 21-5 Gegenrollen der Augen

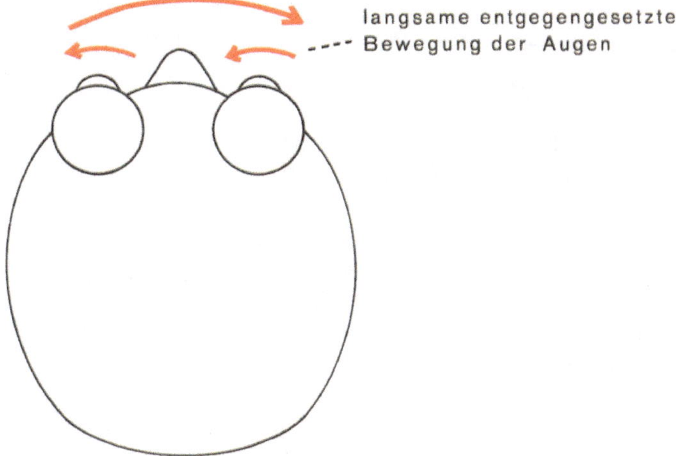

Abb. 21-7 Nystagmus

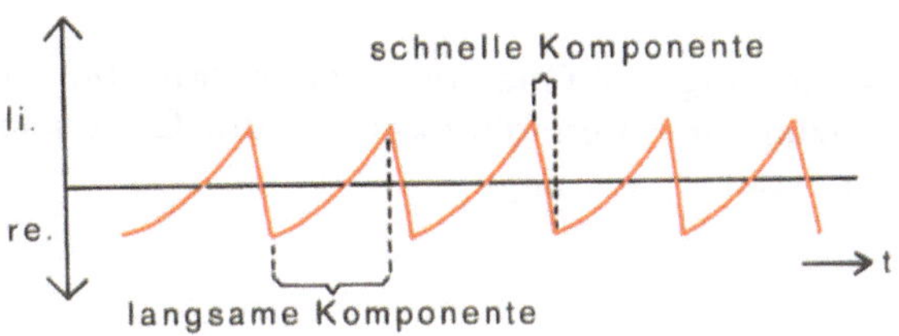

Abb. 21-13 Nystagmogramm

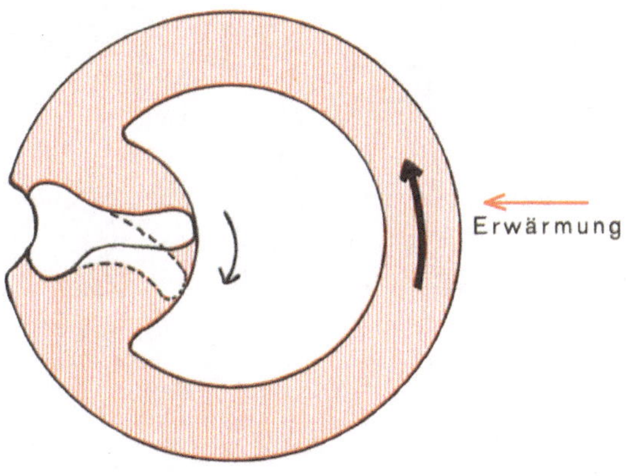

Abb. 21-14 Kalorische Reizung eines Bogenganges

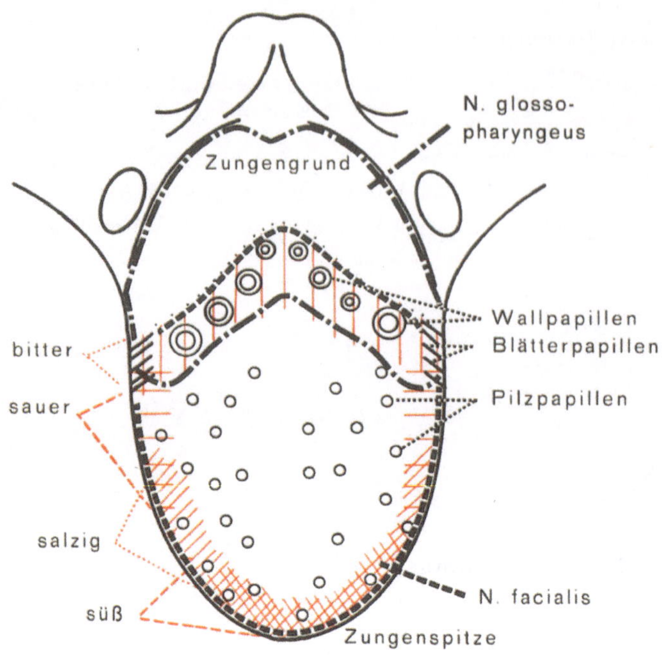

Abb. 22-1 Verteilung der Geschmackspapillen , Innervation und Bereiche maximaler Empfindlichkeit für die Geschmacksqualitäten auf der menschlichen Zunge

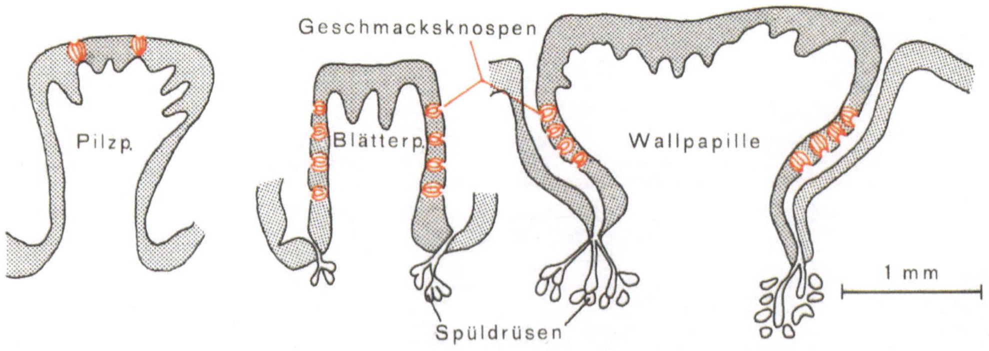

Abb. 22-3 Lage der Geschmacksknospen auf den drei Typen von Geschmackspapillen

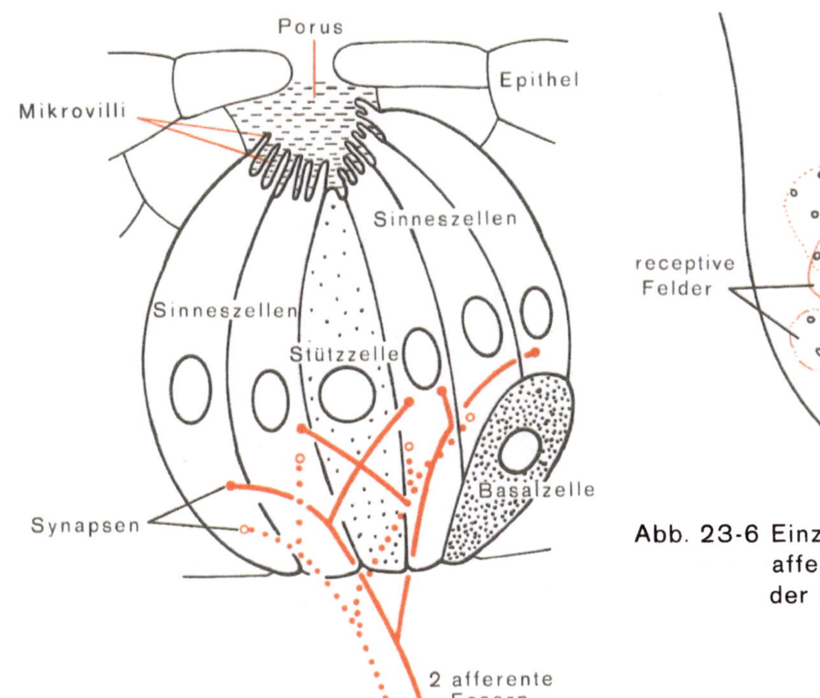

Abb. 22-6 Bau und Innervation einer Geschmacksknospe

Abb. 23-6 Einzugsbereiche von 5 afferenten Fasern auf der Rattenzunge

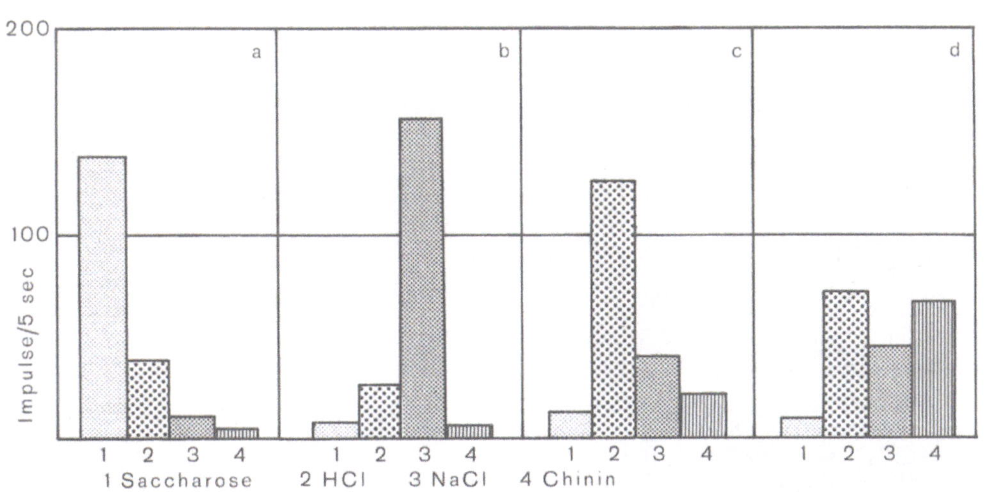

Abb. 23-2 Geschmacksprofile einzelner Geschmacksfasern

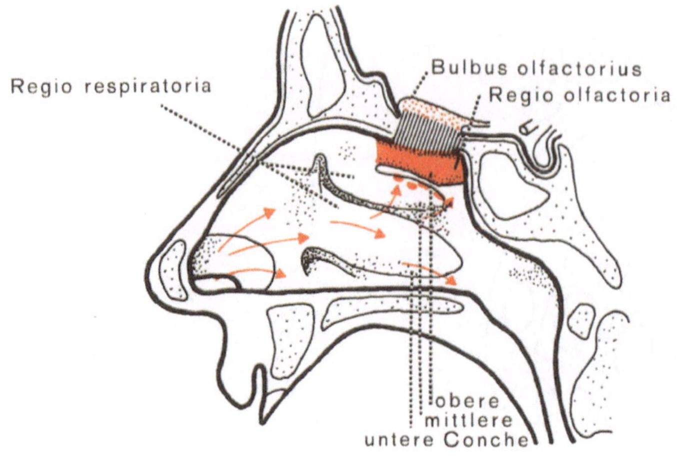

Abb. 24-1 Lage und Ventilation des Riechepithels, Verlauf der Fila olfactoria zum Bulbus olfactorius

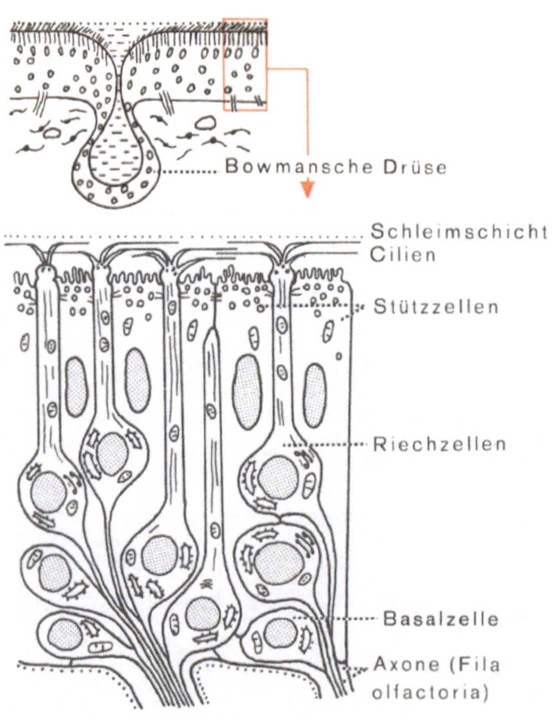

Abb. 24-5 Der celluläre Aufbau des Riechepithels

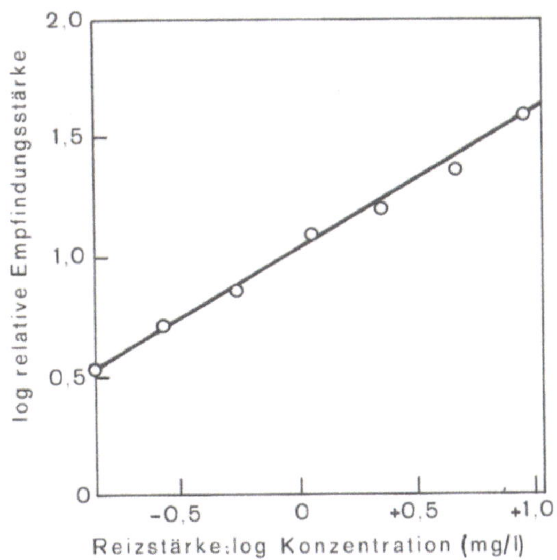

Abb. 25-6 Abhängigkeit der Geruchsempfindungsstärke von der Duftstoffkonzentration (Pentanol)

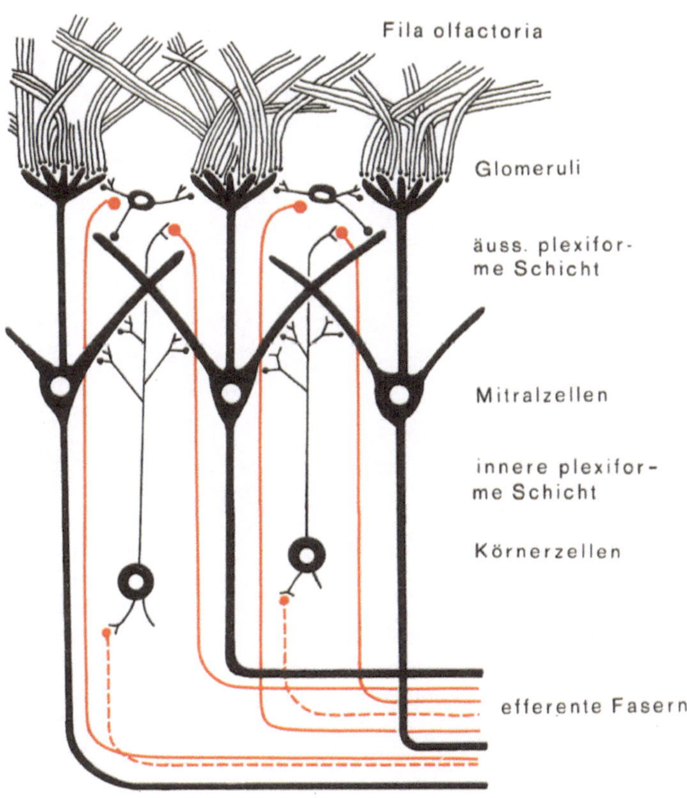

Abb. 25-11 Schema der Schichten und Verbindungen im Bulbus olfactorius